大陸と海洋の起源

アルフレッド・ウェゲナー　著
竹内　均　訳
鎌田浩毅　解説

本書の原本は一九七五年に小社から刊行され、
一九九〇年に講談社学術文庫に収められました。

カバー装幀／芦澤泰偉・児崎雅淑
目次デザイン／齋藤ひさの
解説図版／さくら工芸社

訳者はしがき

「大陸移動説」の最終版

本書はウェゲナー（A. Wegener）による「大陸と海洋の起源」（Die Entstehung der Kontinente und Ozeane, Vieweg und Sohn, 1929）の第四版すなわち最終版の訳である。仲瀬善太郎さんによるこの本の第三版の訳が、一九二八年（昭和三年）に岩波書店から出版されている。しかし、大陸の移動を主張したウェゲナーのこの本は、版を改めるごとにまったく書き直されている。したがって、私の手になるこの第四版の訳は、第三版とは異なるまったく新しい本の訳といってよいものである。

ウェゲナーは一九三〇年に亡くなっている。亡くなる前年に出版した、この大陸移動説に関する最終版で彼が主張したことは、その本質において正しかった。しかし歴史は曲折した道をたどった。ちょうどこの頃から、大陸移動説は不評判となった。そして海底地質学や古地磁気学からの新しい証拠によって一九五〇年代のはじめにそれがよみがえるまで、大陸移動説は長い暗黒時代を経験しなければならなかったのである。しかし、現在では大陸移動説は、ウェゲナーが予想もしなかった程度にまで発展しており、大陸移動の考えを抜きにして地球科学を論じるわけにはいかない。すばらしい着想、思いがけない挫折及び劇的な復活という大陸移動説の物語は、科学史的にみてもたいへんに興味深いものである。

一〇年ほど前から、私は大陸移動説と移動説以後の地球科学の進歩をわが国に紹介する仕事を続けてきた。その私の頭を常に去らなかったのは、いつの日にかこのウェゲナーの「大陸移動説」の最終版を翻訳して、これを広くわが国に紹介したいということであった。ウェゲナーに対する一種の責任のようなものを、私は感じ続けてきたのである。講談社のはからいで、いまその責任を果たす機会を得て、私はたいへんうれしく思っている。

一九七五年　春

竹内　均

原著序文

すべての地球科学が大昔にこの地球上でおこった事件に関する証拠を提供し、これらすべての証拠を総合して初めて真理が明らかになることを、科学者たちは理解していないようにみえる。

有名な南アフリカの地質学者であるデュ・トワが最近次のように書いている〔78〕。「すでに述べたように、大陸移動説が正しいかどうかを決めるには、主として地質学的な証拠に頼らざるを得ない。動物群の分布などにもとづいた議論は完全なものではないからである。手際はそれほどよくないけれども、この動物群の分布は従来主張されてきた陸橋説によっても同程度によく説明される。陸橋説では、大陸をつなぐ長くのびた橋が、その後海面下に沈んだと考えている」。

一方、古生物学者のフォン・イエリング〔122〕は手短かに、しかしポイントをついて次のように述べている。「地球物理学的過程に心をわずらわすのは私の仕事ではない」。彼は「地球上での生命の歴史だけが過去における地理的変化を理解するのに役立つことを確信している」。

心の弱くなったある瞬間に、大陸移動説について私は次のように述べている〔121〕。

「この問題の最終的な解決は地球物理学からくると私は考える。科学のこの分野だけが十分に精密な方法を提供するからである。大陸移動説がまちがっていると地球物理学者が言う場合には、それを支持する他の証拠がある場合にも、それは系統的な地球科学によって見捨てられるだろう。そしてこの事実に対する他の説明が求められるだろう」。

このような意見を他に数多くあげることもできる。各科学者は自分の研究領域だけがこの問題に結着をつけうると信じている。

しかし、実際にはそれと反対である。ある瞬間には地球はある形をしているだけである。しかしそれに関する直接の情報を地球は提供しない。われわれは解答を拒む弁護士と向かい合った判事のようなものであり、状況証拠だけから問題の結着をつけねばならない。われわれが手にするあらゆる証拠は、このようにやや欺瞞的な性格をもっている。このような証拠だけから結論を導き出そうとする場合に判事はどうしたらよいだろう?

この場合に「真理」を発見するただ一つの道は、すべての地球科学が提供する情報を総合することである。すなわち、知られたすべての事実をもっともよく配列し、したがってもっとも確率の高いモデルを選び出すことである。さらにまた、いかなる科学がそれを提供するにしろ、新しい発見がわれわれの引き出した結論を変えるかもしれないという可能性に対して、たえず準備をととのえなければならない。

私が私の本の改訂をしている間に意気がくじけた時に、この確信だけが私を元気づけた。

大陸移動説に関する各分野での文献は雪だるまのようにふえてゆく。それらのこまかい点までを完全にたどることは、一人の人間の手におえることではない。私のせいいっぱいの努力にもかかわらず、この本の中には多くのすき間、しかも重要なすき間があるかもしれない。

この程度にそれをまとめることができたのも、各分野での科学者から私が得た数多くの情報によるところが多い。それに対して私は深く感謝している。

この本は測地学者、地球物理学者、地質学者、古生物学者、動物地理学者、植物地理学者及び古気候学者のすべてにささげられたものである。その目的はこれらの各分野の研究者たちに、大陸移動説を彼らの研究分野に適用した時に得られるであろう意味と有用さを明らかにするためである。また彼らの研究分野以外の分野における大陸移動説の応用と証拠を彼らに提供するためでもある。

この本の歴史はまた大陸移動説の歴史でもあるが、その歴史のすべては第一章に書かれている。

一九二七年になされた新しい経度の決定によって明らかにされた北アメリカの移動に関する証拠が付録に収められている。この結果はこの本の校正中に発表されたものである。

グラーツ、一九二八年一一月

アルフレッド・ウェゲナー

● 目次 ●

大陸と海洋の起源〔第四版〕

第一章　歴史的背景

この本が生まれ出た歴史的背景について述べることは、それほど興味のないことでもあるまい。大陸移動の考えが最初に私の頭に浮かんだのは一九一〇年のことである。その年に世界地図を眺めながら、大西洋の両側の大陸の海岸線の出入りに、私は深く印象づけられた。最初の間は、私はその考えをあまり問題にしなかった。それが不可能であると考えていたからである。一九一一年の終わりに、私は偶然にも一つの総合報告を読んだ。これが以前にブラジルとアフリカとの間に陸橋があったという古生物学的証拠について、私が知った最初の機会であった。この報告に刺激されて、私は地質学と古生物学の分野での適当な研究を好奇心をもって調べることにとりかかった。証拠が確定的であることがすぐにわかった。このようにして大陸移動説が基本的には健全な考えであるという確信が、私の心の中に深く根をおろした。一九一二年一月六日に、フランクフルト・アム・マインでおこなわれた地質学会の席上で、私は初めて大陸移動説についての講演をおこなった。その題名は「地殻の大規模な特徴（大陸と海洋）の進化に関する地球物理学的基礎」であった。

一月一〇日には、マールブルクでおこなわれた自然科学振興協会の席上で、私は「大陸の水平移動」と題する講演をおこなった。同じ年に、最初の二冊の出版物が世に出た。〔1 2〕。一九一二年から一九一三年へかけてはJ・P・コッホにひきいられたグリーンランド探険に参加し、またその後では軍役に服したために、しばらくの間はそれ以上研究を続けることができなかった。しかし、一九一五年に、長い病気休暇を利用して、私は大陸移動に関するもう少し詳しい説明を書き上げ、この本と同じ題名でフィーベーグから出版した〔3〕。第一次世界大戦の後で、第二版(一九二〇)が必要となった時に、出版社の好意的なはからいで、この本は「フィーベーグ全書」から「自然科学全書」へ移された。このために完全な改訂が可能となった。まったく改訂された第三版は一九二二年に出版された。部数がかなり多かったために、私は数年間他の問題を研究することができた。しかしやがてこの第三版も売り切れた。この版の翻訳がいくつか出た。ロシア語版が二冊、英語、フランス語、スペイン語及びスウェーデン語版が一冊である。一九二六年に出版されたスウェーデン語版をつくる際に、私はドイツ語の原本にいくつかの改訂を加えた。

このドイツ語原本の第四版もまた完全な改訂版である。実際、それは以前の版とはまったく違った特徴をもっている。第三版が出版された時点でも、考慮に入れるべき大陸移動に関する総合報告がすでに一冊あった。しかし、この総合報告の中では、主として大陸移動説に関する賛成及び反対の意見の表明と、大陸移動説の正しさを肯定したり否定したりする個々の観察が収められていただけである。

一方、一九二二年以来、地球科学のいろいろな分野で大陸移動説に関する議論が大規模になされるようになっただけでなく、議論の性格それ自身も少しずつ変わってきた。すなわち、より広範な研究の基礎として、大陸移動説が使われるようになった。さらに、最近になってグリーンランドが現在もなお移動しているという正確な証拠が見つかり、それが大陸移動説に新しい完全な基礎を与えた。したがって、旧版が主として大陸移動説の提案とそれを支持する個々の事実の収集に限られていたのに対して、この第四版では、大陸移動説の提案からこれらの新しい研究分野の総合報告への移り変わりがなされている。

この問題に最初に手をつけた時にも、またその後の研究中にもしばしば、多くの点で以前の研究者と私の意見とが一致することに私は気づいた。すでに一八五七年に、グリーン〔63〕は「液体核の上に浮かぶ地殻の断片」について述べている。地殻の回転（それは大陸の相互移動を意味するものではない）の考えもまた、レッフェルホルツ・フォン・コルベルグ〔4〕、クライヒガウワー〔5〕及びエバンスその他によってすでに唱えられている。H・ウェットシュタイン〔6〕の書いた本の中には、多くのばかげた考えとともに、大スケールの大陸移動という考えが述べてある。彼によれば、大陸（彼は大陸棚を考慮していない）は移動するだけでなくまた変形もする。地球をつくる粘性物体に働く太陽の潮汐力（ちょうせきりょく）をうけて、大陸はすべて西方へ移動する、と彼は考えた。この考えはまたE・H・L・シュヴァルツ〔7〕が述べた考えでもある。しかし、ウェットシュタインもまた、大陸が沈んで海洋ができたと考えていた。彼はまた地球表面の地理学的相同その他の問題についてばかげた見解を述べているが、ここではそれを省略しよう。私と同様に、ピッカリング〔8〕は、南大西洋の海岸線の出入りから出発して、アメリカがヨーロッパ−アジアから離れ去り、大西洋を通って移動したという考えを述べている。しかし、彼は白亜紀の頃まではこれらの二つの大陸の間がつながっていたと仮定しなければならないことに気づかず、それらがつながっていたのはよくわからないずっと昔のことであると考えていた。月が地球からとび出し、そのあとが太平洋になったというG・H・ダーウィンの考えと大陸の分裂とを、彼は結びつけていたようである。

一九〇九年に出版された短い論文の中で、マントバニ〔86〕は大陸移動について述べ、私のそれとは部分的に違うけれどもある点では驚くばかりに一致した地図を用いてそれを説明している。彼は南アフリカのまわりに南方の諸大陸を集めている。私との文通の中で、コックスワーシー〔9〕は、一八九〇年に出した本の中で、今日の大陸がかつての超大陸のかけらであると述べたことを、私に指摘している。しかし、私はまだその本を詳しく調べたことがない。

一九一〇年に出版されたF・B・テイラー〔10〕の仕事の中にも、私のそれと似た考えが見出される。この本の中で彼は、第三紀に個々の大陸がかなり移動し、そのために第三紀の大褶曲システムができたと述べている。たとえば北アメリカからグリーンランドが分離したというような点については、彼は私とほとんど同じ結論に達している。大西洋について言えば、アメリカの移動によってできたのはその一部分であり、他の部分は大陸が沈んで大西洋中央海嶺となったためにできた、と彼は考えている。この考えもまた私のそれと定量的に違うだけであり、新しい見解というべきものではない。しかし、こういうわけで、アメリカ人たちはしばしば大陸移動説をテイラー－ウェゲナー説と呼んでいる。しかし、テイラーの論文を読んで私がうけた印象によれば、彼の主題は大山脈の配列についての形成原理を見出すことであり、彼は極からの大陸の移動がそれであると考えていた。したがって、彼の考えでは大陸移動は補助的な役割しか演じておらず、それについての説明もかなり荒っぽいものである。

テイラーの論文をも含めたこれらの仕事に私が気づいたのは、大陸移動説の主な骨組を仕上げて後のことである。論文のあるものに気づいたのはさらに後のことである。さらに調べが進むにつれて、大陸移動説と一致する要素を含み、あるいはある一部の点でそれを予想したような仕事が見つかるかもしれない。

このような歴史的研究はまだ着手されていないし、この本の中でもそれをおこなうつもりはない。

第二章　大陸移動説の本性及びそれと地質時代を通じての地球の表面地形の変化に関するこれまでの説明との関係

問題を生物学的にみるかあるいは地球物理学的にみるかによって、われわれの地球の有史以前の状態に関して引き出される結論がまったく違ってくる。これはわれわれの現在の知識が不完全であることを示す、奇妙な事実といってよい。

古生物学者や動物及び植物地理学者たちは、現在は広い海によって隔てられている大陸が、有史以前には陸橋によってつながれており、これらの橋を渡って動植物の移動がなめらかにおこっていたと主張している。多くの異なった場所にはまったく同じ数多くの種が見出されるにもかかわらず、それらの種がこれらの地域に同時にまた独立に発生したとは考えられないことから、古生物学者たちはこのように考えたのである。さらに、同時代の化石動物あるいは植物の限られた数のものしか一致しない場合には、その時代に生きていた生物の限られた数のものが化石となって保存され、それらが現在までに発見されたと考えられている。また、二つの大陸に住んでいた生物の全グループが完全に同じ場合にも、われわれの知識の不完全さのために、それらの二つの地域での発見の一部分だけが同じようにみえ、他のより大きい部分が違ったようにみえるのかもしれない。さらに、移動が妨げられない場合にも、二つの大陸での生物がまったく同じではありえない。たとえば、現在ヨーロッパとアジアに住む動植物群はまったく同じではない。

現存の動物及び植物界の比較研究もまた同じ結論に導く。このような二つの大陸に見出される種はかなり違っている。しかし属と科は同じである。そして現在の属あるいは科はかつては同じ種であった。このようにして、現存の動物及び植物群の間の関係から、それらがかつてはまったく同じであり、したがって自由な移動が可能であったという結論が得られる。そのような移動は幅広い陸橋を通じておこなわれたものであろう。陸橋が破壊した後で初めて、動物及び植物群が現存の種に分裂した。したがって、次のように言っても言いすぎではないだろう。すなわち、このような陸橋の考えを受け入れなければ、地球上での生命の進化や、たいへん隔たった大陸にいる現存の生物の類似は、われわれにとってはまったく解き難い謎である、と。

数多くのものの中から、ただ一つの証言をあげよう。ド・ボーフォールト〔123〕は次のように述べている。「今日離れ離れになっている大陸の間にかつてはつながりがあったと考えなければ、動物の分布をまったく説明することができないことを示す他の多くの例をあげることができる。しかも、マシューが述べたように、そこから何本かの厚板だけが取り除かれた陸橋が存在しただけでなく、現在は深い海に隔てられている大陸の間にもそのようなつながりがあった*」。

＊アールト〔135〕は次のように述べている。「もちろん、今でもなお陸橋説を主張している人が何人かいる。その中でも、G・ペファーは引用に値する。現在南半球に限られているいろいろな品種が北半球では化石として残っている、と彼は述べている。彼によれば、このことは疑いもなくこれらの品種がかつては多少とも地球上に均一に分布していたことを示している。この結論が完全に決定的なものではないとすれば、分布が南半球に限られており、北半球に化石すらも見つかっていない場合を含むすべての場合について全地球上での均一な分布を仮定することは、さらに不確実なことである。もし彼が北半球の大陸と地中海の橋間の移動だけで分布異常を説明しようとするのであれば、その仮定は不確実な基礎の上にたっていることになる」。個々の場合にペファーが仮定したようなことが仮におこったとしても、南半球の大陸における類似性が、共通の北半球の地域からの平行な移動によって生じたと考えるよりも、直接の陸橋によっておこったと考える方がより単純にまたより簡単に説明できることは明らかである。

この考えによって十分には説明できない個々の多くの問題があることも事実である。多くの場合に、数少ない証拠にもとづいて陸橋が仮定された。その後の研究によって確認されなかったものもある。連絡がいつ断たれ、また現在のような分離がいつ始まったかについて、現在でもなお意見が一致していない場合もある。しかし、このような昔の陸橋の中の重要なものに関しては、専門家の間ですでに満足すべき一致が得られている。それらの結論は哺乳類、ミミズ、植物その他の生物の地理的分布に基礎をおいたものである。二〇人の科学者に＊

よる証言や地図を用いて、アールト〔11〕は各地質時代の異なった陸橋の存在に対する賛成あるいは反対の票を示す表をつくりあげている。四つの主な陸橋に関する結果を、第1図に示しておく。各陸橋に対する三本のカーブは、賛成票、反対票及びその差を示す。差は図上のハッチで示してある。したがってこれは優勢票の分布を示すものといってよい。たとえば一番上のグラフは、オーストラリアとインド、マダガスカル及びアフリカ（かつてのゴンドワナ大陸）との間の連絡が、カンブリア紀からジュラ紀のはじめまで存在し、そこで断たれたという意見が有力であることを示している。第二のグラフは、南アメリカとアフリカとをつなぐ陸橋（アーチ・ヘレニス）が白亜紀の初期から中期へかけて断たれたという意見が有力であることを示す。第三のグラフは、白亜紀と第三紀の間で、マダガスカルとデカンとの間の連絡（レムリア）が断たれたことを示す。第四のグラフは、北アメリカとヨーロッパとの間の陸橋のようすがより複雑であったことを示す。しかしここでも、カーブのようすがしばしば変わるにもかかわらず、かなりの意見の一致が得られている。より早い時期、たとえばカンブリア、二畳、ジュラ及び白亜紀に、連絡がしばしば乱されている。しかしそれは浅い「海進」によるものであり、その後すぐに連絡が復活している。しかし、最後に連絡が断たれて、その間に広い海が開け始めたのは、少なくともグリーンランドの近くの北部では、第四紀になってからである。

＊アールト、ブルックハルト、ディーナー、フレッチ、フリッツ、ハンドリルシュ、ハウフ、フォン・イエリング、カルピンスキー、コーケン、コスマット、カッツァー、ラパレント、マシュー、ニューメイル、オル

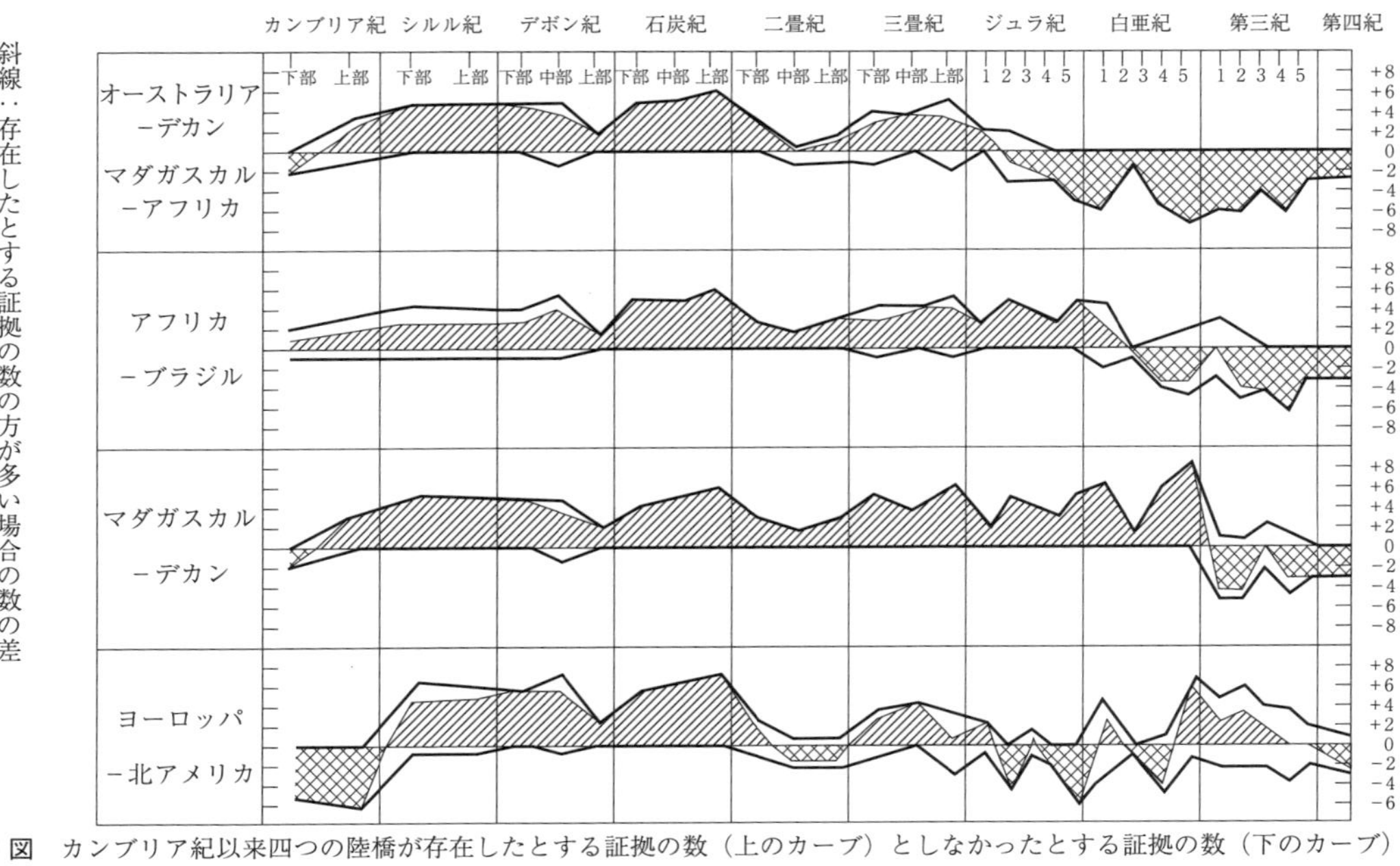

第1図　カンブリア紀以来四つの陸橋が存在したとする証拠の数（上のカーブ）としなかったとする証拠の数（下のカーブ）

トマン、オスボーン、シュヒャールト、ウーリッッヒ及びウイリス。

多くのこまかい点については、この本の後の部分で述べるはずである。ここでは、これまでの陸橋説の主張者たちによって考慮されなかったけれども重要なある一つの点を強調しておこう。たとえばベーリング海峡のように、現在では浅い大陸棚がある部分や、あるいは洪水がすき間をうめた地域に対してだけでなく、現在海中にある地域に対してもまた、陸橋の存在が主張された。第1図に示した四つの例は、いずれも後のタイプに属するものである。やがてそれを明らかにするように、新しい大陸移動説の出発点は、まさにこの地域にあるのである。

以前には、海面上にあると海面下にあるとを問わず、すべての大陸は地球の全歴史を通じてその相対的な位置を変えなかった、と考えられていた。したがって、仮定された陸橋は中間の大陸として存在し、その後それが海中に没して海底となり、動植物群の交流がなくなった、と考えられてきた。このような仮定の上に、よく知られた古生物学的再構成が試みられた。その一例で、石炭紀に対するものを第2図に示しておく。

地球の収縮説の立場に立つ限り、水面下に没した中間の大陸という考えはたいへんもっともらしいものである。その地球収縮説について、以下に詳しく述べることにしよう。この説は最初ヨーロッパで主張された。ダナ、アルバート・ハイム及びエドワード・ジュースといった人たちが、それを最初に主張しまた発展させた。そして、現在ヨーロッパで使われている地質学のどの

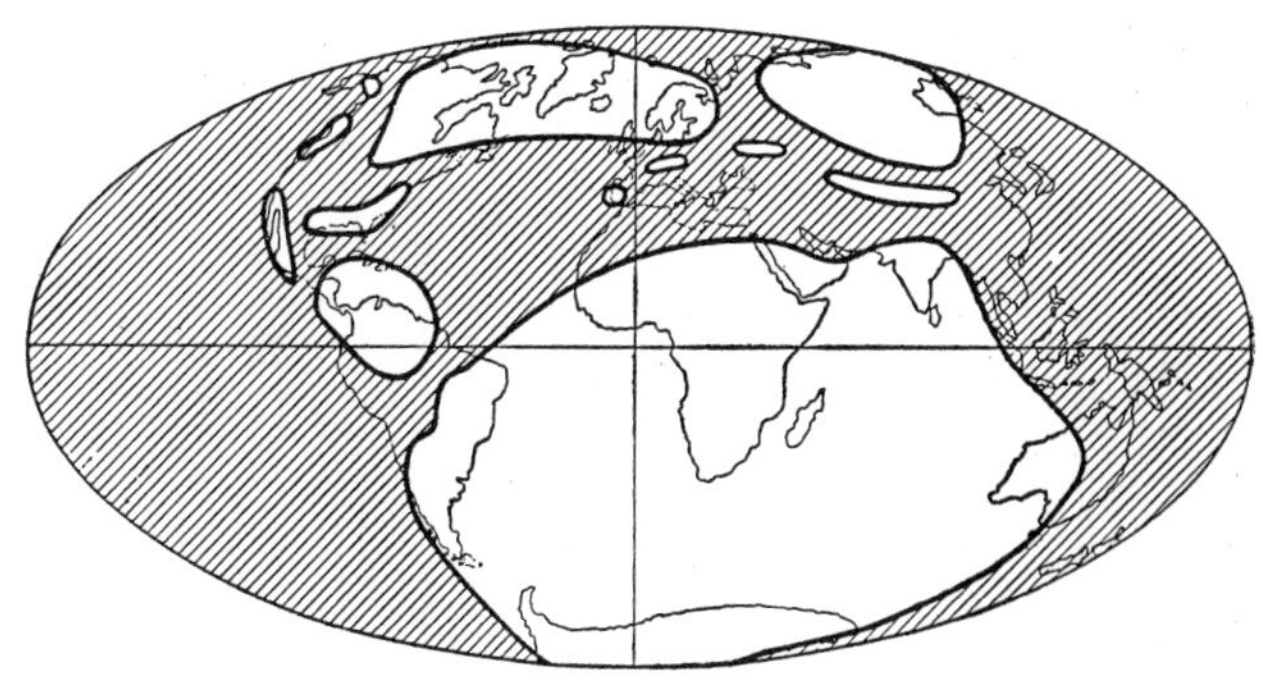

第２図　石炭紀における水（斜線）および陸の分布
ふつうの考え方にしたがっている

教科書にも、この地球収縮説が勢いをふるっている。この説のポイントは、ジュースによる次の言葉の中に、もっとも雄弁に物語られている。「われわれはまさに地球の収縮を目撃しつつある〔12第一巻、七七八ページ〕」。水けをなくしたリンゴの表面にしわがよるように、地球が冷却してその内部が収縮したために、その表面に褶曲山脈ができた、と考えられている。このような地殻の収縮によって、地殻をアーチ状にもち上げる圧力が働き、そのために各部分が隆起して地塁となった、と考えられる。いわば、これらの地塁はアーチ状にもち上げる圧力によって支えられている。そのうちにその背後にある部分がより速く沈んで、それまで陸上にあった部分が海面下に没し、またこれと逆のことがおこった。このような循環が何度もくり返された。この考えはライエルによって提案されたものであり、それは現在の大陸上にあるほとんどあらゆる部分で、以前の海に堆積した堆積物が見出されるという事実にもとづいている。長い期間を通じて、この考えがわれわれの地質学的知識をまとめあげる歴史的役割を果たしたということは否定できない。さらに、長い期間にわたって、収縮説は多くの問題に適用されて成功を収めてきた。考えが単純でその応用範囲が広いという点で、収縮説は現在でもなお魅力的である。

収縮説に基礎をおいたエドワード・ジュースによる「地球の相貌」という四巻の本が書かれて、地質学的知識がみごとにまとめ上げられた。しかし、この本の出版以来、収縮説の正しさに多くの疑問が投げかけられた。収縮説では、一般的に地殻が地球の中心へ向けて移動する中で取り残された部分が隆起し、したがって隆起は見かけ上のものであると考えている。しかし、絶対的な隆起の存在することがわかって、この考えは見捨てられた〔71〕。ヘルケッセル〔124〕によって、理論的な根拠にもとづいて、アーチ状にもち上げる圧力がいたるところに絶えず存在すると主張されている。しかし、東アジア及び東アフリカのリフト・バレー（割れ目の谷間）が見つかり、地殻のかなり大きい部分にわたって張力が存在することがわかって、この考えもまた成り立ち難いことがわかった。地球内部の収縮のために地殻にしわができて、そのために褶曲山脈ができたという考えは、角度にして一八〇度の距離にわたって、地殻の内部で圧力が伝えられるという信じ難い結果に導く。アンペラー〔13〕、レイヤー〔14〕、ルズキ〔15〕及びアンドレ〔16〕その他の人々は、地球がリンゴのように収縮する場合には、地球の表面が全体的に規則正しく収縮することを根拠にして、正当にも収縮説に反対している。しかし、これまでも種々の困難をもっていた収縮による山脈の生成説をより一層困難にしたのは、アルプス地方で見つかった薄皮のような「シート状断層構造」あるいはおしかぶせ断層である。ベルトラン、シャルト、ルジオンその他の人たちによって見出された、アルプスその他の多くの山脈におけるこのような新しい構造は、以前よりもさらに大きい圧縮を必要とした。これまでに述べられた考えにしたがって、ハイムはアルプスにおける収縮が五〇パーセントにも達していると見積もった。しかし、現在一般に受けいれられているシート状断層理論では、最初の長さの四分の一ないし八分の一程度にもなる収縮が要求された。現在の山脈の幅は約一五〇キロメートルであるから、収縮前のもともとの幅は六〇〇ないし一二〇〇キロメートル（緯度にして五度ないし一〇度）もあったにちがいない。さらにアルプスにおけるシート状断層に関するもっとも最近の総合報告の中で、アルガンに賛成して、R・シュタウブ〔18〕は、さらに大きい圧縮を主張している。二五七ページで、彼は次のように結論している。「アルプス造山運動は、アフリカ大陸の北へ向けての移動の結果として生じたものである。シュヴァルツヴァルトとアフリカの間の断面全体にわたって、アルプスの褶曲とシートを引きのばすと、現在の距離が約一八〇〇キロメートルであるのに対して、もともとの距離が約三〇〇〇ないし三五〇〇キロメートルであったという結果が得られる。このことは、アルプスに関係した圧縮が約一五〇〇キロメートルであったことを意味する。ヨーロッパに相対的に、この距離だけアフリカが移動したにちがいない。したがって、ここから得られる結論は、アフリカ大陸がこの程度に大規模に移動したということである」。*

＊アルプス圧縮の大きさの見積もりは常に増加しつつある。最近シュタウブは次のように述べている〔214

215〕。「おそらく一二重にも重なったアルプスのシートを展開したとすると、後地はずっと南へくる。そして前地と後地との間のもともとの距離は、現在の一〇ないし一二倍あったことになる」。彼はさらにつけ加えている。「したがって山脈の生成は明らかにより大きいブロックの独立な移動によって生じたものである。それらの大陸ブロックはそれぞれの構造と組成をもっていた。このようにして、アルプスの地質学とハンス・シャルトのシート理論とから出発して、われわれは偉大なウェゲナーの大陸移動説の基本原理をうけ入れるようになる」。

たとえばF・ヘルマン〔106〕、E・ヘニッグ〔19〕及びコスマット〔21〕のような他の地質学者もまた同様な意見を述べている。たとえば、コスマットは次のように述べている。「山脈の形成は大スケールの水平移動によって説明される。それは単純な収縮説とは相容れないものである」。後に述べる総合的な研究の中で、アジアに対して、特にアルガン〔20〕がこれと似た理論を発展させている。彼とシュタウブはアルプスに対しても同様なことをおこなっている。これらの巨大な地殻の圧縮と地球内部での温度の下降とを関係づけようとするいかなる試みもまだ成功していない。

さらに、ラジウムが発見されたために、地球が絶えず冷却しつつあるという地球収縮説の基本的な仮定もまた疑問視されている。放射性元素の崩壊は熱を生じる。しかもその放射性元素は、われわれに近いところにある地殻の岩石の中に、測定できる程度に含まれている。地球の内部が同程度にラジウムを含めば、それによって生じる熱の方が地球中心から伝導によって運び出される熱よりも大きいことが、多くの測定によって確かめられている。上に述べた地球内部からの伝導熱は、鉱山の内部で深さとともに温度が増加するようすと岩石の熱伝導率をはかって見積もることができる。それはともかく、もしこのようなことがあれば、地球内部の温度は絶えず高くなる。もちろん、隕鉄に含まれる放射性元素が少ないことは、鉄でできた地球の核が地殻よりもより少ないラジウムを含むことを意味する。おそらくはこのために、上に述べた逆説的な結論通りにはならない。いずれにしても、かつて考えられたように、かつては高温だった地球の内部が現在は冷却しつつあると結論することはできない。おそらくは地球内部で生じる熱と空間への熱的損失との間に一種の平衡が成り立っているのであろう。実際、後でより詳しく述べるように、この問題に関する最近の研究によれば、少なくとも大陸部分では伝導によって取り去られる熱よりもより多くの熱が発生して、温度が上昇しつつあるらしい。一方海洋部分では、伝導熱が熱の生産をこえている。地球全体として考えると、これらの二つの過程によって、熱の生産と損失との間に平衡が保たれているようである。ともかく、このような新しい見方を通じて、地球収縮説の基礎自身が完全に疑わしいものになっている。

地球収縮説とその考え方に対するさらに多くの困難がある。現在の大陸部分で海洋性の堆積物が見つかることを理由にして、大陸と海底との間に無制限な周期的交代があったという考え方も、最近では厳密に制限的なものとなった。これらの堆積物をより詳しく調べることによって、ほとんど例外なく、これらの堆積物が沿岸性のものであることがわかったからである。以前には海洋性のものだと主張された多くの堆積物が沿岸性のものであることがわかった。その一例が、カイヨウによって沿岸性のものであることが示されたチョークである。ダク〔22〕はこの問題に関するすぐれた総合報告をしている。石灰分に乏しいアルプスの放散虫や深海赤粘土のなごりであるある種の赤粘土のような、数少ないタイプの堆積物だけが、今でも深海（四ないし五キロメートル）性のものであると主張されている。特に海水は深海でだけ石灰を溶解するからである。しかし、現在の大陸上にある本当に深海性の堆積物のある地域の面積は、その上に沿海性の堆積物をのせた大陸部分の面積に比べてはごく小さい。したがって、現在の大陸上にある大昔の海の堆積物が基本的には浅海性のものであるという考え方は変わらない。しかし、地球収縮説にはかなりの困難が生じる。地球物理学的に考えれば、海岸線に近い浅瀬は大陸の一部である。したがって、大昔の浅海性の堆積物は、その部分が地球の全歴史を通じて陸地であり、海底となったことがないことを意味する。それでもなお、今日の海底がかつては大陸であったと仮定しなければならないのだろうか。大陸上で見つかる海洋性の堆積物が浅海性のものであることがわかった以上、このように考えることはできない。さらに、この結論自身が明らかに矛盾した結果に導く。第2図に示したような大陸間の陸橋を築くには、現在の大陸地域を海面にまで沈降させないで現在の海底の大部分をうめねばならない。これでは、より縮小した深海盆の中に世界中の海をおさめる体積がなくなるだろう。大陸間をつなぐ陸橋で水を置き換えると、世界中の海の海面が高まり、全地球上の大陸部分が海面下に没する。すなわち、陸橋を含めた現在の大陸が大洪水に見舞われる。したがって、大陸の間に乾いた陸橋を築こうとすると、かえって逆の結果が得られる。こういう意味で、何かまたつけたしの仮定をしない限り、第2図のような陸橋をつくることはできない。たとえば、まさにその体積分だけ、大昔の海水の質量が現在のそれよりも少なかったとするか、あるいは大昔の海底がより深いところにあったと考えればよい。これはほとんど不可能なことであろう。ウイリスとA・ペンクたちは、この困難を指摘している。

地球収縮説に対する多くの反対の中で、特に重要と考えられるもう一つの点を指摘しておこう。主として重力測定の結果にもとづいて、地球物理学者たちは、より密度の大きい粘性層の上に、静水圧的平衡を保って地殻が浮かんでいると考えている。アイソスタシー（地殻均衡）と呼ばれるこの状態は、アルキメデスの原理に従った静水圧平衡にほかならない。この原理によれば、液体中に沈んだ物体の重さは、物体の置き換えた流体の重さに等しい。地殻のこの状態に対して特別な用語を使うことは、ある意味をもっている。なぜなら、地殻がその上に浮かんでいる液体の粘性は、想像できないくらい大きく、したがってつり合いの状態のまわりでの振動がおこらないからである。すなわち、つり合いが乱された後でもう一度その状態へ戻る戻り方はたいへんゆっくりしており、完全にもとへ戻るまでには長い年月を要する。実験室での条件下では、この「液体」と「固体」とを区別することはほとんど不可能である。しかし、たとえば確かに固体と考えられるスチールでも、特に破壊の前には、典型的な流動性を示すことを思い出してほしい。

地殻均衡が乱された例としては、内陸性の氷冠の荷重によるものがある。荷重のために地殻がゆっくりと沈降して、その荷重に対応した新しいつり合いの状態へ向かう。氷冠がとけると、もとものつり合いの状態がゆっくりと回復され、沈降の際につくられた海岸線が地殻とともに隆起する。海岸線のデータにもとづいてド・ギア〔23〕がつくった「等沈降線図」によれば、スカンジナビア半島での最後の氷期における中心部での沈降は少なくとも二五〇メートルに達した。沈降量はへりの部分へ向けてゆっくりと減少している。第四紀におけるもっとも激しい氷期に対してはもっと大きい沈降があったにちがいない。ヘッグボム（ボルン〔43〕から）によって得られた、「フェノスカンジア」（フィンランド、スウェーデン及びノールウェー）における後氷期の隆起を示す図が第3図である。かつて氷河のあった北アメリカ地域でも同様な現象がおこったことがド・ギアによって示されている。地殻均衡を仮定して、ルズキ〔15〕は、内陸部の氷河の厚さを見積もった。その値はスカンジナビアでは九三〇メートル、北アメリカでは一六七〇メートルであった。北アメリカでの沈降量は五〇〇メートルにも達している。地球内部層の粘性のために、平衡状態へ向かう運動はたいへんゆっくりしている。一般に氷がとけてから後で、しかし陸地の隆起がおこるよりも前に、海岸線がつくられる。そして、現在でもなおスカンジナビアが一〇〇年に約一メートルの割合で隆起していることが検潮儀の観測によって示されている。

おそらくはオスモンド・フィッシャーが最初に指摘したように、堆積物の堆積によっても地面

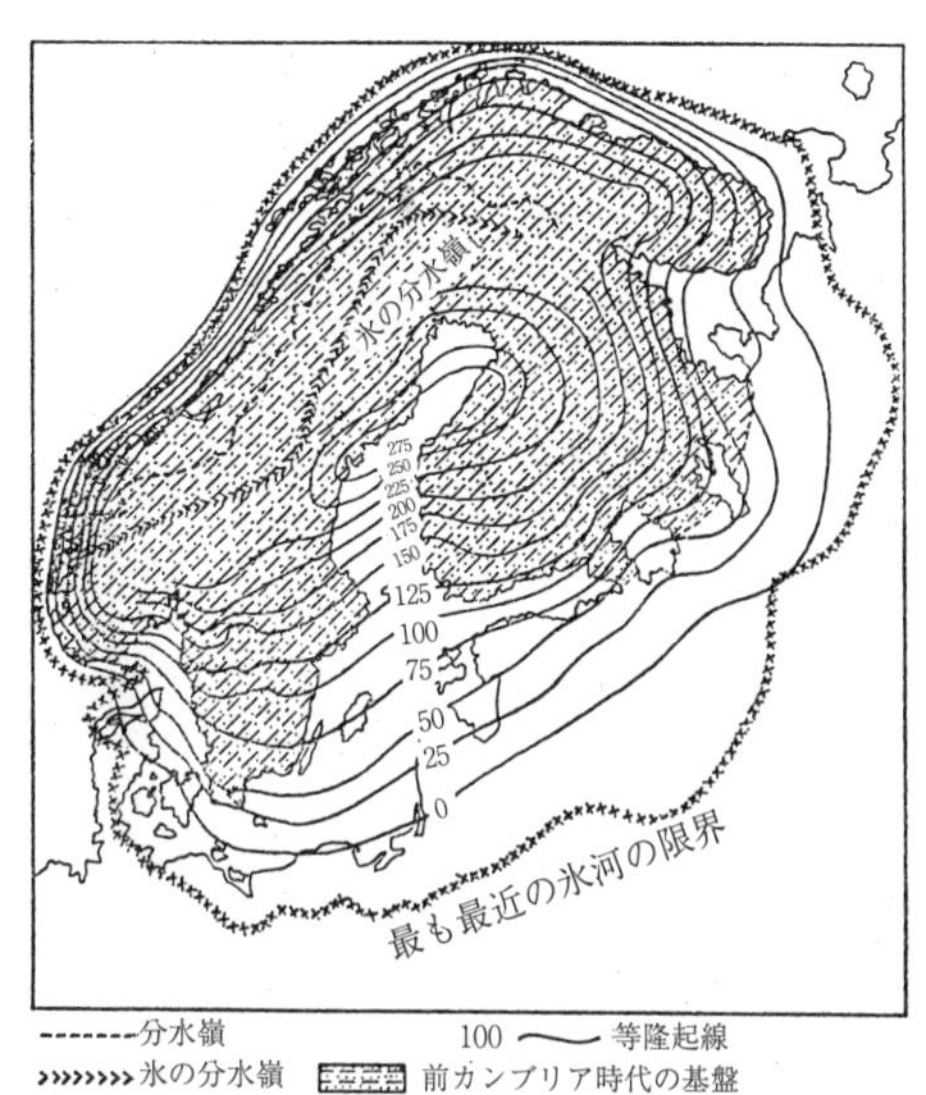

第３図　スカンジナビア半島における氷河期以後の隆起量（メートル）ヘッグボムによる

の沈降がおこる。上流から堆積物が運ばれてくると、それよりは少しおくれて地面の沈降がおこる。そのために新しい表面は前とほとんど違わない高さになる。このようにして、おのおのの堆積物は浅海に堆積するのに、いつの間にか数キロメートルもの厚さの堆積層ができる。

地殻均衡論については、後でさらに詳しく述べることにしよう。ここではただ、それが広い範囲の地球物理学的観測によって裏づけられたものであり、それの根本的な正しさを疑いえない、ということだけを述べておこう。*

＊アメリカの研究者たち、たとえばテイラー〔101〕は、地向斜と山脈の生成に関するボウイーの理論をただ単に「地

殻均衡」と呼ぶことがある。ボウイー〔224〕によれば、堆積物でいっぱいになった盆地、すなわち地向斜のもともとの高さは、等温線の上昇すなわち体積膨張によって生じたものである。陸地が隆起すると、侵食が始まりぎざぎざした山脈ができる。荷重の減少によって下層が連続的に上昇する。このような隆起によって等温線が異常な高さまで上昇し、やがてゆっくりと下降し始める。ブロックは冷却収縮して地表面が沈降する。このようにして山脈地域にへこみができ新しい堆積が始まる。この結果へこみと沈降がおこり、やがて等温線が異常に低いところまでおりる。それがまた上昇し、何度も同じようなことをくり返す。この考えはおしかぶせ褶曲をもった大山脈には適用できない。しかし、テイラーその他が強調したように、地殻均衡の原理を用いている。しかし、それを「地殻均衡説」と呼ぶのは適当でない。

この結果は地球収縮説とは相容れないものであり、また調和しえないものであることがただちにわかる。特に、地殻均衡論から考えて、必要とされる大きさの陸橋のような大陸ブロックが、荷重を受けることなく沈降して海底になったり、それと逆のことがおこったりすることは不可能である。したがって地殻の均衡は地球収縮説と矛盾するだけでなく、生物分布から導き出された沈んだ陸橋という考えとも矛盾する。*

＊ここで述べた収縮説に対する反対論は、より以前の古いタイプのものに対するものである。最近になって、収縮の範囲を制限し、また新しい仮説をつけ加えて、収縮説を現代化し、また反対論に答えようとする試みがあらわれた。それらの研究者の中には、たとえばコーバー〔24〕、スティレ〔25〕、ネルケ〔26〕及びジェ

フリーズ〔102〕がいる。R・T・チェンバレン〔160〕の理論もまたこの分類の中に入る。彼らは彼らの理論である地球の微惑星説にもとづいて、この微惑星物質が地球の中で再配置することによって収縮が生じたと考えている。これらの試みがその目的を達するのにかなり器用に働いていることを否定はしないけれども、それらが反対論を完全に撃退したとは思われない。またそのような試みによって、収縮説が特に地球物理学の分野における新しい研究結果と満足すべき一致を示したとも思われない。しかし、ここでは新しい収縮説の完全な議論はしないことにする。

これまで地球収縮説に対する反対論をやや詳しく展開した。ここで論じた考え方の一部分を基礎にして、もう一つの理論が展開されているからである。その理論は「永久不変説」として知られており、特にアメリカの地質学者の間で流行している。ウイリス〔27〕はそれを次のようにまとめあげている。「大海洋底は地球表面の永久不変の部分である。そして、海水がそこに集まって以来ずっと、その形をほとんど変えないで、現在の位置を占めている」。実際、先にも述べたように、現在の大陸上にある海洋性の堆積物は浅海でつくられた。したがって、このような大陸ブロックは、地球の全歴史を通じて永久不変であった。地殻均衡説は、現在の海洋底を沈降した大陸とみなすことが不可能であることを示している。このことと海洋性の堆積物にもとづく結果とを組み合わせると、上に述べたことを拡張して、深海底も大陸ブロックも永久不変であったと言ってよいだろう。この理論ではまた、大陸相互間の位置は変わらなかったと考えている。したがって、ウイリスの「永久不変説」は地球物理学的知識から得られる論理的な結論と言ってよい。生物分布から得られる陸橋の仮説を、この理論は完全に無視している。したがって、有史以前の地球表面の状態に関して、完全に矛盾する二つの理論が共存している。ヨーロッパでは陸橋説が、アメリカでは海洋と大陸ブロックの永久不変説が勢いをふるっている。

永久不変説の共鳴者がアメリカに多いのは、決して偶然ではない。アメリカでは地質学がおくれて発展し、したがって地球物理学とあいならんで発展した。したがって、アメリカではヨーロッパにおけるよりもすみやかにまた完全に、地球物理学から得られた結果を地質学が採用する傾向になっている。地球物理学と矛盾する地球収縮説を基礎的な仮定として受けいれようとする傾向は、アメリカではほとんどみられない。ヨーロッパではこれとまったく反対である。そこでは地球物理学がその最初の成果をうみ出す前にすでに、地質学が長い発展の歴史をもっていた。したがって、地球物理学からの恩恵をうけることなく、地質学がそれ独自の地球進化に関する全体的な見解をもっていた。そしてその見解のわく組みが地球収縮説であった。ヨーロッパの多くの科学者たちがこの見解から抜け出すことは困難であった。地球物理学の成果に対して、地質学者たちは絶えず不信の念をいだいている。

しかし、真理はいずれの側に存在するのであろうか。どの時代にも、地球はただ一つの表面地形をもっていたはずである。いったい陸橋があったのだろうか。あるいはまた、大陸は今日と同じ広い海洋によって隔てられていたのだろうか。地球上での生物の進化を理解する試みを放てきしたくないとすれば、陸橋の存在を否定するわけにはいかない。しかしその一方で、永久不変説の主唱者たちが中間の沈んだ大陸の存在を否定するその根拠をも無視するわけにはいかない。一つの可能性しか残っていない。明白であるといわれている仮定のどこかに隠れたまちがいが潜んでいるにちがいない。

そしてここから大陸移動説が出発する。陸橋説及び永久不変説に共通な「明白な」仮定は、大陸相互間の位置が変わらなかったというものである。すなわち、絶えず変化する浅海の部分を除いては、大陸相互間の位置が変わらなかったとする仮定がまちがっており、大陸は移動したにちがいない。南アメリカがアフリカのすぐかたわらに存在して、一つのブロックをつくっていたにちがいない。それが白亜紀に分裂し、二つの部分が何百万年という時間をかけて離れ去ったにちがいない。それらのブロックは水に浮かぶ氷山が分裂したようなものである。これらの二つのブロックの端は、現在でも驚くほどよく似ている。サン・ロケ岬の近くのブラジルの海岸線によってつくられた大きい直角のまがりかどがカメルーンの近くのアフリカの海岸線のまがりと一致するだけでなく、これらの二つの対応する点の南で、ブラジルの側が出っぱった場所ではアフリカ側がへこんでおり、またその逆のこともおこっている。コンパスと地球儀を使ってみれば明らかなように、海岸線のサイズもまたまったく同じである。

同様にして、かつて北アメリカはヨーロッパのかたわらに存在し、少なくともニューファンドランドとアイルランドから北では、グリーンランドとともに一つのブロックをつくっていた。こ

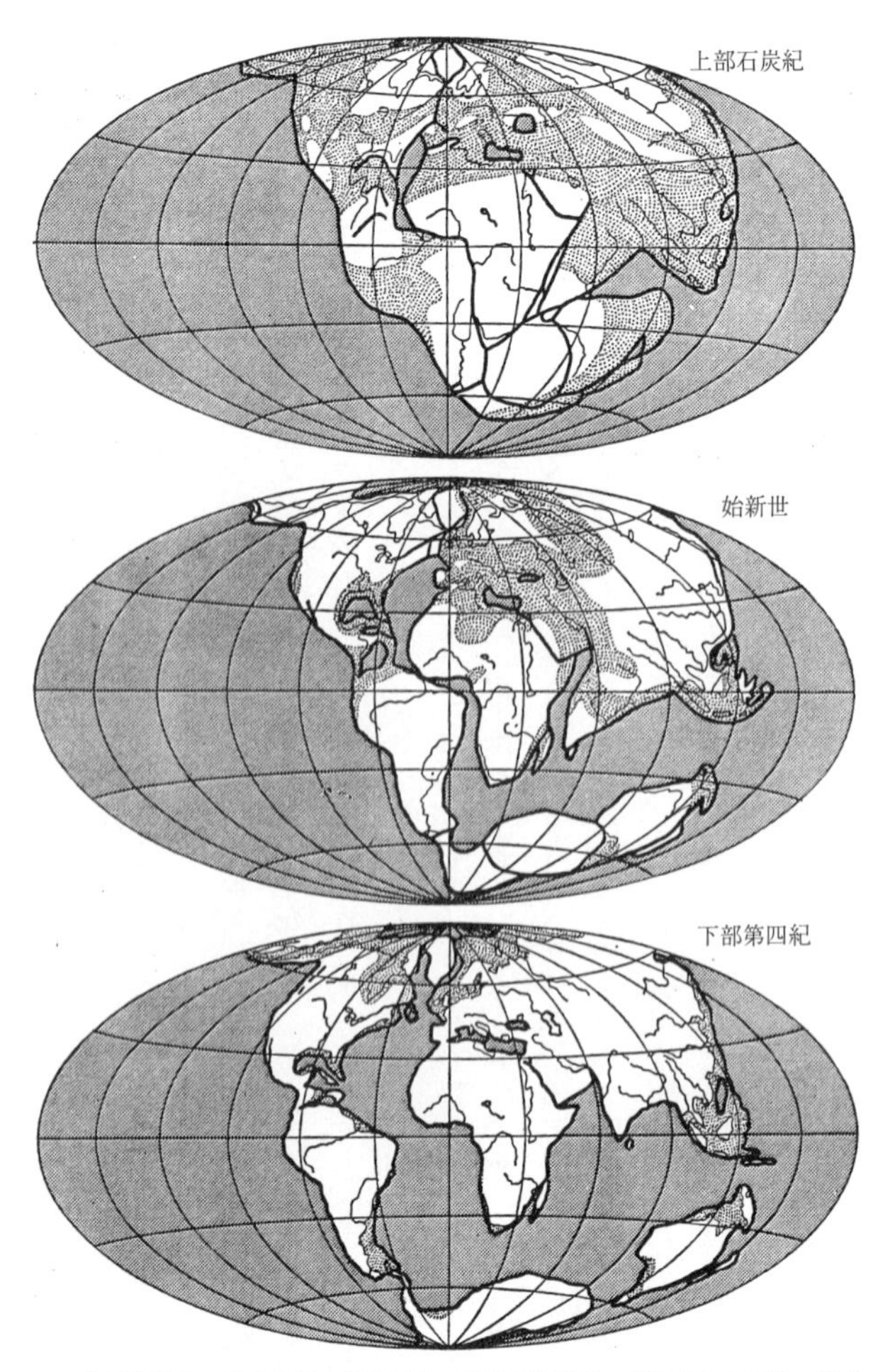

アミ点が海洋を、砂点が浅い海を示す。現在の海岸線と川をそえたのは、現在の地図との対応を明らかにするためである。地図に書かれた緯度経度の線は、任意的なものである。現在のアフリカを基準の地域としている（これについては第八章を参照せよ）

第４図　大陸移動説による三つの地質時代に対する再構成図

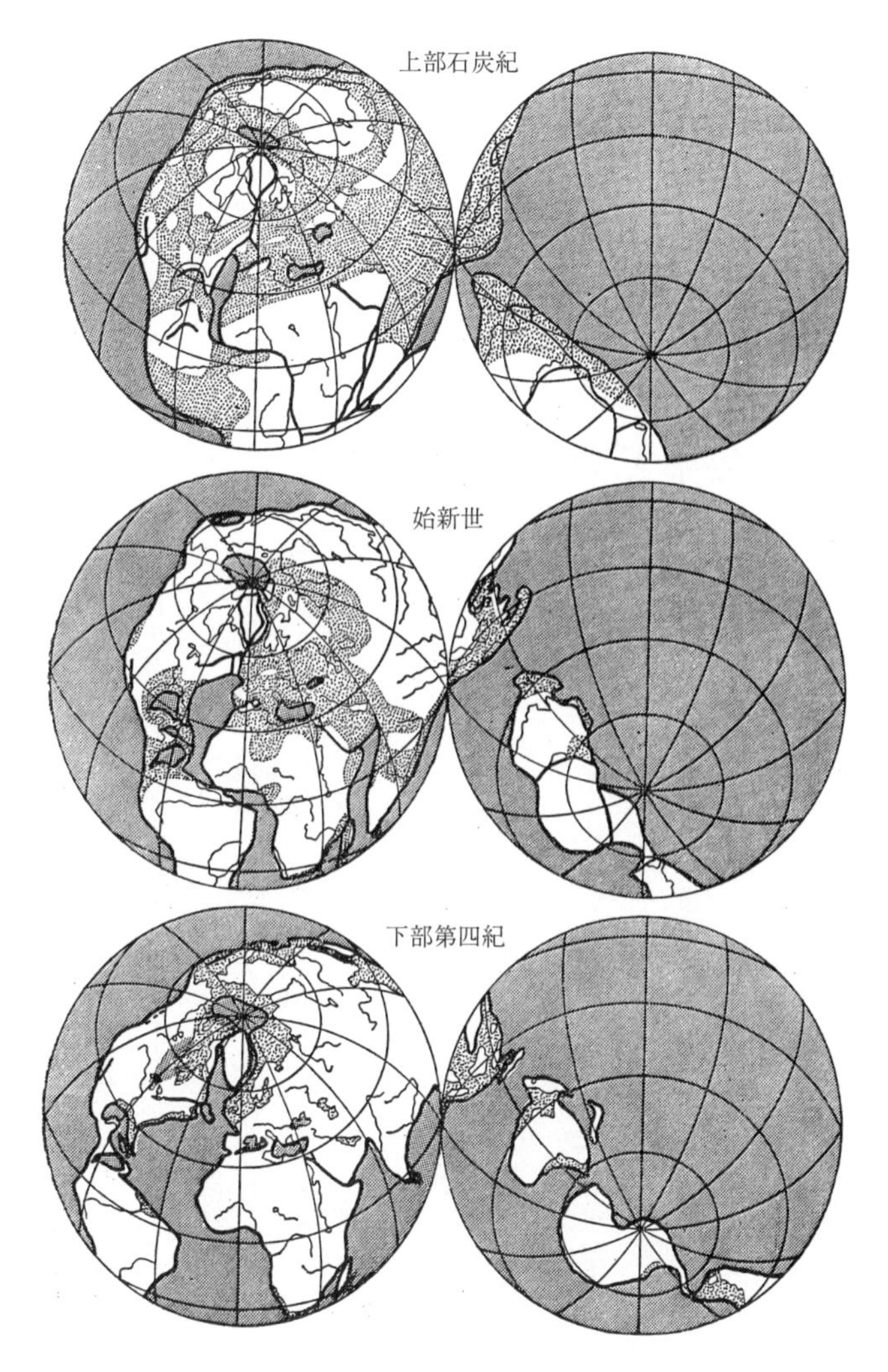

第5図　第４図を違った投影法で書いたもの

のブロックは第三紀の終わりに最初に分裂し、北方では、グリーンランドの分岐した割れ目によって、第四紀に分裂がおこった。このようにしてできたブロックは相互に離れ去った。ジュラ紀の初め頃まで、南極、オーストラリア及びインドが南アフリカのかたわらに存在し、それと南アメリカとで、一つの超大陸をつくっていた。ただし、その一部は浅い海によっておおわれていた。ジュラ、白亜及び第三紀に、このブロックが分裂し、各大陸が各方向へ移動した。第4図と第5図に示した三枚の地図は、石炭紀後期、第三紀始新世及び第四紀の初期における進化のようすを示す。インドのようすは他とは少し違っている。もともとそれは浅い水の下の細長い陸地を通じてアジアとつながっていた。ジュラ紀の初めにオーストラリアから、また白亜紀から第三紀へ移る時期にマダガスカル島から離れ去った後、インドがアジアへ近づくにつれて、その間の通路が褶曲し、地球上でもっとも大きい褶曲山脈をつくった。それがヒマラヤその他のアジアの高地にみられる褶曲山脈である。

大陸移動と造山運動とが因果関係で結ばれている他の地域がある。南北両アメリカが西へ向けて移動する間に、大昔の太平洋の海底の抵抗にぶつかって、その先端が圧縮されて褶曲した。その頃の太平洋の海底は深いところまで冷却しており粘性力もまた強かった。その結果できたのがアラスカから南極へ至る巨大なアンデス山脈である。大陸棚によってつながれたニューギニアを含むオーストラリア大陸を考えてみよう。その移動の先端には高いニューギニアの山脈がある。これもまた最近できたものである。われわれの地図が示すように、オーストラリア大陸が南極から離れ去る前の移動の向きは、少し違っていた。現在の東海岸がその頃の先端であった。その頃この海岸線の前面にあったニュージーランドは、褶曲によってできた山脈をもっている。その後で移動の方向が変わったために、山脈が切り離されて島となって後に残った。現在の東部オーストラリアにある山脈はさらに古い時代につくられたものである。それはアンデス山脈の基盤となった、より以前の褶曲と同じ時代にそびえたったものである。これらの基盤は移動する大陸ブロックの先端にあり、それが分裂する前には全体として移動していた。

すでに述べたように、オーストラリア大陸から以前のへりの部分が分離してニュージーランドとなった。このことからもう一つの結論が得られる。すなわち、ブロックのより小さい部分は、それが西方に移動する場合には特に、移動の間に後にとり残される。たとえば、東アジアのへりの部分がとり残されて島弧（とうこ）となり、中央アメリカのブロックの移動の際にとり残された部分が小及び大アンティル諸島となった。ティエラ・デル・フエゴと西南極との間の南アンティル弧（南シェトランド）も同様にしてできた。実際南へ向けて細くなっているブロックのすべてにおいて、その細くなった先が東へ向けてまがっている。その先っぽがとり残されたためにこうなったのである。その例はグリーンランド、フロリダの陸棚、ティエラ・デル・フエゴ、グレイアム海岸及び大陸のかけらであるセイロン島である。

容易にわかるように、大陸移動説は、深海底と大陸とが異なった物質からなり、したがっていわば地球の内部構造の異なった層であるという仮定から出発している。大陸ブロックによって代表される最外部の層は、地球の全表面をおおっていない。もはやおおっていない、といった方がより適切かもしれない。海底はその下の層の自由表面である。その下の層は大陸ブロックの下をはしっているというのが、大陸移動説の地球物理学的側面である。

大陸移動説を受けいれると、陸橋説及び永久不変説の妥当な要求のすべてを満たすことができる。たとえば、かつて陸橋があったといってよいだろう。ただしそれは、かつて考えられたような、後になって沈降した中間の大陸ではなく、大陸ブロックの直接の接触によるものである。また地球の表面は永久不変であったといってもよい。しかしそれは、全体としての海洋地域及び大陸地域に関するものであり、個々の海洋や大陸に関するものではない。

この本の後の部分では、この新しい考え方について、さらにこまかく述べることにしよう。

第三章　測地学的議論

天文学的な位置の決定をくり返しておこなうことによって大陸の現在の移動を確かめ、大陸移動説を証拠だてることができる。最近この方法を用いて、大陸移動説によって予言されたグリーンランドの現在の移動が確かめられた。またこの方法は定量的な議論にたえるものでもある。これが大陸移動説をもっとも正確にまたもっとも信頼できる仕方でテストする方法であることを、多くの科学者が確信している。

同様に広い展望をもった他の議論と比較して、大陸移動説は、それが精密な位置決定によってテストできるという利点をもっている。もし大陸移動が長期間続いたものとすれば、それは今でも続いているにちがいない。したがって問題は、天文学的測定によって適当な期間内にそれが測定できるかどうかということである。

この問題を評価するために、地質学における絶対的な時間スケールの問題に少し深入りしてみよう。時間スケールを見積もることはむずかしいけれども、問題に対する解答が見出されないというほどのものではない。

アルプスにおける氷河の研究から、Ａ・ペンクは、最後の氷期が終わったのは今から五万年前であると結論した。シュタインマンによれば、それは最低二万年、最高五万年前である。またスイスにおける計算に基礎をおいたハイム及びアメリカ合衆国の氷河地質学者たちの見積もりは約一万年前である。またミランコビッチの天文学的研究によれば、最後の氷期に対応した気候寒冷期は今から二万五〇〇〇年前であり、それに続く気候最良期は約一万年前であった。この最良期は北ヨーロッパにおける地質学的証拠によって確かめられている。なお、最後の氷期の主相は約七万五〇〇〇年前であった。ローム層の研究から、ド・ギアは、退却してゆく氷塊の端が南スウェーデンのスコーネを通過したのは今から一万四〇〇〇年前で、一万六〇〇〇年前にはメクレンブルクにあったと結論している。ミランコビッチの計算によれば、第四紀の長さは六〇万ないし一〇〇万年である。われわれの目的には、この程度の一致で十分である。

堆積物の厚さをはかってそれ以前の地質時代の長さを見積もる試みがおこなわれている。たとえば、ダク〔171〕及びルズキ〔170〕は、この方法を用いて、第三紀の長さを一〇〇万ないし一〇〇〇万年と見積もっている。中生代の長さはこの約三倍で、古生代の長さは約一二倍である。

最近高い評価をうけている放射性元素を使う年齢決定〔207〕では、特により古い地質年代に対してより長い時間が得られている。この方法では、α粒子（ヘリウムの原子核）を放射してウラニウム及びトリウム原子が崩壊し、いくつかの中間段階をへて最後に鉛原子に変わる反応を利用する。

このタイプの三つの異なった年齢決定法が使われている。その第一はヘリウム法であり鉱物の中にだんだんと蓄積するヘリウムの相対量を使うものである。この方法を用いて得られる年齢は他の方法を用いて得られたものよりも短い。ヘリウムがゆっくりと逃げ去ることを考えると、これは当然なことかもしれない。したがってヘリウム法はすぐれた方法ではない。もう一つの方法は、最終産物である鉛を使う方法である。第三の方法は、「多色ハロ」法である。α崩壊をすると、岩石の中に含まれている放射性物質のまわりに小さい色のついたハロができる。時がたつとともにそのハロが拡がり、そのハロの大きさから年齢が決められるのである。

ボルン（グーテンベルグ〔45〕を見よ）はこの方法を用いて、中新世、中新世－始新世及び石炭紀後期の岩石の年齢を、一〇〇万年単位でそれぞれ六、二五及び一三七であると見積もっている。これらはヘリウム法を使ったものと言ってよい。鉛法でははるかに大きい値が得られている。たとえば石炭紀後期及び原生代後期に属するアルゴンキア階の年齢が、一〇〇万年単位でそれぞれ三二〇及び一二〇〇と見積もられている。ヘリウム法を用いて後者に対して得られた値は一〇〇万年単位で三五であった。これらの値は堆積物の厚さから求められた値よりもはるかに大きい。*

＊地質時代が古くなればなるほど長くなることについては疑いないけれども、ダク〔171〕の考えが正しいとは私には思われない。彼はより以前の地質時代の長さと堆積物の厚さとの間に矛盾があることを指摘し、これを放射性元素による年代決定の結果を疑問視することの根拠としている。しかし、より最近の地質時代については、この問題は生じない。そしてここでは主としてそのような最近の地質時代を問題にしている。

しかし、ここでわれわれは主として第三紀より後の時代を問題としており、この時代に対しては種々の方法がだいたい同様な結果を与えているから、われわれの目的にはこれで十分である。すなわち次のような値を使うことにしよう。

第三紀のはじめ　二〇〇〇万年前、始新世のはじめ　一五〇〇万年前、漸新世のはじめ　一〇〇〇万年前、中新世のはじめ　六〇〇万年前、鮮新世のはじめ　三〇〇万年前、第四紀のはじめ　一〇〇万年前、後第四紀のはじめ　一〇万ないし五万年前

これらの値と大陸が移動した距離とを用いて、大陸移動のおよそのスピードを計算することができる。ただし、この場合移動は一様なスピードでおこり、現在もなお続いているものと仮定する。これらの二つの仮定はそれをテストするのが困難である。年代の見積もりの不確かさは五〇パーセントあるいは一〇〇パーセントであるかもしれない。また大陸の分裂が始まった時もまた不確かであるから、このようにして得られる値はオーダーを示すにすぎない。したがって将来の研究によってかなり違った値が得られても、驚くにはあたらない。このように荒っぽい計算でもものの役にはたつ。それより短い期間内におきる移動を測定できる見こみのある地域に人々の注意を向けるからである。

次に示した表は、特別に興味ある地域における一年あたりの移動速度を示す。

もっとも大きい移動速度が期待されるのはヨーロッパとグリーンランドの間であり、それに続いてヨーロッパとアイスランド及びマダガスカルとアフリカ間の値が大きい。グリーンランドと

アイスランドの場合には、移動は東西方向におこり、したがって天文学的な位置決定によって、緯度ではなく経度の差の増加が決められるはずである。

たまたま、少し以前に、ヨーロッパとグリーンランドの間の経度差の増加に注意が向けられた。この発見の歴史はまんざら興味のないものでもあるまい。私が大陸移動のあらすじを仕上げた頃には、北東グリーンランドでデンマーク探険隊がおこなった経度決定の結果の整理がまだつ

	現在までの相対的な移動距離　キロメートル	分離し始めてからの年数　一〇〇万年単位	一年あたりの移動距離　メートル
サビン島――ベア・アイランド	一〇七〇	〇・〇五―〇・一	二一―一一
フェアウェル岬――スコットランド	一七八〇	〇・〇五―〇・一	三六―一八
アイスランド――ノールウェー	九二〇	〇・〇五―〇・一	一八―九
ニューファンドランド――アイルランド	二四一〇	二―四	一・二―〇・六
ブエノスアイレス――ケイプタウン	六二二〇	三〇	〇・二
マダガスカル――アフリカ	八九〇	〇・一	九
インド――南アフリカ	五五五〇	二〇	〇・三
タスマニア――ウィルクスランド	二八九〇	一〇	〇・三

いていなかった。この探険はミューリユース－エリクセンによってひきいられた一九〇六年から〇八年へかけての探険であり、私は助手としてそれに加わった。しかし、われわれの探険がおこなわれた地域ですでに測定がおこなわれており、サビン島にある経度観測所からの以前のデータとダンマルクスハブンでおこなわれたわれわれのデータとの間の関係が三角測量によってすでに決められていることを、私は知っていた。そこで私は探険隊の地図学者であるJ・P・コッホに手紙を書き、彼に私の大陸移動説のあらましを語り、われわれの探険によって得られた経度のデータが以前のデータと、期待された通りの変わり方で変わっているかどうかをたずねた。コッホは得られたデータからのさしあたりの計算をおこなって、期待された程度の大きさの違いが得られはしたけれども、それがグリーンランドの移動によるものかどうかはわからない、と私に告げた。この問題に特に注意をはらいながら、コッホは誤差の源をさぐり、最後の計算を仕上げた。そして、大陸移動説がもっとも可能な説明であるという結論に達した〔172〕。彼は次のように述べている。「デンマーク探険隊によって得られたヘイスタックの位置と一八六九年から七〇年へかけてゲルマニア探険隊によって得られたそれとの間には一一九〇メートルの差がある。個々にもまた全体にも、観測誤差でもってこの違いを説明することはむずかしい。この場合の唯一の誤差の源は天文学的な経度決定のそれである。しかし、観測所の位置決定が不正確であったとしてこの差を説明するためには、経度決定の誤差がその平均誤差の四ないし五倍であると考えなければならない」。

一八二三年に、サビンはすでに北東グリーンランドの経度決定をおこなっていた。したがって、全部で三組の観測があったことになる。もっとも古い測定がまったく同じ場所でおこなわれたわけではない。サビンが彼の観測をおこなったのは、彼にちなんでその名がつけられた島の南端においてであった。不幸なことに、その場所にしるしがつけられなかったために、観測点の正確な位置については、ある不確かさがある。しかしそれはそれほど大きい問題ではない。一八七〇年のゲルマニア探険の際に、ベルゲンとコープランドは、同じ場所で、しかし東へ数百メートル離れて観測をおこなった。一方、コッホの観測はゲルマニア・ランドのダンマルクスハブンのはるか北でおこなわれたものであり、それとサビンの観測とは三角測量によって結び合わされた。結果を一点から他の点へ移しかえたことによって生じる不正確さは、コッホによって精密に考慮された。その結果、このために生じた誤差は、経度決定それ自身の誤差に比べては無視できることがわかった。このようにして得られた北東グリーンランドとヨーロッパ間の距離の増加は次のごとくである。

一八二三―一八七〇……四二〇メートル（一年あたり九メートル）
一八七〇―一九〇七……一一九〇メートル（一年あたり三二メートル）

これらの観測の平均誤差は次のごとくである。

一八二三　約一二四メートル
一八七〇　約一二四メートル

一九〇七　　約二五六メートル

もちろん、ビュルマイスター〔173〕が正当にも指摘したように、月の観測を含んでいる観測点では、平均誤差が得られた結果の保証にはならない。それは主として、月の観測には平均誤差としてはあらわれない系統的な誤差が入り、運の悪い場合には、その系統的な誤差が得られた結果それ自身と同程度あるいはより以上になるからである。したがって、これらの観測から得られた結果は、大陸移動説によく適合し、またそれによってもっともうまく説明されるけれども、正確な証明にはならない、ということになるだろう。

それ以来、デンマーク測量部（現在コペンハーゲンにある測地研究所）が満足のゆく方法でこの問題をとりあげた。一九二二年の夏に東グリーンランドでおこなわれた、P・F・イェンセン〔174〕による新しい経度決定では、このことを念頭において、電信で時間を伝えるというより正確な方法を用いた。A・ウェゲナー〔175〕及びシュトック〔176〕は、彼の結果をドイツで報告した。イェンセンはグリーンランドで二つの観測をおこなった。その第一は、より古い観測との比較をおこなうために、ゴットサーブ・コロニーでの以前の経度決定をくり返したことである。それ以前の観測は、一部はファルベとブリューメによって一八六三年におこなわれたものであり、また他の一部は一八八二年から八三年へかけての国際極年の間にライダーによっておこなわれたものである。これらの古い観測は月を使っておこなわれたものであり、したがってその結果は不正確である。したがってイェンセンは、それらの平均値を一八七三年に対応するものとし、それと彼自身のより正確な結果とを比較した。彼自身の結果は、大きい系統的な誤差を含まないと考えられる。彼の結果もまた、この間にグリーンランドが西へ向けて約九八〇メートル移動したというものである。これは一年あたり二〇メートルになる。

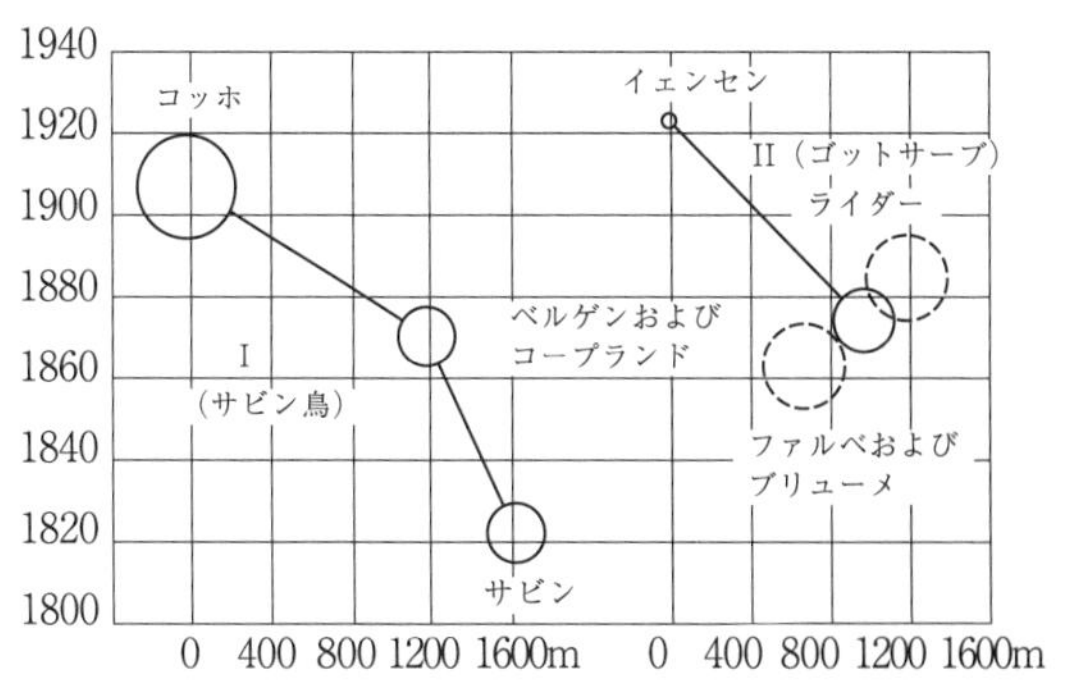

第６図　以前の経度決定を用いて得られたグリーンランドの移動

問題のポイントを明らかにするために、第6図にこれらの測定結果と東グリーンランドでの観測の結果とをあわせて示した〔175〕。横軸に示したスケールから読みとられる円の半径は、一連の測定の平均誤差をメートルで示したものである。イェンセンの測定が著しく正確であることがわかるだろう。「I」で示したのは、サビン島（北東グリーンランド）でのデータであり、また「II」で示したのは、西グリーンランドにあるゴットサーブでの結果である。先に述べたより古い観測の平均値のほかに、一八六三年及び一八八二―一八八三年のデータもまた示してある。そのベクトル的な差は、もちろん反対の向きである。しかし、期間が短いことを考えると、それは観測誤差を示すものとしてよいだろう。しかし、より後におこなわれたイェンセンの観測とそれらとを比較して、経度変化の速度を出すことができる。したがって、全部で次に示す四つのデータの組み合わせがあると考えてよい。

コッホ――ベルゲン及びコープランド

コッホ――サビン

イェンセン――ファルベ及びブリューメ

イェンセン――ライダー

これらのどの組も大陸移動説を支持する。月の観測にもとづき、したがってチェックできない系統的な誤差を含むという点で、これらの比較のすべてが少しわりびきされる。しかし、相互に矛盾しない似たような結果がいくつか得られたことは、これらの結果がすべて極端な観測誤差の不幸な組み合わせから生じたものであるという可能性を小さくする。

しかし、幸いなことに、デンマーク測量部は、そのプログラムの一部として規則的に間をおいてこれらの経度決定をくり返す仕事に着手した。これと歩調を合わせて、イェンセンはゴットサーブ・フィヨルドの上部の、気候条件のよいところを選んで、コルノックに適当な観測所を設置した。そして精密な無線電信を用いて第一回目の標準的な経度決定をおこなった。一九二二年に、恒星及び太陽観測によって、彼はコルノックの経度が西経3時24分22.5秒±0.1秒であるという結果を得た。一九二七年の夏に、サーベルー・エルゲンセン〔209〕中尉は、「個人誤差」を除く最近のマイクロメーターを用いて、コルノックの経度の再測をおこなった。これはイェンセンの測定よりもはるかに精度の高い測定である。

興味をもって待たれていたその結果が発表された。すなわち、一九二七年現在のコルノックの経度は3時24分23.405秒±0.008秒であった。*

＊この未発表のデータを引用することを許されたことに対して、コペンハーゲンの測地研究所の所長であるネーランド教授に感謝する。

この結果とイェンセンの結果とを比較すると、グリニッチに相対的な経度、すなわちヨーロッパからのグリーンランドの距離が、五年間に約〇・九秒（時間）だけ増加している。これに対応した速度は一年あたり約三六メートルである。

このようにして得られた経度の増加は観測の平均誤差の九倍であり、無線電信には系統的な誤差の入りようがない。したがって、この結果はグリーンランドの移動が今もなお続いていることの証明になる。ただし、イェンセンの「個人方程式」が〇・九秒（時間）には達しないとしての話である。しかし、誤差がこのように大きくなることは、ほとんどありえない。

個人誤差の入らない方法を用いて、コルノックにおける測定は五年ごとにくり返さねばならない。高い精度で一年ごとの変位を量的に測定し、大陸移動の速度が定常的であるか変化しているかを決めてみるのは興味深いことであろう。

このようにして、大陸移動を確かめる最初の正確な天文学的測定がなされた。それは大陸移動説による予測と量的に十分調和している。このようにして、大陸移動の理論が新しい基礎を与えられたものと私は考える。今や問題は大陸移動の基本的な正しさということよりもむしろ、それの確認の正しさあるいは精密化へと移された。

われわれの表が示すように、北アメリカとヨーロッパの間の相対的な移動速度の測定は、グリーンランドの場合ほど容易ではない。しかし、月によらない方法が使えるという点では、条件は有利である。なぜなら、北アメリカにおける以前の経度測定すらも、電信ケーブルを用いておこなわれていたからである。この有利さとひき換えに、期待される変化が極端に小さいという不利な点もある。われわれの表によれば、年間の移動速度は約一メートルである。しかしこれは、ニューファンドランドとアイルランドの間の結合が断たれてからの平均値である。しかし、それ以来、グリーンランドが分裂して離れ去ったために、北アメリカの移動方向が変わり、それが今でも続いているはずである。それ以来、下層に対して、多分北アメリカはより南へ向けて移動した。ラブラドルと南西グリーンランドの現在の海岸線の相対的な位置からも、このことがうかがえる。またサンフランシスコの地震断層線や、カリフォルニア半島の初期の圧縮もこのことを物語っている。したがって、経度の増加がどの程度であるかをいうことはむずかしい。多分それは一年あたり一メートルという計算値よりも少し小さいだろう。

一八六六、七〇及び九二年に、大西洋を横切る電信ケーブルを用いておこなわれた以前の経度測定の結果から、私はかつて一年あたりの移動速度が四メートルもあるという結果を得た。

しかし、ガル〔177〕によれば、この結果は測定値の好ましからざる組み合わせから生じたものである。この場合の困難は本質的である。なぜなら以前の測定は、ヨーロッパ及び北アメリカの同じ場所でなされたものではないために、大陸内での経度の差を考慮しなければならないからである。使われた方法によって、違った値が得られ、それが結果に影響する。第一次世界大戦の直前に、この問題にけりをつけるために、アメリカと共同して新しい経度測定が進行していた。すなわち、測定をチェックするために無線電信が使われた。しかし、測定が十分になされないうちに戦争が始まり、ケーブルが断たれた。そのために得られた結果は期待したほどの精度ではなかった。しかし、どうみても、移動は小さすぎて、それを確認することができない。ケンブリッジとグリニッチの経度差に対する値は次のようなものであった〔178〕。

一八七二……四時四四分三一・〇一六秒
一八九二……四時四四分三一・〇三二秒
一九一四……四時四四分三一・〇三九秒

私の見積もりによれば、もっとも古い測定からは四時四四分三〇・八九秒という値が得られる。しかし、不正確すぎるという批難を避けるために、先の表からはこれを除いた。

一九二一年以来、ラジオによる時報を用いて、ヨーロッパと北アメリカとの間の経度差を決める実験が何回かおこなわれた。バナハ〔179〕は一九二五年までの結果について議論している。たった四年間のデータであるから、はっきりとした増加が見出されなかったのも無理はない。しかし、これらの測定もまた経度差の増加を否定していない。それどころか、これらのデータから、アメリカが一年間に〇・六メートルずつ西へ向けて移動しているという結果が得られている。ただしこの場合の誤差は±2.4メートルである。バナハは次のように結論している。

「現在のところ、ヨーロッパに対するアメリカの移動が一年あたり一メートルをこえることはなさそうである」。ブレネッケ〔229〕も似たような結論を得ている。「得られた結果は大陸移動説に有利なものとは言えない。しかし不利なものとも言えない。はっきりした結果を得るには、もう少し待たねばならない」。ラジオによる新しい観測を使う時には、大西洋を横切る海底ケーブルを使った古い測定を無視していることに注意しよう。新しい測定に比べては古い測定の精度がかなり落ちることを考えれば、これは当然のことかもしれない。しかし、古い測定では測定期間が長く、これが精度の不足を補っている。したがって、古い測定と新しい測定との結合を試みることは有益である。それはぜひなすべきことであろう。しかし、それほど遠くない将来に、ヨーロッパに対する北アメリカの移動速度を正確に決めることができるようになるだろう。

マダガスカル島の地理学的位置の変化についても、最近注意が向けられるようになった。月の子午線(しごせん)通過を用いて、一八九〇年にタナナリヴ観測所の経度が決められた。それが破壊されもう一度建て直された後で、一九二二年と二五年に無線電信法を用いて同じ点での測定がおこなわれた〔180〕。パリのC・モーラン教授からの厚意に満ちた私信によれば、測定結果は次のごとくである。

一八八九—一八九一　P・コラン　月の子午線通過　東経三時一〇分七秒

一九二二　P・コラン　無線電信　東経三時一〇分一三秒
一九二五　P・ポアソン　無線電信　東経三時一〇分一二・四秒

このような測定から、グリニッチ子午線に対するマダガスカル島の移動が、一年に六〇ないし七〇メートルであることがわかる。これはかなり大きい移動である。四七ページに示した表では、アフリカに対する移動に対してより小さい値が与えられている。したがって、南アフリカもまた、グリニッチに対して東向きに移動しつつあるようにみえる。これらの地域があまりに隔たっているために、この点について大陸移動説はこれ以上何もいうことができない。近い将来に南アフリカの経度が決められ、マダガスカル島と南アフリカとの経度差がたえず測定できるようになることが望ましい。それは大陸移動説にとってたいへんに重要なことである。マダガスカル島とアフリカの間の他の移動成分が量的にたどれるように、二つの地域で正確な緯度測定がくり返してなされることが望ましい。それはともかく、観測されたマダガスカル島の経度変化は、大陸移動説に適合した方向へおこっている。もちろん、古い測定は月の観測にもとづくものであり、北東グリーンランドにおけるデータに対してなされたのと同じ反対がなされるかもしれない。しかし、約二・五キロメートルにも達する全体の移動はたいへんに大きいものであり、観測誤差によるものだとは考えにくい。しかし、測定をくり返すための準備がマダガスカル島でおこなわれており、これまた近い将来に正確な測定結果が得られるであろう。

一九二四年にマドリードでおこなわれた測地学会議及び一九二五年におこなわれた国際天文学

連合会議で、無線電信を用いて経度を決定することによって大陸移動を研究するための計画がたてられた。この計画によれば、ヨーロッパと北アメリカの間だけでなく、ホノルル、東アジア、オーストラリア及びインドシナでも測定がおこなわれる。この計画にしたがった最初の測定が一九二六年の終わりにおこなわれた。フランス人たちによって得られたその結果について、G・フェリエ〔213〕が報告している。これにひき続いておこなわれる測定によって、経度変化の実態が明らかになるだろう。しかし、この計画の中では、大陸移動説にもとづいて考えた場合に、世界のどこで測定できる程度の変化が期待されるかについて、あまり考慮がはらわれていないようにみえる。しかし、グリーンランドとマダガスカル島における例にかんがみて、この方向への改善が期待される。

ともかく、天文学的な位置決定をくり返しておこなうことによって大陸移動説をテストする計画が大規模に進行しており、大陸移動説が正しいらしいという最初の結果もすでに得られているわけである。

最後に、ヨーロッパ及び北アメリカにある観測所での観測によって、緯度変化もまた注目されていることを述べておこう。

ギュンター〔181〕が報告しているように、A・ホールは次の各地での緯度の減少が確実なものであると考えている。

パリ——二八年間に一・三秒、ミラノ——六〇年間に一・五一秒、ローマ——五六年間に〇・一七秒、ナポリ——五一年間に一・二一秒、ケーニヒスベルク（プロシャ）——二三年間に〇・一五秒、グリニッチ——一八年間に〇・五一秒。

コスチンスキーとソコロフはプルコワでの一〇〇年間にわたる緯度の減少を報告している。さらに、ワシントンでは一八年間に〇・四七秒の緯度の減少が観測されている。

観測所のドーム内での「室内屈折」によって、同程度の大きさの系統的な誤差がおこることが確かめられている。したがって、多年にわたって、観測された変化のすべてをこの種の誤差にもとづくものであると考える傾向がある。

しかし、最近ではこの種の変化が実際のものであると考えるきざしが出てきた。カリフォルニア州のユカイア及び他のアメリカの観測所での緯度が現在も変化しつつあることをランバート〔182〕が示して以来、このように考える人がふえてきた。より最近の報告で、ランバート〔221〕は次のように述べている。「われわれを悩ませる緯度変化がおこっているのは、国際緯度観測所だけではない。一八八五年以来、ローマでは一・四三秒の緯度変化がおこっている。このような変化の系統的な研究がたいへん望ましい」。

ところで、ユカイアの緯度は増加している。これはより以前の測定結果とは反対向きの移動であり、注目すべきものである。

このような緯度変化の中には、大陸移動の影響と極移動の影響とがいり混っており、両者を分離することが難しい。後でもう少し詳しく述べるように、国際緯度観測所での測定結果を用いて、現在の極移動を探知することができるようになった。その結果によれば、北極は北アメリカへ向けて移動している。このことは北アメリカの観測所の緯度の増加をあらわす。しかし、これまでの結果から判断すると、極移動の程度は北アメリカで実際に観測された緯度の増加よりも小さい。したがって、もし将来の研究によって、極移動の程度がこれ以上でないことがわかれば、地球表面上の他の部分に対して北アメリカが北へ移動しているという結果になる。それが南へ移動しているというこれまでの多くの結果を参照すると、これはいかにも奇妙なことである。ひき続いて観測をおこなうことによって初めて、この事態の完全な解釈ができるようになるだろう。それまでは古い測定結果の解釈はおあずけにしておこう。

第四章　地球物理学的議論

地殻の表面が海面上あるいは海面下どれだけの高さあるいは深さのところにあるかという分布の統計をとると、著しい結果が得られる。すなわち、二つの高さあるいは深さに分布が集中し、中間のところが空白になる。高い方の山は海面に近い陸地を表わし、低い方の山は海底を表わす。地球の表面を一キロメートル刻みの高さに分割し、その高さあるいは深さにしたがって配列すると、その結果はよく知られた高度－面積曲線となる。第7図からも明らかなように、この曲線には二つの階段がある。H・ワグナーの計算〔28〕によれば、各グループの分布のパーセントは次のごとくである。[*]

深さ六キロメートル以上　一・〇パーセント、五ないし六キロメートル　一六・五パーセント、四ないし五キロメートル　二三・三パーセント、三ないし四キロメートル　一三・九パーセント、二ないし三キロメートル　四・七パーセント、一ないし二キロメートル　二・九パーセント、〇ないし一キロメートル　八・五パーセント、高さ〇ないし一キロメートル　二一・三パーセント、一ないし二キロメートル　四・七パーセント、二ないし三キロメートル　二・〇パーセント、三キロメートル以上　一・二パーセント

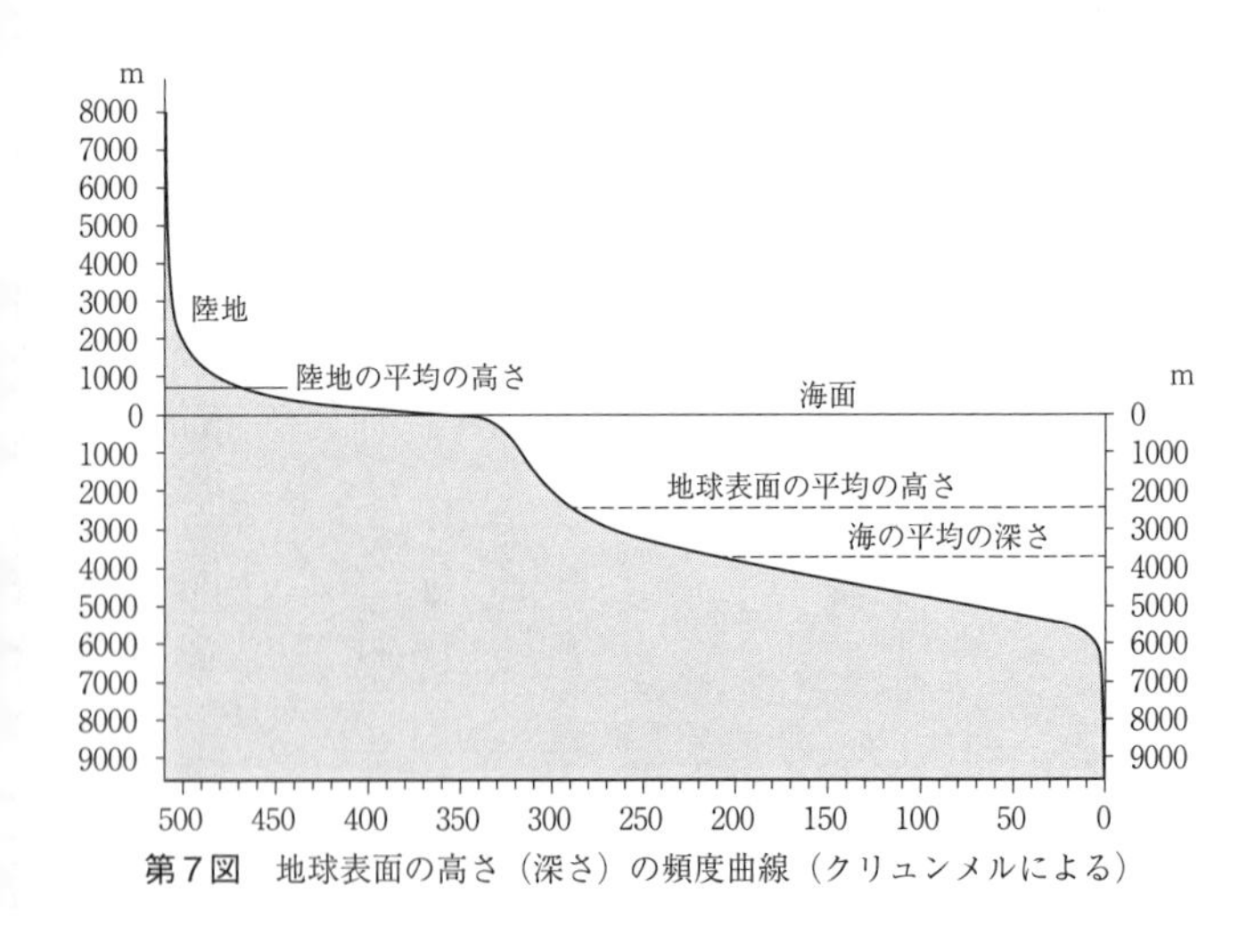

第７図　地球表面の高さ（深さ）の頻度曲線（クリュンメルによる）

＊この数はコッシナの海洋測量〔29〕にもとづくものである。われわれの図はクリュンメル〔30〕及びトラバート〔31〕によるより古くそして少し違ったデータにもとづくものである。

より以前のデータにもとづいて、トラバート〔31〕が少し違った図を描いた。第８図は彼の図である。ここでは一〇〇メートルおきにパーセントを数えているために、パーセントは上で述べたものの約一〇分の一になっている。ここでの分布の山は、約四七〇〇メートルの深さと約一〇〇メートルの高さとにある。

この図を見る場合には、海での測深のデータの数がふえるにつれて、陸あるいは陸棚のへりから海底への急激な降下がより険しくなる、という事実に注意しよう。より古い海図と、たとえばグロール〔32〕によってつくられた最近の海図とを比

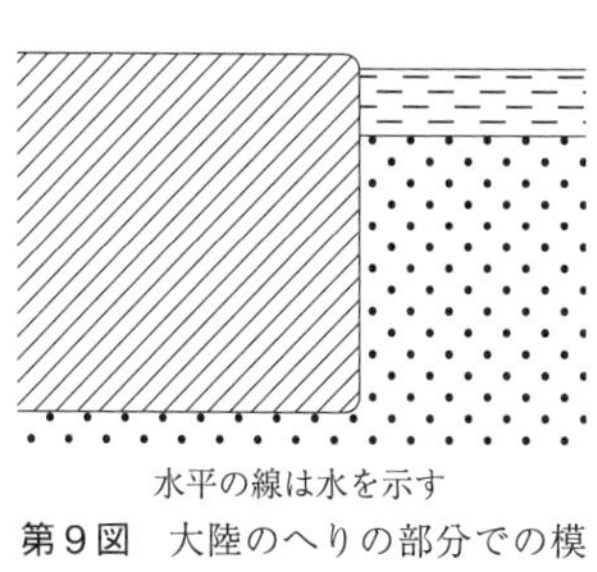

第９図　大陸のへりの部分での模式的な断面図

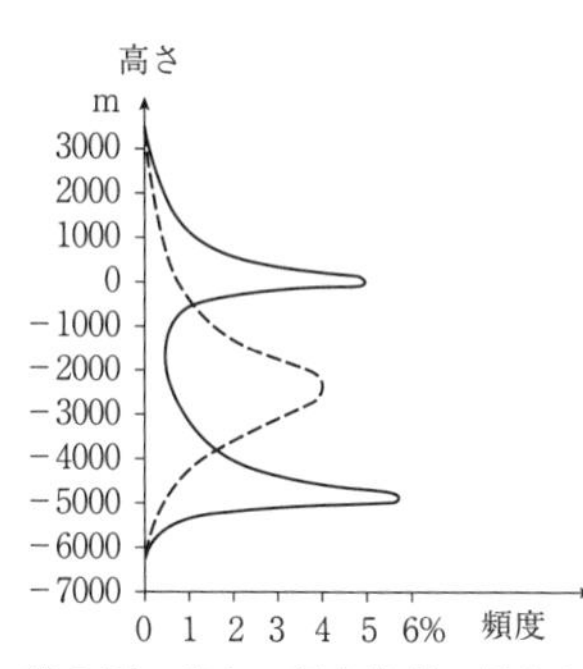

第８図　高さの頻度曲線に見られる二つの山

較すれば、このことは明らかである。たとえば、一九一一年頃まで、トラバートは一ないし二キロメートルの深さに属するグループが四パーセントで、二ないし三キロメートルのグループが六・五パーセントであると言っていた。しかし、グロールの海図にもとづいてつくられたワグナーのデータによれば、同じグループに対するパーセントは、それぞれ二・九及び四・七パーセントとなっている。したがって、将来データがふえればふえるほど、分布図における二つの山が現在よりもよりきわだったものとなるだろう。

おそらく全地球物理学を通じて、これほどはっきりとしたまた信頼できる法則はないだろう。すなわち、地球の表面に相並んで存在し、陸と海底によって代表される二つの高さあるいは深さがある。したがって、これほどよく知られていたこの法則を説明する試みがこれまでほとんどなされなかったことは驚くべきことである。もしこれまでの地質学的解釈にしたがって、一様なもともとのレベルからの隆起によって陸地ができ、沈降によって海ができたとすれば、海面からの高さあるいは深さが大きくなればなるほど、そのレベルに対応した陸地あるいは海はそれだけ少なくなるはずである。その結果できる分布は、第8図の破線によって示されるようなガウスの誤差曲線に近いものになるだろう。それは深さ約二四五〇メートルのところに山をもった分布曲線となるだろう。実際には、山が二つあり、各山のまわりの分布は誤差曲線に近いものになっている。このことは、かつて二つの原始的な乱されないレベルがあったことを暗示する。したがって海及び陸は、地殻の二つの違った層をあらわすという結論は避け難い。比喩的な言い方をすれば、二つの層は海とその上に浮かぶ大きい氷山のようなものである。この新しい考え方にしたがって描かれた大陸のへりの部分の断面図が第9図に示してある。

このようにして、海底と大陸ブロックの間の関係に関する古い質問に対するもっともらしい説明が初めて得られたことになる。すでに一八七八年に、次のように述べることによって、A・ハイム〔33〕はこの問題に触れている。「有史以前の大陸の移動に関係したより精密な観測がなされるまでは、そしてまた大部分の山脈をつくった補償的な圧縮に関するより完全なデータが得られるまでは、山脈と大陸との元来の関係あるいは大陸相互間の配置に関するわれわれの理解が信頼できる進歩をするとは思われない」。

測深のデータの数がふえ、幅広く平たい海底と、それと同程度に幅は広いけれども約五キロメートル高いところにある大陸地域との間のコントラストがより鋭くなればなるほど、この問題はよりさし迫ったものになる。一九一八年にE・カイザー〔34〕は次のように述べている。「このように膨大な岩石層（大陸ブロック）の体積と比較すると、大陸にあるすべての隆起は取るにたりないもののように見える。ヒマラヤのような高い山脈すらも、それを支える基盤の上の小さいしわにすぎない。以前には、山脈が大陸の基本的な骨組であると考えられていた。この見方は現在では古いものになっている。われわれはむしろ逆の考え方をしなければならない。すなわち、大陸はより以前の決定的な構造であり、山脈は補助的でより最近にできたものである」。

大陸移動説によって与えられたこの問題の解決はたいへん簡単でまた明瞭であって、誰もそれに反対しえないようにみえる。しかし、大陸移動説に反対するある人たちは、他の方法を使って高さの分布に二つの山があることを説明しようとしている。しかしすべての試みが失敗している。ゼルゲル〔35〕は、ある与えられた高さから出発して、一方の側を隆起させ一方の側を沈降させると、その中間の傾斜した部分が少なくなり、隆起及び沈降部分に対応した分布の二つの山ができると考えている。同様にして、G・V及びA・V・ダグラス〔36〕は、褶曲によってもともとの平面が波形に変形すると、波の山と谷に対応した、分布の二つの山ができると考えている。二つの考えはともに同じ基本的な欠点をもっている。それは個々の過程と統計的な結果とを混同しているという欠点である。統計的な結果では、個々の過程における幾何学は問題にならない。問題は、隆起及び沈降（ゼルゲルの考え）あるいは褶曲（ダグラスの考え）の無限のシリーズの中に、分布曲線に二つの山が現われ、各レベルが任意に変化するようなものがあるかどうかということである。このようなことがおこるためには、ある特定のレベルへ向かう一つの傾向がなければならないことは明らかである。しかしこのようなことはおこらない。隆起及び沈降あるいは褶曲に対しては、より大きいものがよりまれであるというただ一つの法則があるだけである。したがって、分布の頻度がもっとも高いのは、もともとのレベルの近くであり、そのレベルからはずれると、分布はだいたいガウスの誤差曲線の形で減少する。

ここで、ある人たち、特にトラバート〔31〕が、冷たい海水によって冷やされたために、その下の岩石が冷却して海底ができたと考えていることに注意しよう。しかし、この結果は、海底部分の冷却が地球の中心にまで及ぶという仮定にもとづいたトラバート自身の計算によるものである。このようなことはおこりそうにもないから、彼の計算は彼の仮説を証明するよりもむしろそれをやりこめるのにより適しているといえるだろう。さらに、すぐにわかるように、彼の方法では、すでに地球の表面に存在したくぼみがより深くなることはできても、世界中の海底がほぼ同じ深さにあって、そのために分布曲線の二番目の山ができることを説明できない。このことは最近ナンセン〔222〕によって強調されている。最初フェによって提案されたこの説明法は、最近ではあまりかえりみられなくなっている。地殻の中でラジウムが発見されて以来、地球の熱的バランスに対する評価が完全に変わったからである。

しかし、海底の性質に関する新しい考え方をあまり遠くまでおし進めないように、注意する必要がある。前に述べたテーブル状の氷山との比較においても、氷山の間の海面が新しい氷でおおわれることもあり、またその上の端から分離したり水面の下に隠れた部分が浮き上がったりしてできた氷山のより小さいかけらによって、水面が再びおおわれることもある。これと似た過程が、海底の多くの場所でおこっていることは明らかである。島は大陸のより大きいかけらであり、その構造は海底下約五〇キロメートルにまで及んでいる。重力の測定結果がこのことを証明している。さらに、表面ではたいへんにもろい大陸のブロックも、深いところでは塑性(そせい)的になり、ねったパン粉のように変形することも考慮しなければならない。したがって、ブロックが分離すると、そのためにできた厚さのより薄い物質が拡がり、海底のある部分をおおうかもしれない。この点からみると、大西洋の海底は特に非均質である。その中心部分に大西洋中央海嶺が存在するからである。島弧と海面下の堆をもった他の海底もまた似た構造を示す。これに関係したこまかい点については、後の海底に関係した章で述べることにしよう。

研究がさらに進めば、ここで提案されたモデルが主要な特徴を表現しているだけのものであり、実際の状態を説明するためには、さらに複雑なことを考えざるをえなくなるかもしれない。北大西洋でアメリカの研究者たちによっておこなわれた最初の測深のデータを統計的に調べているうちに、私〔37〕は分布曲線のおもな山が約五〇〇〇メートルというかなり深いところにあり、第二の山が四四〇〇メートルにあることを見出した。第二の山は多層構造を意味するものかもしれない。ドイツの「メテオール」探険のより多くの測深データを用いてそれの存在を確かめることができるだろう。この目的のための研究はまだおこなわれていない。

当然のことながら、大陸ブロックと海底とが基本的に違っているという考えや、大陸ブロックの水平移動が地球物理学の他のデータとよく合うかどうかという問題が生じる。また地球物理学が大陸移動の考えと調和的であるかどうかも調べなければならない。

まず第一に、すでに述べた地殻均衡論に関する限りでは、それは大陸移動の考えとよく調和する。しかし地殻均衡論が大陸移動説の正しさを直接証明するとは言えないだろう。以下では、この点についてさらに詳しく調べることにしよう。

地殻均衡論の物理的基礎は重力測定によって得られたものである。地殻均衡論はプラットによって最初提案されたものであり、これに対するアイソスタシーという呼び方は一八九二年にダットンによって提案されたものである。すでに一八五五年に、ヒマラヤ山脈が期待されるほど強く振り子のおもりを引きつけないことをプラットが発見した。コスマットによれば、山脈のふもとから五六マイルのところにあるガンジス平野のカリアナでは、鉛直線の北方へのふれが、角度にして一秒にしかならない。山脈の引力の計算結果では、ふれは角度にして五八秒になるはずである。同様にして、ジャルパイグリでのふれは、七七秒という計算値に対してたった一秒にすぎなかった。このことと関係して、大きい山脈の引力が期待されているほどは大きくないという一般に認められた事実がある。すなわち、エアリー、フェ、ヘルマートその他の人たちによって示されたように、山脈の質量は地下にある一種の質量欠損によって補償されているようにみえる。この問題はコスマットによるたいへんすぐれた総合報告〔38〕にまとめられている。海底によって代表される大きい質量欠損にもかかわらず、海面で測定された重力の大きさもまたそれほど小さくはないという事実が存在する。以前に島の上でおこなわれた測定に関しては、いろいろな解釈が可能であった。しかし、モーンの提案にしたがって、水銀気圧計及び測高計の同時読みとりをおこなって、ヘッカーが船上での重力測定をおこなった時に、すべての疑いがとり除かれた。さらに、最近オランダの測地学者ベニング・マイネス〔39〕が潜水艦内で振り子を用いてより精密な重力測定をすることに成功した。

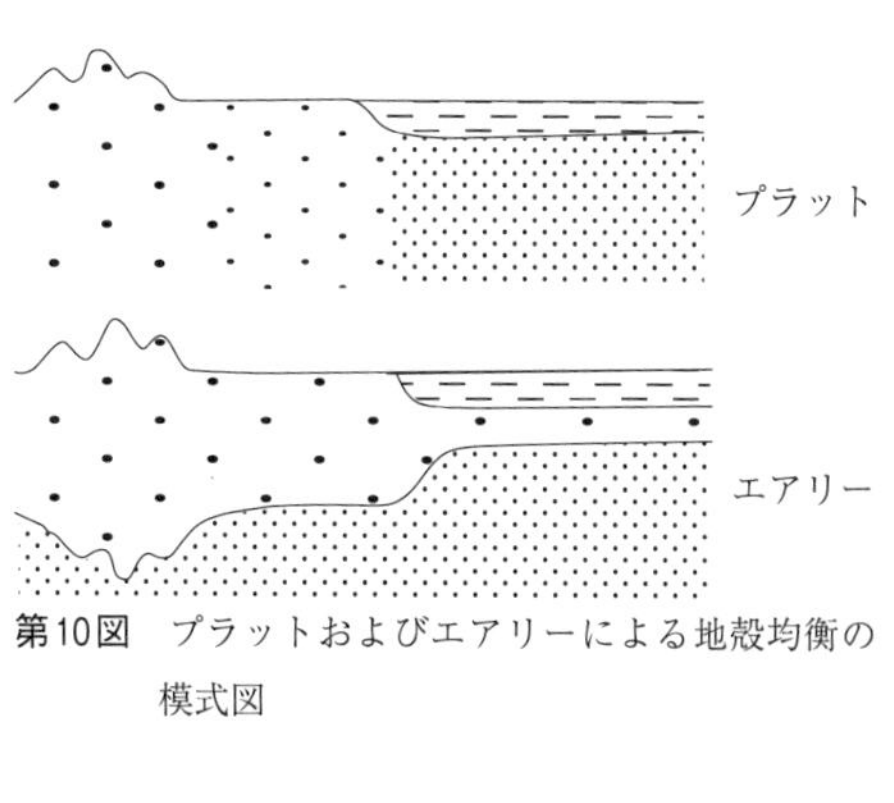

第10図　プラットおよびエアリーによる地殻均衡の模式図

彼の最初の航海から得られた結果はヘッカーの結論とよく一致していた。すなわち、一般的に言えば、海上でも地殻均衡が成り立っており、海底の見かけの質量欠損が地下での一種の質量余剰によって補償されていることがわかった。

やがて、このような地下での質量欠損あるいは余剰の本性に関していくつかの推測が提案された。プラットは、地殻は一種のパン粉であり、そのもともとの厚さはどこでも一定であったものが、大陸地域ではその密度が小さくなったために隆起がおこり、海洋地域では圧縮がおこったと考えた。彼によれば、海面からの高さが高いほど、地殻の密度がより小さい。しかし、海面下約一二〇キロメートルの深さにある均衡のレベルと呼ばれている深さで、水平方向の密度差がすべて消滅する（第10図）。ヘルマートとヘイフォードによってこの考えが精密化され、重力の観測結果を整理する一般的な方法として使われた。現在では、W・ボウイー〔224〕がこの考えの主唱者である。この考えをわかりよくするために、彼は次のような実験をおこなっている。すなわち、銅、鉄、亜鉛のような異なった密度の物質からできたいくつかの柱を水銀の上に浮かべる。水銀の中の同じ深さまで沈むように、各柱の長さを調節する。その共通の深さに対応した面が浮力のつり合いのレベルを表わす。密度が違うために、各柱は水銀の面から違った高さだけつき出している。密度の大きいものがもっとも小さくつき出し、また密度の小さいものがもっとも大きくつき出している。重力データのこのような解釈は、一般に海面から高くそびえたった地殻部分の物質の密度がより小さいという観測事実とよく一致している。しかし、密度差が均衡のレベルと呼ばれるある一定の深さで終わっているという考えは、物理的には不可能なことである。そのことはボウイーの実験によってもっともよく示される。異なった柱の下の面がすべて同じ深さにあるためには、柱の高さの比は密度比によって決まるある値をもたねばならない。地殻を異なった物質の柱に分割したとすると、同じ物質からできた柱の厚さはどこでも一定でなければならない。異なった物質に対する柱の厚さの比は、密度比によって決まるはずである。しかし、物質のタイプ（密度）と厚さとの間に、すべての柱の下の面の深さを一定にするようなある関係が存在すべきだというもっともらしい理由は存在しない。

最近、たとえばシュバイダー〔40〕及びハイスカーネン〔41 42〕を代表とする多くの測地学者たちは、重力データを解釈する他のモデルを使用している。第10図に示されたこのモデルは、すでに一八五九年にエアリーによって提案されたものである。山脈の下では密度の小さい地殻が厚くなっており、これらの地域では、地殻をその上にのせた重いマグマがより深いところまで押しやられていることを仮定した最初の人は、おそらくハイムである。これとは逆に、海底のような地球表面の低い部分の下では、密度の小さい地殻が薄くなっている。ここでは二つのタイプの物質が問題に関係していると考えられている。軽い地殻と重いマグマである。すでに述べたのと似た実験を用いて、ボウイーはこの考えを説明している。水銀の上に同じ物質（たとえば銅）でできた高さの違う多くの柱を浮かべる。明らかにそれらの柱は違ったレベルまで沈む。すなわち、一番長いものが一番深く沈み、それと同時にその表面がもっとも高くそびえる。褶曲山脈をつくった大圧縮の場合には特に、地殻の地質学的モデルとしては、プラットのモデルよりもエアリーのモデルの方がより適当であることがしばしば強調される。その一方で、地球の表面の高さや深さにあらわれる分布頻度の二つの山は、エアリーの考えでは説明できない。エアリーの考えでは、軽い地殻がなぜ二つのまったく異なる厚さをもった、厚い大陸ブロックと薄い海洋ブロックにわかれたかという理由が理解できない。

二つの考えを組み合わせることによって正しい解釈が得られるのかもしれない。山脈の場合には、エアリーの考えたように、軽い大陸地殻が厚くなっていると考えなければならない。しかし大陸ブロックから海底への移り変わりを考える場合には、プラットの考えたように、物質のタイプの違いを問題にしなければならない。

地殻均衡理論の最近の発展では、主としてその有効性の範囲を問題にしている。たとえば、全大陸あるいは全海洋底のような大きいブロックに対しては地殻均衡理論が無制限に適用される。しかし、たとえば個々の山脈のようなより小さいブロックに対しては、法則がその有効性を失う。氷山の上に置かれた岩石のように、このような小さいブロックは全ブロックの弾性によって支えられる。たとえば数百キロメートルの直径をもった大陸的地質構造の上で重力測定をおこなってみても、めったに地殻均衡の状態からはずれることはない。しかし直径を数十キロメートルにすると、部分的な補償があるだけであり、直径数キロメートルになると、補償がほとんどまったく存在しないことになる。

より古いプラットの考えあるいはより新しいエアリー及びハイスカーネンの考えのいずれをとるにしても、海上での重力測定の結果は、海底に大規模な質量欠損がほとんどないことを示す。このことは、大陸ブロックに比べては、海底がより重い物質からできていることを暗示している。もちろん、このような大きい密度が物理的状態の違いからくるものではなくて物質の違いによるものであることを、決定的に証明することはできない。しかし、もっともらしい仮定にもとづいて成された荒っぽい計算によれば、この可能性が大きい。

しかし、地殻均衡説は、大陸が水平方向へ移動するかどうかという問題を決める直接の鍵をにぎっている。すでに述べたように、たとえばスカンジナビアの隆起のような、地殻均衡にもとづく運動が、一世紀に約一メートルという速さでおこっている。それは約一万年前に完全にとけた内陸の氷冠の除去によるものである。もっとも最近に氷がとけた部分でもっとも大きい隆起が観測されていることが、このような考えの証明になるだろう。第11図に示したウィッティング〔ボルン〔43〕〕による図が、この事実をもっともみごとに示している。これらの隆起地域では重力が小さいことをボルン〔43〕が示した。第12図に示した、現在まだ数少ない観測が、そのことをよく示している。地殻が均衡レベルよりも下にあるとすれば、これこそまさに期待されることである。スカンジナビアの隆起に関係したあらゆる現象の総合的な記述がナンセン〔222〕によって与えられている。オンガマンランドの海岸に刻まれたもっとも高い水位を示す記録によれば、最大の沈降量は二八四メートルであった。内陸部では三〇〇メートルをこえていただろう。約一万五〇〇〇年前にゆっくりとした隆起が始まった。そして七〇〇〇年前には、一〇年間に一メートルという最大隆起速度に達し、現在ではその速度が小さくなっている。このように大きい地殻部

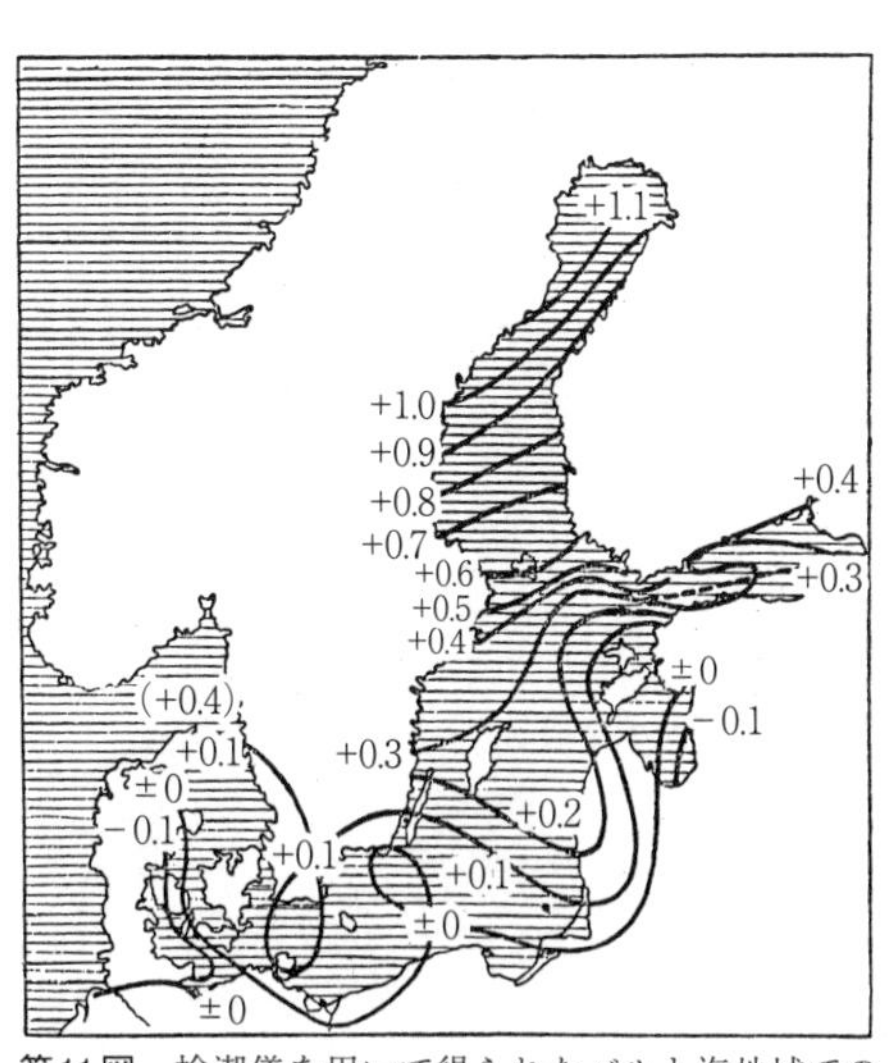

第11図　検潮儀を用いて得られたバルト海地域での現在の隆起（cm／年）（ウィッティングによる）

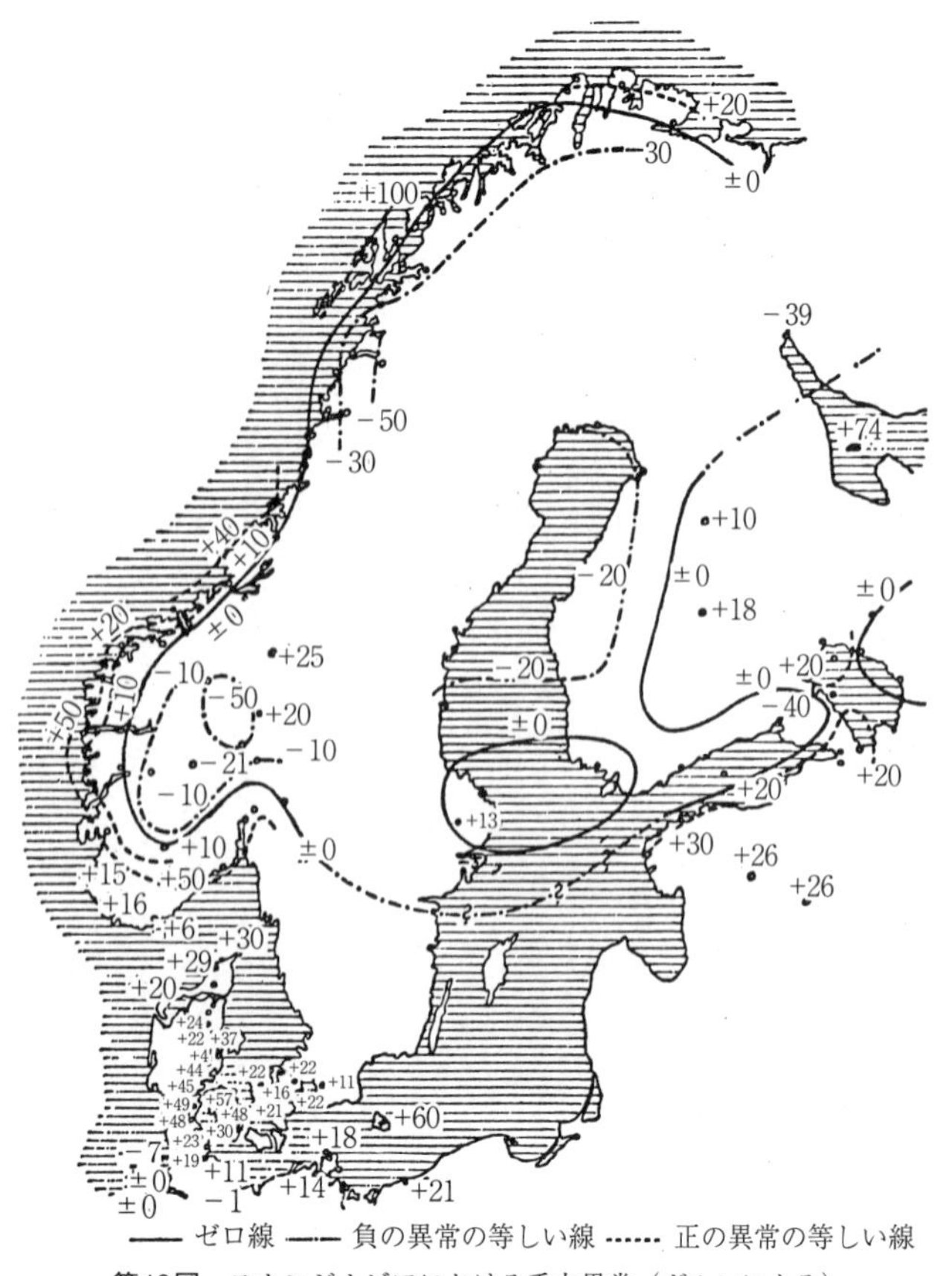

—— ゼロ線　—·— 負の異常の等しい線　······ 正の異常の等しい線

第12図　スカンジナビアにおける重力異常（ボルンによる）

分の垂直運動は下層の中に流れをつくり出し、そのために押し出された物体が外へ向けて動く。ボルン、ナンセン、Ａ・ペンク及びケッペン〔43〕によって、ほとんど同時に発見された一つの事実がこのことを証明している。それは内陸氷冠によって引きおこされた沈降地域のまわりに、小さく隆起する環状部分が存在するという発見である。これこそまさに外部へ向けて運動した下層物質によるものである。ともかく、地殻均衡理論は、地殻の下の層が一種の流体性をもっているという考えに依存している。もし大陸ブロックが実際に一種の流体の上に浮かんでいるとしたら、たとえその流体の粘性がどんなに大きいとしても、地殻は鉛直方向のみならず水平方向にもまた動くはずである。ただし、大陸を移動させるような力が存在し、それが地質学的にみて長い期間継続するとしての話である。造山運動の際の圧縮によっても、このような力の存在が証拠だてられるだろう。

われわれの問題に対して重要な意味をもつ結果が得られている。それは地震の研究であり、いくつかの場所でグーテンベルグが総合報告している〔44　45〕。

いろいろなタイプの地震波の中で、縦波（第一次波、Ｐ波）及び横波（第二次波、Ｓ波）は地球の内部を通過する。それに対してＬ波（主要動）は地球の表面を伝播する。地震観測所が震源から遠く離れれば離れるほど、そこへ到達するＰ及びＳ波が、地球内部のより深い部分まで侵入する。地震がおこってからその波が観測点へ到達するまでの時間（走時）を用いて、各深さでの地震波の速度を決めることができる。この地震波速度は関係する物質によって決まり、したがってこれを用いて地球内部での層構造に関する情報を得ることができる。

この種の研究によって、ユーラシア及び北アメリカの大陸ブロックの下の、深さ約五〇ないし六〇キロメートルのところに興味深い不連続面があり、そこで縦波の速度が秒速五・七五キロメートルから八・〇キロメートルへ、また横波の速度が三・三三キロメートルから四・四キロメートルへ増加していることがわかった。重力測定の結果を用いてハイスカーネンによって決められた大陸ブロックの厚さとこの深さとの間に対応があることから考えて、この不連続面は大陸ブロックの底面であると考えられる。[*] しかし、このような解釈が許されないかもしれない。今ではブロックの厚さがこれまでの約半分であると考えられており、したがって上に述べた不連続面は下層内での二次的な面に対応するのかもしれない。しかし、太平洋の下ではこの層がまったく欠けている。これらの地域では、表面層内での地震波の速度が、上で述べた大陸地域での不連続面の下を通る地震波速度にほぼ等しい。すなわち、縦波及び横波の速度が、それぞれ秒速約七及び三・八キロメートルである。大陸部分の表層内での縦波及び横波の速度は、それぞれ秒速約五・七五及び三・三三キロメートルである。これらの数に対してただ一つの解釈が可能である。すなわち大陸部分で六〇キロメートルの深さまで続いている表面層が、太平洋地域ではまったく欠けているということである。

*プラットの理論を使うと、地殻の厚さがより厚くなる(一〇〇ないし一二〇キロメートル)。一方エアリーの理論を使うと、地震学からの結果と一致する値が得られる。このことから、エアリーの考えがより正しい

ことがわかる。他の点からもこの考えの正しさが認められている。

　予想されていたことではあるが、物質のもう一つの物性である表面波の速度もまた、海洋及び大陸部分でこれと似たような違いを示す。五つの異なったグループに属する研究者たちによって独立に確かめられていることもあって、この事実そのものは疑いようもない。一九二一年に、特にはっきりとした記録を選んで、タムス〔46〕が次の表に示したような表面波速度の値を得ている。

　地震のおこった場所と年月日、地震波速度（km／秒）、測定の数の順に示す。

海洋地域		
一九〇六年四月一八日のカリフォルニア地震	三・八四七±〇・〇四五	九
一九〇六年一月三一日のコロンビア地震	三・八〇六±〇・〇四六	一八
一九〇七年七月一日のホンジュラス地震	三・九四一±〇・〇二二	二〇
一九〇七年一二月三〇日のニカラグア地震	三・九一六±〇・〇二九	二二
大陸		
一九〇六年四月一八日のカリフォルニア地震	三・七七〇±〇・一〇四	五
一九〇七年四月一八日のフィリピン地震Ⅰ	三・七六五±〇・〇四五	三〇
一九〇七年四月一八日のフィリピン地震Ⅱ	三・七六八±〇・〇五四	二七

一九〇七年一〇月二一日のボカラ地震　三・八三七±〇・〇六五　一九
一九〇七年一〇月二七日のボカラ地震　三・七六〇±〇・〇六九　一一

個々の数字はあそこここでオーバーラップしているけれども、平均として言えば、海底を通る表面波速度が大陸部分を通るそれよりも秒速約〇・一キロメートルだけ大きいことは明らかである。この値はまた、火山（深成）岩の物性から期待される理論値とも一致している。

タムスはまたできるだけ数多くの地震の観測を組み合わせて平均速度を求めた。その結果、太平洋でおこった三八個の地震の平均速度として三・八九七±〇・〇二七km／秒を、ユーラシアあるいはアメリカでおこった四五個の地震に対する平均速度として三・八〇一±〇・〇二九を得た。これは上に述べた値と同じである。

もう一人の著者であるアンゲンハイスター〔47〕は一九二一年に太平洋でおこったたくさんの地震を調べて、海底と大陸ブロックとの間で地震波速度が違うことを見出した。タムスとは違って、彼はラブ波とレイリー波という二種類の表面波を使った。彼の使ったデータの数は少なかったけれども、彼もまた海洋と大陸地域での大きい速度差を見出した。「太平洋の下を通るL波の速度はアジア大陸の下を通るそれよりも二一ないし二六パーセント大きい」。他のタイプの波に対しても彼は特徴的な違いを見出した。「震央距離六度のところでのP及びS波の走時は、太平洋ではヨーロッパ大陸よりも、それぞれ一三及び二五秒短い。この程度に小さい震央距離では、P及びS波は地表に近い部分を通る。したがって、海洋の下でのS波の速度が一八パーセント大きいことになる。それに続く波の周期は、太平洋ではアジア大陸の下におけるよりも長くなっている」。これらの違いはすべて、海底が密度のより大きい異なった物質から成るというわれわれの考えを支持している。

ビサー〔48〕もまた表面波を用いて同じ結論に到達した。彼の見出した速度は、大陸地域では秒速三・七〇キロメートル、海洋地域では三・七八キロメートルであった。

一九二五年六月二八日にモンタナでおこった地震のデータを用いて、バヤリー〔223〕は表面波の速度が同程度に異なることを見出した。

最後に、グーテンベルグ〔44 45〕は他の方法を用いてこの結果を確かめた。彼はラブ波を用いた。ラブ波はレイリー波に先立つ表面波であり、しばしばそれと分離し難いものである。ラブ波の速度は波の周期あるいは波長によって変わり、またそれが伝播する表面層の厚さによっても変わる。波の走時（したがって速度）だけでなく周期もまた地震記録から読みとれるから、地殻の厚さが決められるはずである。確かに測定の結果はやや不正確であり、表面層の厚さに関する結論をひき出すためには、同じ地域に対する異なった周期をもったたくさんの地震を使わなければならない。第13図は、三つの地域に対するグーテンベルグの結果を示す。aはユーラシア大陸に対するものであり、bは主として大西洋を、またcは太平洋を通った波に対するものである。また横軸は周期を、縦軸は波の速度を示す。測定に誤差をともなわない場合には、すべての点が一本の曲線上にのるはずであり、その曲線から表面層の厚さが決められる。a及びbには表面層の

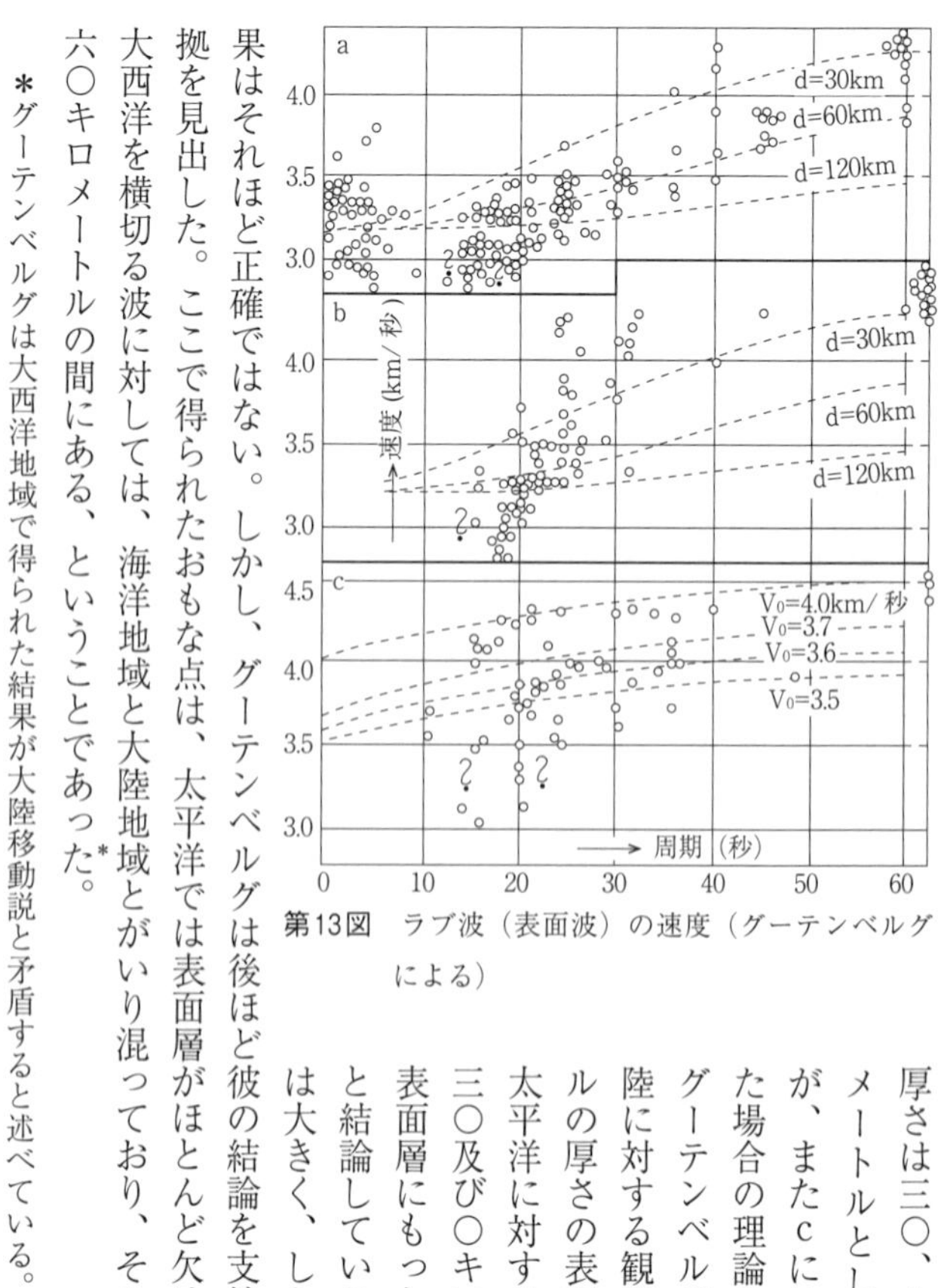

第13図　ラブ波（表面波）の速度（グーテンベルグによる）

厚さは三〇、六〇及び一二〇キロメートルとした場合の理論曲線が、またcにはその厚さを〇とした場合の理論曲線が描いてある。グーテンベルグは、ユーラシア大陸に対する観測は六〇キロメートルの厚さの表面層に、大西洋及び太平洋に対する観測は、それぞれ三〇及び〇キロメートルの厚さの表面層にもっともよく対応する、と結論している。観測のばらつきは大きく、したがって得られた結果はそれほど正確ではない。しかし、グーテンベルグは後ほど彼の結論を支持するもう一つの証拠を見出した。ここで得られたおもな点は、太平洋では表面層がほとんど欠けており、主として大西洋を横切る波に対しては、海洋地域と大陸地域とがいり混っており、その平均の厚さが〇と六〇キロメートルの間にある、ということであった。*

＊グーテンベルグは大西洋地域で得られた結果が大陸移動説と矛盾すると述べている。私の考えでは、これは

まちがっている。そのことについては第十一章で論じるはずである。

先にも述べたように、アンゲンハイスターは、後に続く波の周期が太平洋ではアジア大陸の下におけるよりもより長くなっていることを見出した。この問題はウェルマン〔49〕によってさらに詳しく調べられ、アンゲンハイスターの結果が裏書きされた。ウェルマンのデータを第14図に示してある。ここでは後に続く波をハンブルクで記録した結果に長周期がみられるかあるいは短周期がみられるかに対応して、その地震の震央を＋あるいは●で示してある。この図にはまた、ハンブルクから等距離にある場所を、波の経路に垂直な点線で示してある。この図を見ると、＋からくる波が主として太平洋、北海及び北大西洋のような海洋地域を通過し、また、●からくる波が主として（アジア）大陸地域を通過していることがわかる。

したがってまったく独立で異なった方法を用いておこなわれた最近の地震学的研究によって、海洋底が大陸ブロックとはまったく異なる物質によってつくられており、また海洋底をつくる物質が地球内部のより深い部分に対応している、という結論が得られたことになる。

A・ニッポルトによれば、地磁気の研究では、海洋底がより磁化しやすい物質から成り、したがって大陸ブロックよりもより鉄分に富んだ物質から成る、と考えられている。地球の磁気的モデルに関するヘンリー・ウィルデの研究〔50〕では、この問題が主として論じられている。彼によれば、地球のそれに対応した磁場の分布を得るためには、海洋地域が鉄のシートでおおわれて

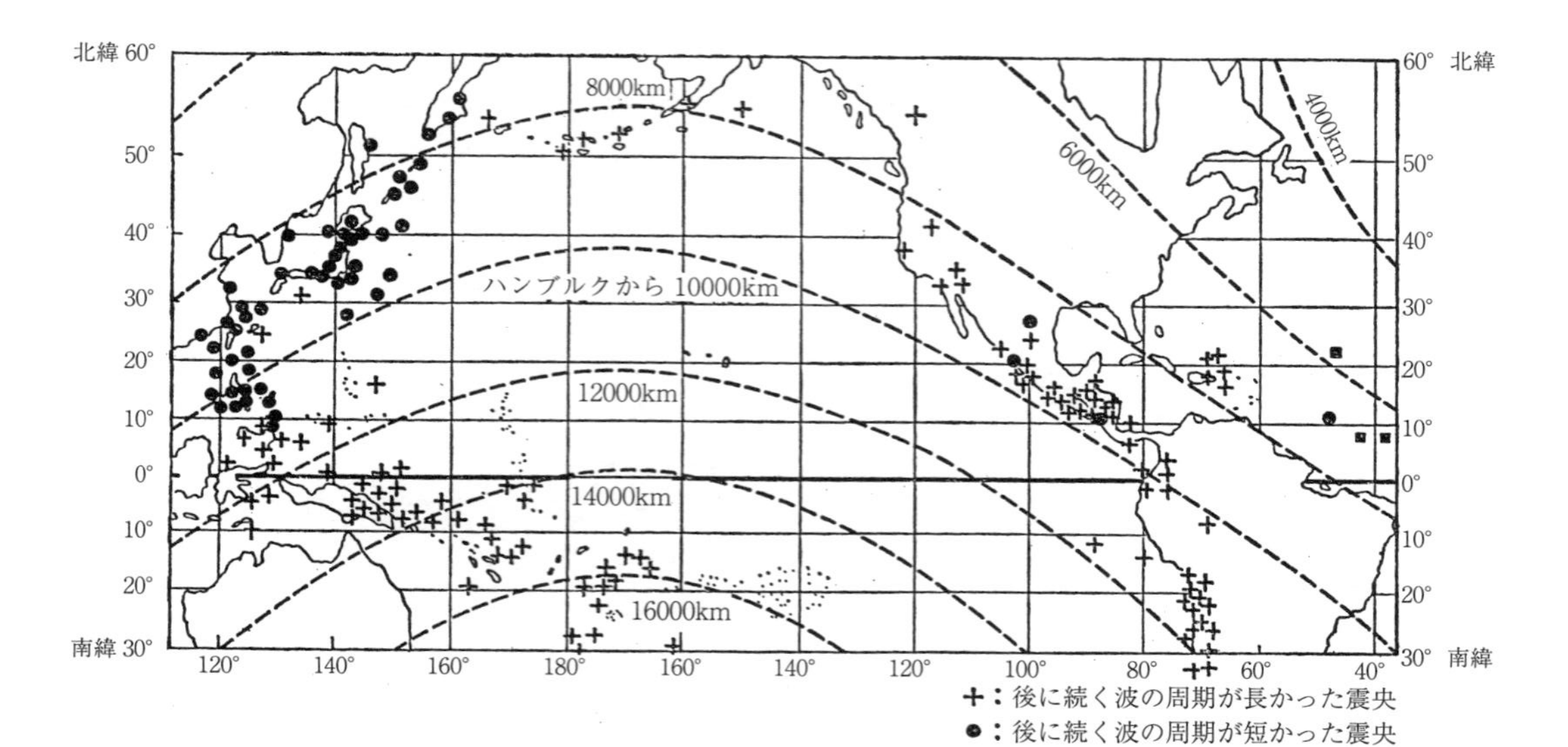

第14図　ハンブルクで記録された地震の震央（ウェルマンによる）

いると考えなければならない。A・W・リュッカー〔51〕はこの実験について次のように述べている。「ウィルデは一様に磁化された球でもって一次的な磁場をつくり、その球の上に鉄のかたまりを置いてこれを誘導によって磁化して二次的な磁場を得た。鉄の大部分は海の下に置かれた。海洋地域を鉄でおおうことが一番重要であるとウィルデは考えた」。ラクロット〔52〕は、地磁気のパターンをよく表現するには、ウィルデの実験がもっともよく適していることを確認した。もちろん、地磁気の観測から大陸と海洋の違いを計算する試みはまだ成功していない。それが成功していないのは、より大きい振幅の擾乱(じょうらん)磁場のためである。その擾乱磁場の原因はまだわかってはいないが、明らかに大陸分布とは何らの関係をももたない。地球磁場の大きい永年変化から考えても、それは大陸分布とは無関係なようにみえる。しかし、ともかく、地磁気の研究から得られたデータは、深海底がより鉄分に富んだ岩石から成るという仮定と矛盾しない。保留つきでしかウィルデの実験に賛成していないA・シュミットですら、この意見に賛成している。よく知られているように、地球の珪酸塩(けいさんえん)でできたマントルの中ですら、鉄の含量は深さとともに増加しており、また核が主として鉄から成るという点では意見が一致している。したがって、ここに得られた結果は、海底が大陸よりもより深い層に対応していることを示す。固体は赤熱すると磁性を失う。したがって、ふつうの温度勾配のもとでは、約一五ないし二〇キロメートルの深さで岩石の磁性がなくなってしまう。したがって海底の強い磁性は表面層の性質ということになる。そしてこれはこれらの層の中には磁性の弱い物質が欠けているというわれわれの考えとよく一致する。

ここで海底からより深い部分にある岩石のサンプルをとり出すことができないかという問題が出てくる。しかし、海底の浚渫(しゅんせつ)その他によって地球の深い層からの岩石の露頭のサンプルをとることは当分の間は不可能であろう。しかし、浚渫によって得られるやわらかいサンプルの大部分が火山性のものであるというクリュンメル〔30〕の結果は注目に値する。「特に、火山灰が卓越している。その次に多いのは砕けたサニジン、斜長石、ふつう輝石(きせき)、磁鉄鉱、火山ガラス及びその分解産物であるパラゴナイトである。これもまた溶岩（玄武岩、ふつう輝石安山岩その他）のかけらである」。さて、火山岩は密度が大きくまた鉄の含量も多い。そして地球の深い部分からやってきたと考えられている。ジュースは玄武岩をその代表とするこれらの塩基性の岩石グループにシマという名をつけた。それはその主成分である珪素とマグネシウムにちなんで名づけられたものである。この他に珪素及びアルミニウムにちなんでサルと名づけられた岩石グループがあり、その代表は片麻岩及び花崗岩である。これもまた大陸の下層をつくると考えられている*。私宛てのペファーの手紙の中で述べられた意見にしたがって、私はサルのかわりにシアルという呼び方を使おうと思う。サルはラテン語で「塩」という意味になり、混同がおこるからである。上に述べたことから、読者は自分自身で次のような結論を引き出されただろう。すなわち、シアル性の大陸ブロックの上の火山岩を表わすシマグループは、大陸ブロックにとっては異国人であり、その母国は大陸ブロックの下及び海底に存在する。玄武岩は海底物質として適当な性質をもっている。

＊この分類はロバート・ブンゼンにまでさかのぼる。彼は堆積岩でない岩石をシリカに富んだ「ふつう粗面岩的」岩石と塩基性の「ふつう輝石的」岩石とに分類した。上で述べた便利な名前をつくったのはジュースである。

最近、地球内部の異なった層をつくる物質が何であるかという問題が、岩石学者、地球化学者及び地震学者の間で大きい問題になっている。問題はまだ流動的であり、いろいろな研究者の間での部分的な意見の一致もまだ得られていない。したがってここでは、意見のわかれた問題を簡単に述べるだけにとどめて、特別なわれわれの意見をうち出さないことにしよう。

まず第一に、片麻岩あるいは花崗岩から成る大陸のシアル層の下に、約一二〇〇キロメートルの厚さのシマ層を考えるべきかどうかというところで意見がわかれる。このシマ層はマントルである。この下には、深さ二九〇〇キロメートルのところまで中間の層が続き、その下には主としてニッケル鉄から成る核がある。隕石（いんせき）の中にある物質との類推をもとにすれば、この中間層はシデロライト（パラサイト）から成る。あるいは溶鉱炉の中でおこる過程との類推を借りれば、それは黄鉄鉱その他の鉱石（かなくそ）から成る。これらが地球内部のおもな層であることは、今ではよく確立された事実である。しかし、シマ層がただ一つの物質からできているのか、あるいはさらにいくつかの層にわかれるのかという問題については、まだ意見が一致していない。V・

M・ゴルドシュミットはエクロジャイトが代表的なシマ物質であると述べている。ウィリアムソンとアダムスはカンラン岩あるいは輝岩の方がより適当であると述べ、またある人たちはダナイトの方がよいと言っている。ともかく、シマ物質の大部分は、玄武岩よりもさらに塩基性に富んだ「超塩基性」の岩石にちがいない。したがって、玄武岩はシマ層の最上部を表わすものであろう。ジェフリーズ〔53〕、デイリー〔54〕、S・モホロビチッチ〔55〕、ジョリー〔56〕、ホームズ〔57〕、プール〔58〕、グーテンベルグ〔59〕、ナンセン〔222〕その他の人によって書かれた多くの論文や書物がこの問題に関係している。ここではただ、次のことだけを述べておこう。すなわちデイリーによって書かれた「われわれの生きた地球」(Our Mobile Earth、ロンドン、一九二六)は大陸移動説にもとづいて書かれた本であり、ジョリーの「地球表面の歴史」(The Surface History of the Earth、オクスフォード、一九二五)は大陸移動説を攻撃しているけれども、放射性熱源の考察によって、大陸移動説に有利な新しい重要な証拠を提供している。

花崗岩からできた大陸ブロックの下には玄武岩があるという点では、すべての研究者の意見が一致している。しかし、これらの二つの物質の間の境界層が地震学から得られた六〇キロメートルの深さにある境界層とは一致しないというのが、多くの研究者の意見である。境界層は三〇ないし四〇キロメートルの深さにあると考えられている。地震学的研究によって、この深さにもう一つの境界層が見出されている。ただし、その重要性は少し落ちる。花崗岩層が六〇キロメートルの深さまでは続いていないだろうと考えられるおもな理由は、層がこの程度に厚いと、それが含むラジウムの量が多くなり、あまりにも多くの熱が出るからである。したがって、六〇キロメートルの深さからは、たとえばダナイトのような超塩基性の物質がスタートするにちがいない。さらに、特にモホロビチッチが強調したように、六〇キロメートルの深さにある不連続面は、山脈及び平野の下でその深さを変えない。これに対して、花崗岩と玄武岩の間の不連続面は、より浅い部分にあり、その深さを変える。こういう状況のもとでは、大陸ブロックの下面として、これまでのように六〇キロメートルの深さにある不連続面を考えるよりもむしろ、三〇ないし四〇キロメートルの深さにある花崗岩層の下面を考えるべきではないか、という問題が生じる。一方、六〇キロメートルの深さの面の海洋地域の下でのふるまいをどう説明するかという問題が生じる。六〇キロメートルの深さにある不連続面は太平洋の下にある面であり、そこでは超塩基性の物質（ダナイト）が露頭となってあらわれている、とグーテンベルグは考えている。しかし、モホロビチッチは海底は玄武岩でできていると考えている。

こういうわけで、最後の結論を得るまでには、これから先の研究の発展を待たなければならない。しかし、このような多重構造は、海底の本質をより複雑なものにする。そのしるしがすでにあらわれていることについてはすでに述べた（六七ページ）。

しかし、どのように異なった考え方があらわれようとも、次のことだけは明らかである。そして、それらの考えは大陸移動説と同じ線に沿っている。なぜなら、海底と大陸との基本的な違いについては、もはや疑う余地がないからである。すなわち、大陸移動説にとっては、海底が玄武岩から成るものであっても、またあそこここでは超塩基性物質から成るものであっても、ほとんど影響ない。ともかく、残留物を別とすれば、海底では大陸ブロックの花崗岩のカバーが欠けている。

大陸移動説に対してしばしばなされる反対論として、地球はスチールと同じような固体であり、したがって大陸は移動しえないというものがある。実際、地震、極移動及び地球潮汐の研究はこの結論を裏書きしている。地球の平均的な剛性率は2×10^{12}ダイン／cm^2である。あるいは一二〇〇キロメートルの深さで岩石のマントルと鉱石（かなくそ）—金属核とを区別したとすると、前者及び後者の剛性率はそれぞれ7×10^{11}及び3×10^{12}である。スチールの剛性率は8×10^{11}であるから、地球はスチールと同じくらいかたいことになる。しかし、ここからどういう結論が得られるだろうか。どういう結論も得られないといってよいだろう。なぜなら与えられた力の影響のもとで大陸が動く速度は、シマ物質の剛性率よりもむしろ、もう一つの物性である内部摩擦あるいは粘性率あるいは流動率によるからである。粘性率のディメンジョンはグラム／cm秒である。不幸なことに、剛性率から粘性率を求めることはできない。それは特別な実験によって決められるべきものである。固体の粘性率の測定はたいへん困難である。弾性振動の減衰、まげあるいはねじれ変形の速度あるいは緩和時間の測定などを使う実験室においてさえ、粘性率の実験は数少ない物質についてなされているだけである。不幸なことに、現在のところ地球の粘性率を決めることはほとんど不可能である。地球の全体としての粘性率あるいはある層の粘性率を決めるための試みがおこなわれてはいる。しかし結果はたいへんくい違っており、それはただわれわれの無知をさらけ出すだけである。

確実に言えることは、地震波のような短周期の力に対しては、地球は弾性固体のようにふるまうということである。ここでは塑性流動は問題にならない。しかし、地質学的時間にわたって働く力に対しては、地球は流体のようにふるまうにちがいない。このことは、地球の形が現在の自転速度にほぼみあったものであるという事実にもあらわれている。しかし、弾性変形と流動現象とがどのあたりで融合するかは粘性率によって決まる。

月が地球からとりさられたという研究の中で、G・H・ダーウィンは、一二時間あるいは二四時間周期の潮汐力が地球の流動変形をひきおこすと考えた。それ以来多くの研究者がこの仮説を採用している。しかし、最近の研究の中で、プレー〔60〕は、ダーウィンの考えは潮汐摩擦によって地殻がかなりの程度西方移動することを必ずしも意味するものではないという結論に達している。五〇〇〇万ないし六〇〇〇万年前には、地球の粘性率はかなり小さく、氷河のそれと同程度の約10^{13}程度だったろう。プレーによれば、この時には大きい大陸移動がおこったにちがいない。しかし、それ以来粘性率が大きくなり、現在では移動がほとんど不可能である、と彼は考えている。ここでは、地殻にラジウムが含まれていることをダーウィンが考慮していなかったことだけを注意しておこう。ラジウムが存在しても、地球は次第に冷却したとプレーは考えている。ラジウムの含量及び地質学的事実に関するわれわれの現在の知識に照らして考えると、おそろしく長いと考えられている地質学的時間の間に、多少の変動はあったとしても、粘性率が系統的に大きく変わったとは考えられない。

地質学者たちは、地球の固体地殻の下にマグマ層があると考えている。地震の記録にみられるある特別な現象に注目して、ビーヘルトもまたこのような流体層があるかもしれないと考えている。地球潮汐の測定結果にもとづいて、シュバイダー〔61〕はこの考えに反対している。実際流動性が地球潮汐に影響するとすれば、潮汐は太陽や月の潮汐力よりも遅れるはずである。しかし、実際にはこのような遅れ時間は観測されていない。したがって、地球潮汐による変形は弾性率だけの函数であり、塑性率や流動率の函数ではないことになる。したがって観測誤差の限界から、少なくとも粘性率の限界値が決められるはずである。もちろんその値は、問題とする層の厚さによって異なっている。粘性率の小さい薄い層は、粘性率の大きい厚い層と同じ結果をもたらすはずである。このようにして、問題とする層の厚さが一〇〇キロメートルの場合には粘性率は10^9であり、厚さが六〇〇キロメートルの場合には、それは10^{13}ないし10^{14}程度であろう、とシュバイダーは述べている。当然のことながら、ここで問題にしているのは、地球全体をおおうような層である。地球の孤立した小地域では、流動性はもっと大きいかもしれない。

一九一九年に発表された極移動の研究の中で、シュバイダー〔62〕は違った方法で粘性率を見積もっている。地球の粘性率が10^{11}、10^{14}、10^{16}及び10^{18}であったとして、彼は極移動の周期がどの程度になるかを計算している。粘性率が最初に述べた二つの値である場合には、極移動の周期は約八〇年となる。粘性率がより大きくなった場合に限って、周期が観測値に近い四七〇ないし三七〇日になる。ここでもまた、粘性層の厚さによって粘性率の値が変わる。全地球が同じ粘性率をもつとすると、短周期が得られるのは粘性率が10^{18}よりも大きくなった場合である。しかし、層の厚さが一二〇ないし六〇〇キロメートルだとすると、最低の粘性率の値は10^{13}となる。地球全体を通じて密度が一定でないと計算できないこともあって、ここで得られた結果は第一近似にすぎない。その後の研究では、シュバイダーは一〇〇と一六〇〇キロメートルの間の層が流体であると考え、粘性率として10^{19}を用いている。

シュバイダーは地球の粘性率が大きいことを強調している。それにもかかわらず、彼は次のように結論している。「けれども、離極力の働きのもとで、大陸が赤道へ向かって移動する可能性は残っている」〔40〕。離極力に関する要点とこの結論へ導いた計算については、後で詳しく述べるはずである。

ジェフリーズ〔53〕は、粘性率がもっとも小さくなる深さでも、それが10^{21}であると考えている。私の知る限り、これがもっとも大きい粘性率の値である。

一方、薄い層に関するものではあるけれども、最近では極端に小さい粘性率を主張している人もある。たとえば、マイエルマン〔64　65〕は、地球の自転が不均一であるという最近の天文学的観測結果から出発している。「地球の自転が均一である場合の位置に対して、一七〇〇年には、地球上の各点が約一五秒だけ東にいた。一八〇〇年には約一五秒だけ西に、一九〇〇年には約一〇秒だけ東に、一九二四年には約二〇秒だけ西にいた。地球全体がこのような変化をするとは考えられないから、これは地殻が核に相対的に西へ動くことを示すものである、と私は考える。摩擦が大きくなると移動は小さくなる。摩擦が小さくなると、地球の表面は仮想的な地球に対して西へ移動する」。地磁気の成分にもまた一日の長さの変化にも二七〇年の周期がみられるとマイエルマンは述べている。この結果にもとづいて、彼は地殻の完全な周期が二七〇年という短いものであると考え、さらに流動性が一〇キロメートルの厚さの層に限られていると考えて、この層の粘性率がたった10^3にすぎないという結論を得ている。これは摂氏〇度におけるグリセリンよりも二一倍ねばっこいだけである。しかし、現在のところ、彼の解釈が当を得ているかどうかは決められない。これに関連して、シューラーの論文〔66〕は注目に値する。極の内陸氷冠が拡大すると、自転軸へ向けての質量の移動がおこり、その結果角運動量保存の法則によって地球の自転速度が増す、と彼は考えた。これとは逆に氷がとけて質量が赤道へ向けて移動すると、地球の自転速度が落ちる。

大陸ブロックの下の層の粘性率の問題は、この層の温度が融点をこえているかどうかに大いに関係する。高圧のもとではとけたマグマの粘性率が大きく、マグマは固体のようにふるまうかもしれない。このような圧力のもとでおこる現象については何も知られていない。しかし、とけた層がある場合には、この層の粘性率は十分に小さくて、大移動や対流がおこりうる、とすべての研究者が考えている。ラジウム含量に関する考察から、この問題に関してまったく新しい観点が

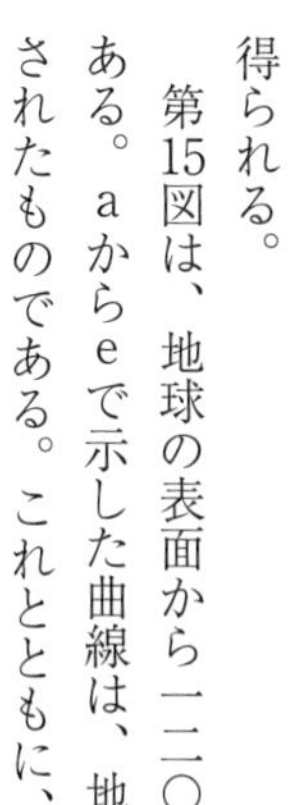
得られる。

　第15図は、地球の表面から一二〇キロメートルの深さまでの温度分布を示すウォルフの結果である。aからeで示した曲線は、地殻に含まれるラジウム含量に関して違った仮定をたてて計算されたものである。これとともに、融点に関する二つの研究結果がS及びAの曲線で示してある。ここでもまた、この二つの曲線の違いは仮定した物質の違いによるものである。Sは各深さでの融点の最小の見積もりを示す。温度曲線の折れまがりと融点曲線の勾配からもわかるように、約六〇ないし一〇〇キロメートルの深さに、融解のもっともおこりそうな層がある。その上下の固体層にはさまれて、この深さに融解層があるかもしれない。

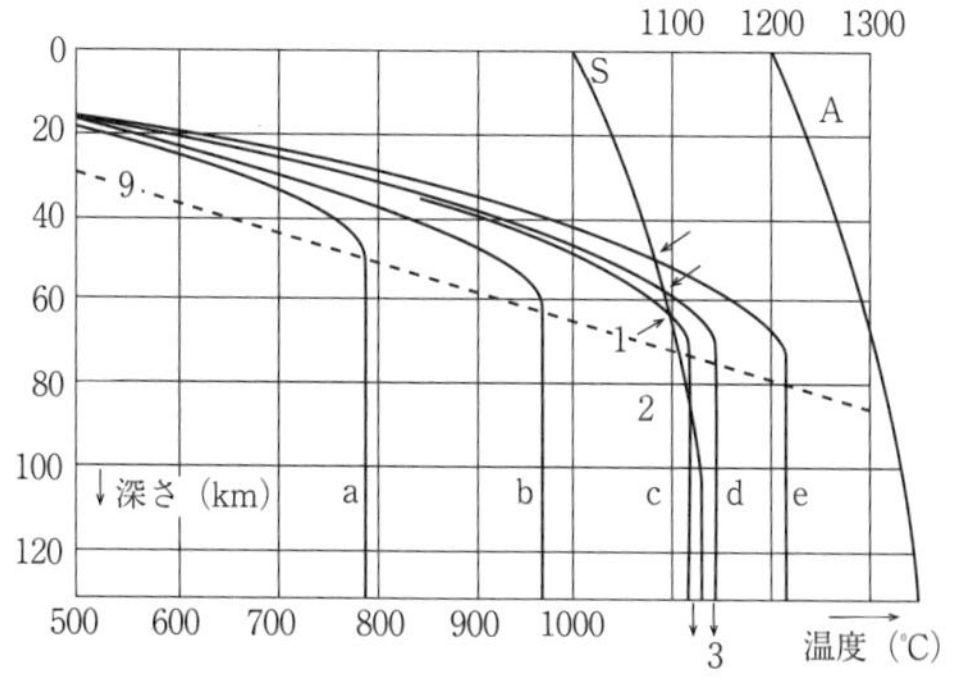

第15図　深さに対する温度分布曲線（aからeまで）および融点曲線（SおよびA）
フォン・ウォルフによる結果を120kmの深さまで示してある

　地震学がこの問題に対する答を与えられないかという疑問をおこす人もあるだろう。不幸なことに、答は否定的である。とけた状態が低い粘性率あるいは流動率を意味するものならば、答は肯定的であろう。しかし、横波は液体中を通り得ないために、答がノーになるのである。しかし、現在では一般に、融点以上に熱せられしたがってとけた物質が無定形でガラス（したがって固体）の状態にあるかもしれないと考えられている。しかし、ここで地震学が一つのデータを提供する。物質の密度に関してもっともらしい仮定を設けると、一般には深さとともに増加する弾性率が、約七〇キロメートルの深さで不連続的に変化し、減少しているかもしれないという結果が得られている。グーテンベルグ〔104〕のような研究者は、このようなことがおこるのは、この深さで結晶状態から無定形でガラス状態への変化がおこっているためであると考えている。短周期の地震波に関する限りでは、ガラス状態は固体である。しかし、地質学的時間にわたって働く力に対しては、ガラスはかなりの流動性を示す。

考慮に値する地質学的事実が存在する。クルース〔103〕によって記述された南アフリカの大スケールで稀な「花崗岩溶融物」は、地球の歴史のある時代に、花崗岩の融点等温線が局所的に地表面のすぐ下まで押し上げられたことを示している。したがって、この頃には、六〇ないし一〇〇キロメートルの深さの岩石がとけていたにちがいない。地球内部の等温線は固定した位置にあるわけではなく、時とともにその場所を変えるにちがいない。このことをジョリー〔56〕は次のように説明している。放射能による熱のために、大陸ブロックの下で余分の熱がつくられ、温度が上がっていく。やがて融点に達すると融解がおこり、ブロックが浮き上がる。以前に海洋であったより冷たい地域へブロックが移動してゆく。一度の温度上昇をおこすための深さの差がヨーロッパでは平均して三一・七メートルであるのに対して、北アメリカでは四一・八メートルであるという事実が、この考えを強く支持する。最近議論をまきおこしたこの著しい差は、北アメリカの下にある地球部分がヨーロッパの下にある部分よりもより冷たいことを意味する。デイリー〔67〕が次のように述べているのは、おそらく正しい見方であろう。「古い太平洋の上へ北アメリカが比較的最近移動したと考えることによって、この事実が説明されるだろう」。

ここでアンペラー〔68〕やシュビンナー〔69〕たちが、最上部の地殻の移動を地下の対流で説明しているのが注目される。アンペラーによれば、この対流がアメリカを西へ引張った。また熱の不均一な発生によって流体層の中に対流が生じ、それは地殻を引張りまたこの対流が下向きの動きをするところでは圧縮する、とシュビンナーは考えている。大陸ブロックの中での放射性元素による余分な発熱と関係して、キルシュ〔70〕は流体層の中での対流という考えを広く用いている。彼によれば、大陸はかつて結合しており、その下で余分の熱が生じた（南アフリカの花崗岩質溶融物を思い出してほしい）。このために液体の下層の中で対流が生じ、それは海底の部分へ向けて外向きに流れ出した。対流は大陸ブロックの下で上昇し、やがて熱損失のために下向きに動き出すようになる。摩擦力のために大陸が分裂し、このようにして生じた断片が流れによって分離される。とけた層の中では粘性率がたいへんに小さく、流れの速度がたいへんに大きい、とキルシュは考えた。

上に述べたすべてはただ一つのことを示す。地球内部の粘性率、特に各層の中での粘性率について、われわれは独断的であってはならない。それについてわれわれは何も知らないからである。シュバイダーの結果は基本的には結論を導き出していない。そして不連続的な流体層の存在を否定しておらず、またかつての地質時代に流体的な連続層があったかどうかについては何も述べていない。しかし、流体層がなくても大陸移動がおこりうるような粘性率の値がありうるという彼の結論は注目に値する。したがって、少なくともある地域あるいはある時代に、大陸ブロックの下に流体層が存在したとする研究者たちの主張が仮に正しくなくても、大陸移動はありうることになる。

大陸移動説が地球物理学における諸事実とよく適合することをもう一度述べる必要はないだろう。実際大陸移動説は、多くの新しくて有望な研究分野の出発点となっている。もちろん、これらの諸分野のこまかい仕上げは将来のことに属する。

直接あるいは間接的に大陸移動説を支持する地球物理学の他の多くの観測事実をあげることができる。しかし、このように小さい本の中では、大陸移動説に関係した異なった問題のすべてをとり扱うことは不可能である。そのうちのいくつかの事実については後の章で述べる。

第五章　地質学的議論

大西洋の両側の地質構造を比較すると、その両岸がかつて直接あるいはほとんど直接にくっついており、その間に開けた巨大な割れ目が大西洋である、という大陸移動説の主張の明らかな証拠が得られる。大西洋の両岸で、その分裂の前にできた多くの褶曲その他の構造が一致しており、その事件がおこる前の状態をつくってみると、大西洋の両側の断面がほとんど完全に一致する。大陸縁辺部にはっきりとした輪郭が存在するために、ほとんど一義的にもとの状態を復元することができ、ごまかしを使う必要がない。したがって、これが大陸移動説の正しさを証明する独立な事実となりうる。

大西洋の割れ目は、分裂が最初に始まった南の部分で一番広い。ここでの幅は六二二〇キロメートルである。サン・ロケ岬とカメルーン、ニューファンドランド・バンクとイギリスの大陸棚、スコアスビー・サウンドとハンマーフェスト、東北グリーンランドの大陸棚のへりとスピッツベルゲンとの間の距離は、それぞれ四八八〇、二四一〇、一三〇〇及び二〇〇ないし三〇〇キロメートルである。最後に述べたグリーンランドとスピッツベルゲンとの間の割れ目が開けたのは、比較的最近のことである。

南のへりの部分から比較を始めることにしよう。アフリカの最南端には、東西に走る二畳紀の頃の褶曲山脈であるスワートベルグがある。もとの状態を復元してみると、この山脈を西へ延長した部分は、ブエノスアイレスの南へ続く。地図を見ると、そこには特別な構造がないようにみえる。この意味で、次に述べるカイデル〔72 73〕の研究が注目に値する。局所的な山脈、特により強く褶曲した南部の山脈の中に、彼は大昔の褶曲を見出した。それはその構造、岩石系及び化石に関して、アンデス褶曲に接したサン・ファン及びメンドーサ地域の前コルジレラ褶曲に似ているだけでなく、南アフリカのケイプ山脈に似ている。彼は次のように述べている。「ブエノスアイレス地域の山脈、特に南部山脈の中に、南アフリカのケイプ山脈のそれと似たひと続きの地層がある。少なくとも三つの場合に完全な一致がみられる。すなわち、デボン紀の初期の海進に対応した下部砂岩、この海進の終わりをしるしづける化石を含む片岩及びより最近のより特徴的な構造である古生代後期の氷河性の礫石である。デボン紀の海進に対応した堆積岩も氷河性の礫石もケイプ山脈のそれと同じように強く褶曲している。そして二つの部分で、動きの方向は主として北向きである」。したがってここに、アフリカの南端を横切り、ブエノスアイレスの南で南アメリカへ続き、ついにアンデス山脈に続く古代の長くのびた褶曲のしるしがある。現在では、これらの褶曲の断片は幅六〇〇〇キロメートル以上の海によって隔てられている。再構成図中のここでは、特別の操作をしなくても、断片が直接につながる。それのサン・ロケ岬及びカメルーンからの距離はほとんど同じである。このような総合の正しさの証拠は驚くべきものであり、認知の方法として引き裂いた名刺を使う話を思い出させる。アフリカの海岸でシーダーベルグ山脈が南アフリカ山脈の主流から北へわかれるという事実は、大西洋をこえた一致とは何の関係もない。この枝はやがて見えなくなり、割れ目の点でのその後の一種の不連続によってつくり出された局所的なふれを示す。このような枝は、石炭紀及び第三紀のヨーロッパ褶曲山脈ではより頻繁にみられる。これらの褶曲が一つの原因によって生じた一つのシステムであると考えることを妨げるものは何もない。最近の研究によって、アフリカの褶曲システムが最近まで続いたことが明らかになったけれども、このことは年代の違いを意味するものではない。カイデルは次のように述べている。「シエラでは、氷河性の礫岩や最近の地層が褶曲している。ケイプ山脈では、ゴンドワナ統（カルー層）の基底にあるエッカ層も運動の跡を残している。したがって、これら二つの地域では、おもな運動が二畳紀と白亜紀の初期の間におこったにちがいない」。

しかし、ケイプ山脈のそれのブエノスアイレス付近の山脈への延長だけが、われわれの考え方の正しさを証明する証拠ではない。大西洋をはさむ海岸線に沿って、このような多くの証拠が存在する。もっと大まかに見ても、ずっと以前に褶曲したアフリカの巨大な片麻岩台地は、ブラジルのそれとたいへんよく似ている。一般的に似ているだけでなく、二つの地域の火成岩や堆積物がよくつながり、またもともとの褶曲の方向がよくつながる。

H・A・ブラウワー〔74〕は火成岩の比較をおこなった。彼は五つ以上の類似を見出した。すなわち、1．より古い花崗岩、2．より新しい花崗岩、3．アルカリに富んだ岩石、4．ジュラ紀の火山岩及び貫入粗粒玄武岩及び5．キンバライト、アルノー岩その他。

より古い花崗岩は、ブラジルではいわゆる「ブラジル複合体」中に、またアフリカの南西部では「基本的複合体」中及び南ケイプ・コロニーの「マルメスベリー系」及びトランスヴァール及びローデシアの「スワジランド系」中に存在する。ブラウワーは次のように述べている。「シエラ・ド・マール中にあるブラジルの東海岸及びそれと向かい合った南部及び中部アフリカの西海岸は、主としてこれらの岩石からつくられている。そして、多くの点で、これらの岩石が二つの大陸の同じような風景をつくり出している」。

より最近の花崗岩は、ブラジル側ではミナス・ジェライス及びゴイアス州の「ミナス系」中の貫入岩であり、そこでは金を含む鉱脈をなしている。サンパウロ州の貫入岩もまたより最近の花崗岩である。アフリカでは、これに対応した岩石はヘロロランドのエロンゴ花崗岩、北西ダマランドのブランドベルグ花崗岩及びトランスヴァールの「ブッシュベルド火成複合体」中の花崗岩である。

アルカリに富んだ岩石もまた、海岸線のまさに対応した部分に見つかっている。すなわち、ブラジル側では、シエラ・ド・マール（イタティアイア、リオ・デ・ジャネイロの近くのシエラ・ド・ゲリシノ、シエラ・ド・ティングワ、カボフリオ）中のいろいろな場所で、またアフリカ側では、リューデリッツランド、スヴァコプムントの北のクロス岬及びアンゴラで見つかっている。海岸線から離れたところでは、直径約三〇キロメートルのお互いに関係した火山地域がある。すなわち、ミナス・ジェライス州の南のポソス・デ・カルダス及びトランスヴァールのルステンブルグ地域のパイランズベルグである。その深成岩、脈石及び噴出岩の地層が完全に似ているという点で、これらのアルカリ岩石は特に注目に値する。

四番目のグループに属する岩石（ジュラ紀の火山岩及び貫入粗粒玄武岩）に関してブラウワーは次のように述べている。「南アフリカにおけると同様に、南アフリカ・カルー系にほぼ対応したサンタ・カタリナ系の基底部には厚いひと続きの火山岩がある。この系はジュラ紀のものと考えられ、リオグランデ・ド・スル、サンタ・カタリナ、パラナ、サンパウロ及びマト・グロッソさらにはアルゼンティン、ウルグアイ及びパラグアイにわたる広大な地域をおおっている」。アフリカでは、南緯一八度から二一度にわたってカオコ層があり、ここの岩石と似た岩石が、サンタ・カタリナ及びリオグランデ・ド・スルのような南部ブラジルの諸州で見つかっている。

最後の岩石グループであるキンバライト、アルノー岩その他のものがもっともよく知られている。ブラジルでもまた南アフリカでも、この地層の中に有名なダイヤモンドが見つかるからである。これらの二つの地域ではともに、「パイプ」と呼ばれる特別なタイプの成層がある。白いダイヤモンドが見つかるのは、ブラジルのミナス・ジェライス州及び南アフリカのオレンジ州の北だけである。しかし、これらの二つの地域の対応は、これらの稀なダイヤモンド産地よりもむしろキンバライトの母岩の分布にもっとはっきりと示されている。リオ・デ・ジャネイロ州の脈石に関しても同じようなことが示されている。「南アフリカの西海岸の近くのキンバライト岩の場合と同様に、この有名なブラジルの岩石は、ほとんどすべて雲母に乏しい玄武岩類に属する」。[*]

＊H・S・ワシントンもまた火山岩の間のこの対応を認めている。しかし、彼はこのような比較の結果が大陸移動説には有利でないと述べている。それは主として、比較の際に彼があまりに多くのことを要求したからである。大陸移動説に対する彼の拒絶の基礎は十分でない。しかし、不幸なことに、彼は多くのアメリカの地質学者に対して決定的な影響力をもっている。

しかし、両側で堆積岩すらもよく対応していることを、ブラウワーは強調している。「大西洋の両側のある種の堆積岩の間の類似もまた著しい。ここではただ南アフリカのカルー系とブラジルのサンタ・カタリナ系の名だけをあげておこう。サンタ・カタリナ及びリオグランデ・ド・スルのオルリーンズ礫岩は南アフリカのドワイカ礫岩とよく対応する。そして二つの大陸では、一番上の層はすでに述べた厚い火山岩である。その代表例がケイプ・コロニーのドラケンスベルグ及びリオグランデ・ド・スルのセラ・ゲラルである」。

デュ・トワ〔75〕は、さらに進んで、南アメリカの二畳石炭紀の漂積物の一部はアフリカからきたと述べている。

「コールマンによれば、南ブラジルの漂礫岩は、現在の海岸線よりもさらに南東部に中心をもった層からきたものである。彼もまたウッズワースも、特別なタイプの硬砂岩あるいは縞もようの入ったへき玉の礫を含む砂片の漂積物を記録している。彼らによれば、これらの漂積物は西グリ

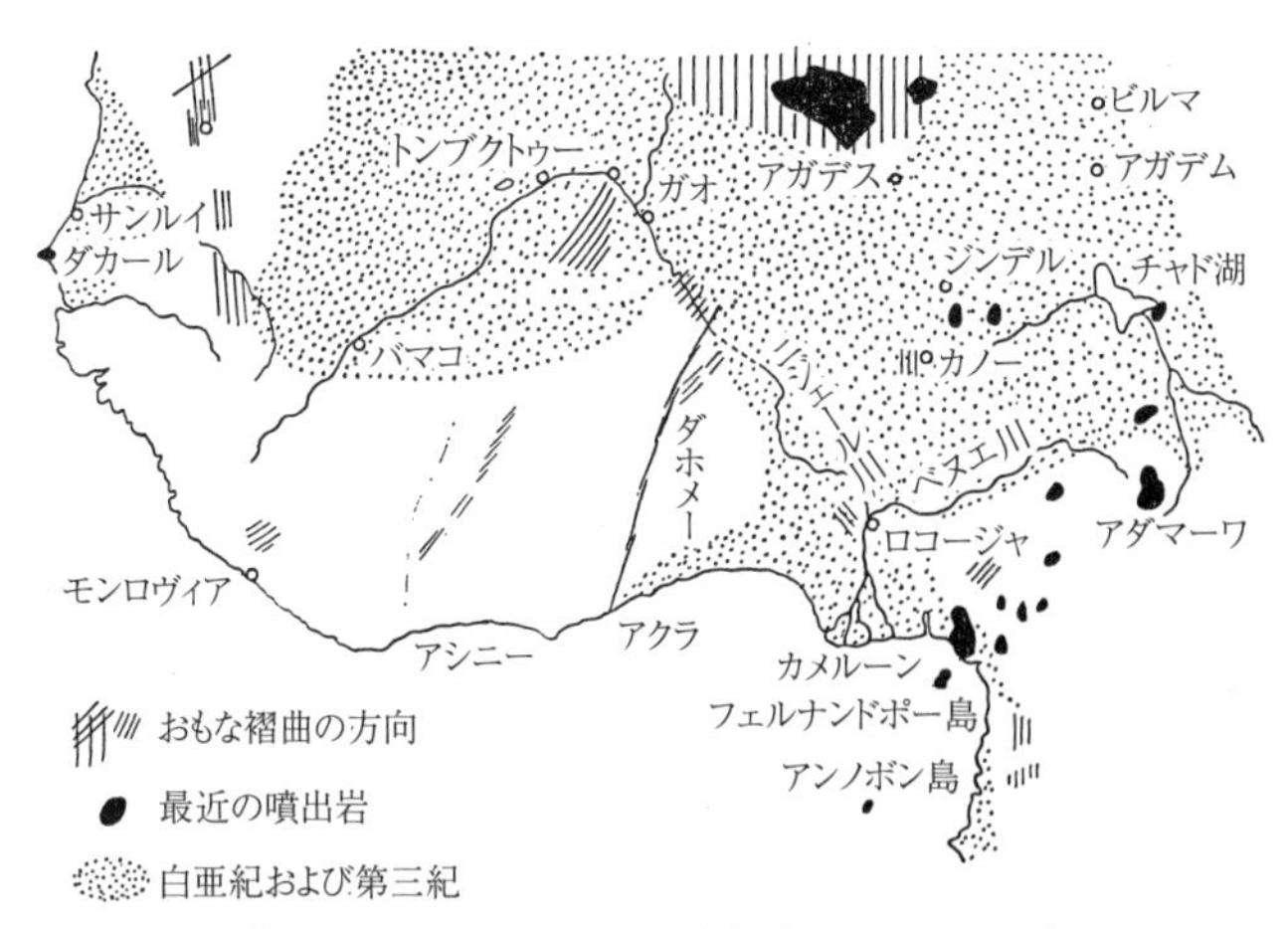

第16図　アフリカにおける走向（ルモワンによる）

クワランドのマトサップ層からできた山脈からのトランスヴァール氷によって集められ、西に運ばれて少なくとも一八度の子午線まで運ばれてきたものである。大陸分裂の仮説を頭において考えると、それらはさらに西方まで運ばれたかもしれない」。しかし、最近L・C・フェラッ〔78〕を見よ）は、この岩石は、その発見場所であるサンタ・カタリナのブルメナウの近くよりさらに南のイタジャイ川の北岸に露頭をもっていることを見出した。したがってデュ・トワの主張はその正当性を失う。一方、ブラジル及び南アフリカにおいて似たような露頭が見つかることは、これらの二つの大陸の間の著しい適合の証拠の長い列に新しい要素をつけ加える。

　これらの大片麻岩台地を通じて走る古い褶曲の方向にもまた一致が見出される。この場合には、第16図に示されたルモワン〔76〕の地図を参照しよう。それは他の目的のために描かれたものであり、ここで必要なつながりをはっきりとは示していない。しかしそれでも役に立つ。アフリカ大陸の片麻岩塊には、少し異なった年齢をもった二つのおもな走向がある。スーダンでは、おもな方向は北東であり、この方が古い。この方向はニジェール川の上流にはっきりと表われており、似たような方向をたどってカメルーン川に及んでいる。それは海岸線と四五度の角度でまじわっている。しかし、カメルーン川の南では、地図の上にもう一つのより若い走向があらわれている。それはほぼ北から南へ走り海岸線に平行している。

ブラジルでもまた同じ現象が見つかっている。E・ジュースは次のように述べている。「東部ギアナの地図を見ると、この地域をつくっている古いタイプの岩石の走向が多少とも東西方向であることがわかる。アマゾン盆地の北部をつくっている古生代の地層もまたこの方向をたどっている。したがって、カイエンヌからアマゾン川の河口へ向かう海岸線の走向はこの走向と相まじわっている。現在知られているブラジルの地質に関する限り、サン・ロケ岬までは陸地の等高線が山の走向とまじわっているけれども、この丘のふもとからウルグアイへいたるまでは、海岸線の向きが山に沿っている、と考えざるを得ない」。ここでもまた、川（一方ではアマゾン、他方ではリオ・サンフランシスコ及びパラナ）は一般にこの走向をたどっている。本質的には第17図に示したJ・W・エバンスのものと同じ南アメリカの構造図がカイデル（前述）によって描かれている。この図からも明らかなように、最近の研究によって、北東の海岸と平行な第三の走向が見つかっ

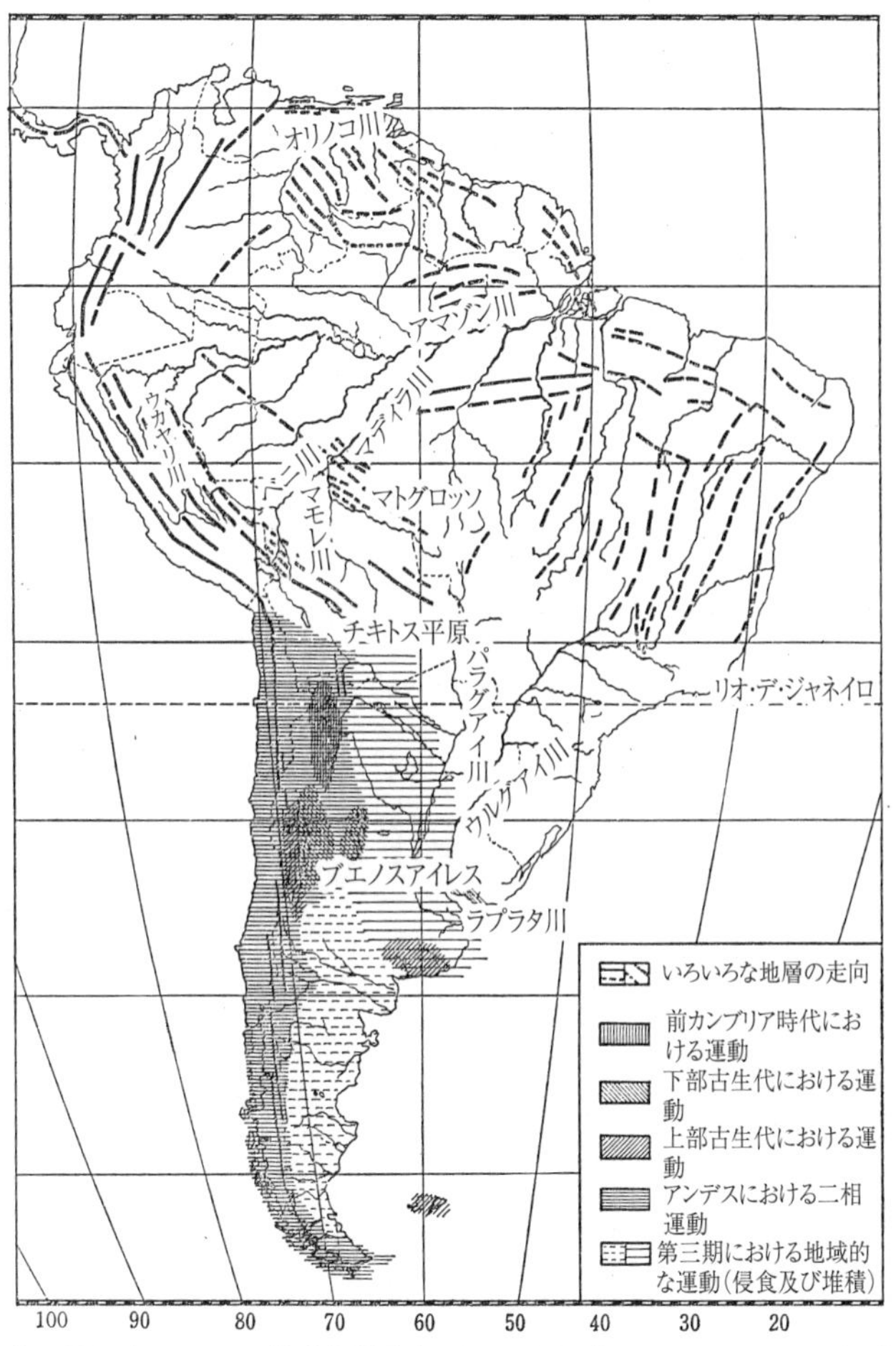

第17図　南アメリカの構造地質図（カイデルおよびＪ・Ｗ・エバンスによる）

た。したがって事情はより複雑である。しかし、他の二つの走向はこの地図の中にはっきりと示されている。しかし、ある部分ではそれは海岸線から少しずれている。二つの大陸を結合するには、南アメリカをある角度だけまわさなければならない。このことを考慮すると、アマゾン川とニジェール川の上流のコースはぴたりと平行になる。したがって、二つの走向はアフリカのそれと一致する。すなわち、ここにもまた、これらの二つの大陸がかつて結合していたという証拠が存在する。

ブラジルと南アフリカの類似の構造については、最近もなお研究がおこなわれている。マーク〔77〕は次のように述べている。「南アフリカを知っている人は誰でも、ブラジルの風景や地質を見て驚くにちがいない。何を見ても、それらはナマランドやトランスヴァールの地層と似ている。ブラジルの地層はこまかい点まで南アフリカの扇状地の地層と似ている」。この旅行中に、南緯約一八・五度、西経四六・五度にあるパトスで、マークは五つのキンバライト・パイプを発見した。彼は次のように述べている。「今日対応した地層を隔てている距離を考えると、かつて大西洋を横切ってのびていた沈んだ陸橋の考えを採用するわけにはいかない。A・ウェゲナーの唱えた大陸移動説が頭に浮かんでくる。この考えは次のような観測事実によって支持される。すなわち、二畳石炭紀を除いた古い地質時代には、西南アフリカでは乾燥気候が支配していた。そしてミナスにある三畳紀の堆積物は乾燥した内陸気候の考えと一致する」。

特に念入りな比較研究が、有名な南アフリカの地質学者デュ・トワによっておこなわれた。彼はこの目的のために南アメリカへの探険旅行をおこなった。この研究の結果に完全な文献をそえたものが、一九二七年にワシントンにあるカーネギー協会の報告書三八一として報告されている。その表題は「南アメリカと南アフリカの地質学的比較」〔78〕というものである。この仕事は、少なくとも地球のこの部分に関する限り、大陸移動説が正しいことを示したユニークな地質学的研究である。この本の中から大陸移動説に有利な点をあげようとすれば、初めから終わりまでそれを訳さざるを得ない。次のような種類の多くの陳述がある。「実際、狭い範囲内でみても、これが他の大陸であり、ケイプの南部地方の一部ではないと考えるのが困難なほどであった」（二六ページ）。九七ページで、彼は次のように述べている。「この総合報告を用意するにあたって、まず最初に歴史的な記述をし、その中ではこれら二つの大陸の結合と分離のようすに関係した仮説をすべてあげるはずであった。しかし、データが集まってくるにつれて、それらがすべて大陸移動説の方向をさし示した」。大西洋の両側の一致は数多く知られており、大陸の各部分に及び、またデボン紀以前から第三紀にまで及んでいる。したがって、これらの大陸が偶然に共存したとはもはや考えにくい、と彼は述べている。彼はさらにつけ加えている。「さらに、このような一致は層序学、岩石学、古生物学、構造地質学、火山学及び気候学の全範囲に及んでいる」。

ここでは一致点のまとめをあげることさえできない。それはデュ・トワの本の第七章（大陸移動説について）の七ページをふさいでいる。しかし、ここでは一五ページから一六ページにかけて集められたおもな地質学的特徴の比較だけをあげておこう。

「長さ（緯度）四五度、幅（経度）一〇度の範囲内にある地方に注意を集中し、一方ではシエラ・レオネからケイプタウンへ、他方ではパラからバヒヤ・ブランカへ及ぶ地方の比較をしてみよう。各大陸で次のようなことがあげられる。
一、基盤の岩石は前カンブリア時代の結晶質岩石及びデボン紀以前の堆積物の褶曲帯より成る。堆積物の年齢はさまざまであり、大部分はまだ決められていない。しかしそれらは対応した岩石学的特徴をもっている。
二、ずっと北の部分では、この複合体の上に不整合に、海性のシルル紀及びデボン紀の地層がほとんど乱されないでのっかっている。それらは海岸線にななめに走る広い向斜をうずめている。それはシエラ・レオネから黄金海岸の間にあり、アマゾン川の出口の下にある。
三、ずっと南では、主として硬砂岩、スレート及び石灰岩から成る原生代及び初期古生代の地層が、海岸線とほぼ平行して走っている。これらの地層は、北部ではゆっくりと屈曲し、また南部ではより乱されている。南部では、たとえばリューデリッツとケイプタウンの間及びリオ・サンフランシスコ及びリオ・ラプラタの間で、地層は花崗岩の貫入を受けている。
四、クランウイリアムスにあるほとんど水平なデボン紀層に対応して、ほとんどそれと同じものがパラナ及びマト・グロッソで見出されている。
五、さらに南には、南部ケイプのデボン紀から石炭紀へかけての地層があり、それらはバヒヤ・ブランカの少し北にある地形と平行している。この層は石炭紀の氷河堆積物及び二畳紀の堆積物と整合的につながっており、似たような方向を示す二畳・三畳紀及び白亜紀の運動をうけて激しく褶曲している。

六、北へたどると、おのおのの場合の漂礫岩が水平になり、デボン紀の地層の中へ侵入している。そしてそれらは、これらの岩石及びより古い岩石によってつくられた準平原の上に堆積している。さらに北では、それらはとだえる。

七、おのおのの場合の氷河堆積物の上には、広い地域をおおい、『グロソプテリス植物群』を含む二畳及び三畳紀の大陸地層がのっかっている。その後玄武岩の膨大な流れ出しがあり、またおそらくはライヤス統のものと思われる粗粒玄武岩が広範囲に侵入した。

八、これらのゴンドワナ層は北へのびて、南カルーからカオコフェルトへ、またウルグアイからミナス・ジェライスへ走る。

九、さらに北の部分で、少し内陸へ入ったところに、広大な分離した地域が存在する。それはアンゴラ－コンゴ及びピアウイ－マラニョン地域である。

一〇、三畳紀の後期及び二畳紀の初期の地層の間には、傾斜不整合は存在しないけれども、層内不連続が広い範囲にゆきわたっている。しかし、ある地域では、傾斜した二畳紀あるいは二畳紀以前の地層の上に、三畳紀の地層がほとんど不整合なしにのっかっている。

一一、ベンゲラ－下部コンゴ及びバイア－セルジペ地域の海岸にだけ、傾斜した白亜紀の地層がみられる。

一二、カメルーンとトーゴの間及びセアラ、マラニョン及びその南に、海性及び陸性の水平な白亜・第三紀の地層が広い範囲に存在する。一方カラハリの広い範囲にわたる堆積物は、アルゼンティンの新第三紀及び第四紀のパンピアンにほぼ平行している。

一三、この一般的なまとめを終えるにあたって、フォークランド諸島によって与えられる重要な鎖を見逃すわけにはいかない。そこで見られる褶曲したデボン紀から石炭紀へかけての地層は、ケイプ地域にみられるものとほとんど区別できない。またラフォニアンはカルー系と密接に関係している。層序学的にまた構造地質学的に考えると、フォークランド諸島はパタゴニアとは何の関係ももたず、ケイプの南西にその位置を占めるべきものである。

一四、古生物学的見地からは、次のことが注目される。a北ブラジル及び中央サハラの『極相』と対照的な、ケイプ、フォークランド、アルゼンティン、ボリビア及び南ブラジルのデボン紀の『オーストラリア相』。bケイプのドゥイカ・シェール及びブラジル、ウルグアイ及びパラグアイのイラチ・シェール中に見つかる特徴的な爬虫類の属であるメソザウルス。cガンガモプテリス及びグロソプテリス植物群。各国の南の部分にある下部ゴンドワナ層の中には北部系の品種がいり混っている。dケイプ及びアルゼンティンの上部ゴンドワナ層中のシンフェルディヤ植物群。eケイプの南及びアルゼンティンのネウケンの北西部に出てくるネオコム階（ウイテンハーゲ）動物群。f南回帰線の北で見出される白亜紀及び第三紀動物群の中の北方あるいは地中海相。gパタゴニアの始新世（サン・ジョルゲ層）中の南大西洋及び南極相。

一五、アフリカと南アメリカの海岸線は驚くほどよく似ている。それが概形において似ているだけでなく、こまかいところまでよく似ている。さらに、北部を除いては、第三紀のへりの幅は狭く、これらの地層がほんの短期間だけ存在したことを意味する」。

特に興味があるのは、デュ・トワが最初に明らかにした、二つの大陸の間の地質学的関係における新しい因子である。一〇九ページで彼は次のように述べている。

「さらに、特に重要なのは、各大陸の中で特別な地層の中の相変化の研究から得られる証拠である」。

「たとえば、南アメリカの大西洋岸あるいはその近くのA点から始まって西へのびてA′点へ至る地層と、アフリカの海岸線あるいはその近くのB点から始まって東へのびてB′へ至る地層とを比較してみよう。このような比較をする場合、再三にわたって、AA′あるいはBB′間の相の変化の方がAB間のそれよりも大きくなっている。AとBの間には現在大西洋があることを考えると、これは驚くべきことである。すなわち、二つの向かい合った海岸線に沿った特別な地層の類似の方が、それを各大陸の中で延長した、実際に目に見える地層の類似よりも大きいのである。しかも、いくつかの地質時代にわたって、このような例が数多く存在する。こうなると、この種の特別な関係を偶然であるとは考えられなくなり、特別な説明が必要になる。さらに、詳しく解析してみるとわかるように、このような思いがけない傾向は、その地層が海性、デルタ性、大陸性、氷河性、風成あるいは火山性のいずれの場合にも認められるのである」。

デュ・トワの本からとった図を第18図に示してある。この図は分離前の二つの大陸の相対的な位置を示したものである。このような再構成の際に、そこで認められる相の差を説明するためには、現在の海岸線の間に、少なくとも四〇〇ないし八〇〇キロメートルのすき間を残す必要があることを、デュ・トワは強調している。私も彼の意見に完全に賛成である。なぜなら、二つの大陸の前面に拡がる大陸棚のための空間がなければならないし、またおそらくは、大西洋中央海嶺をつくる物質のための空間も必要であろうから。「メテオール」探険の際の数多くの測深のデータが研究されれば、二つのブロック間の相対的な位置がもっと正確に決められるだろう。私の考えでは、そのようにして得られた結果もまた、地質学的比較にもとづいてデュ・トワが導き出したものに一致するであろう。

フォークランド諸島はパタゴニアの大陸棚の上にあるけれども、その地域との地質学的なつながりはなく、むしろ南アフリカとのつながりがある。[*] この事実もまた大陸移動説を支持する一つの証拠になることをデュ・トワは正しくも指摘している。

＊現在の位置と南大西洋の海深図から考えると、デュ・トワによって仮定されたフォークランドの位置（第18図）には疑問があるように私には思われる。彼の再構成図における喜望峰の西よりもむしろ南にそれをおいた方がよい。しかし、これは二次的な問題であって、将来の研究がその結着をつけるだろう。

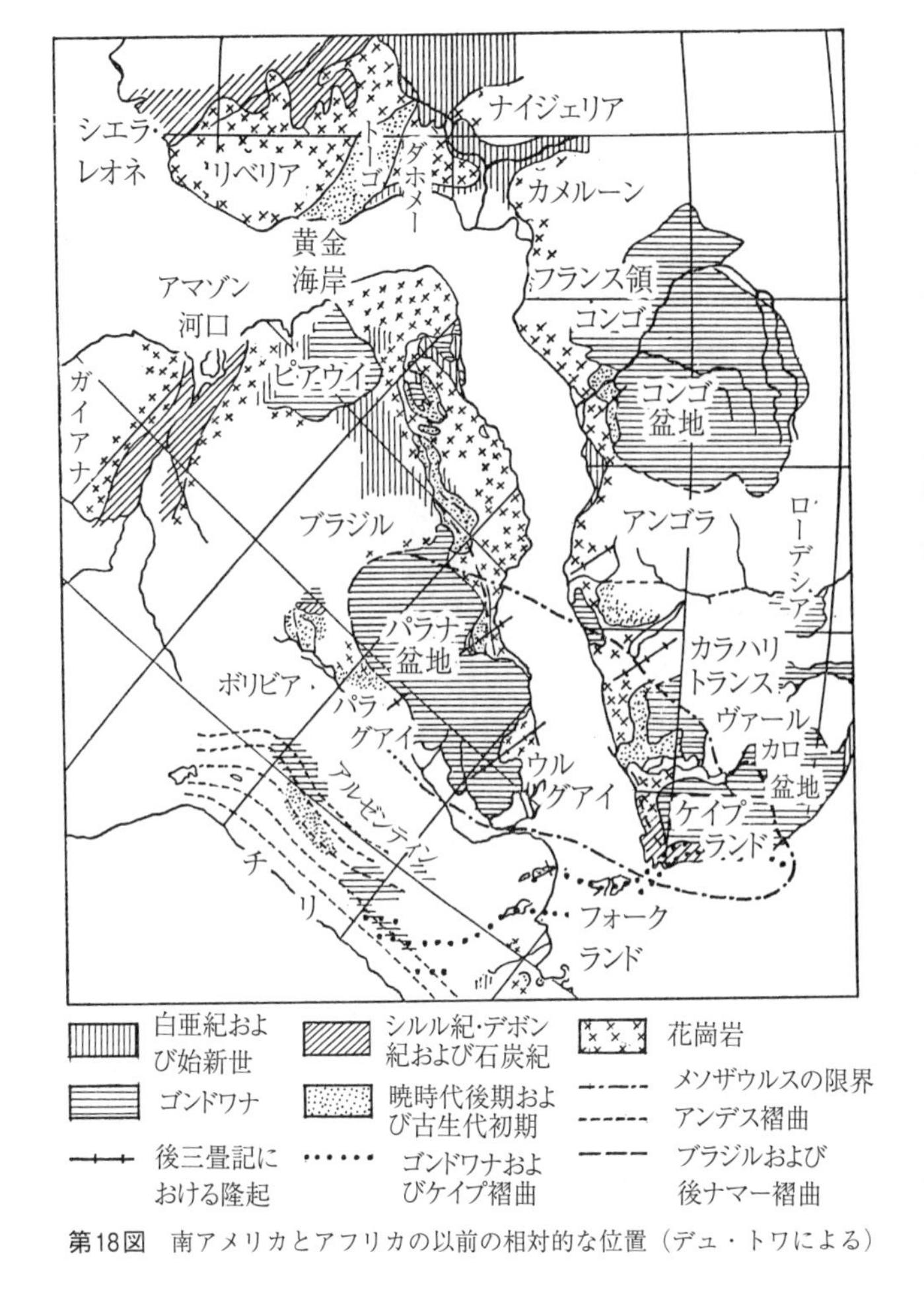

第18図　南アメリカとアフリカの以前の相対的な位置（デュ・トワによる）

デュ・トワの本が私に与えた強い印象を認めないわけにはいかない。彼の本を読むまでは、二つの大陸の間にこのように密接な地質学的対応があることを、私はほとんど知らなかった。

すでに述べたように、古生物学及び生物学的根拠にもとづいて、南アメリカとアフリカとの生物の行き来が下部及び中部白亜紀の間になくなったことが結論される。このことは、南アフリカのへりの部分にある割れ目がすでにジュラ紀にはつくられていたというパサージュ〔79〕の考えと矛盾するものではない。割れ目は南方からゆっくりと開いたものであり、また地溝断層の生成はそれよりもかなり前におこったものであろうから。

この分裂によって、パタゴニアで特別なブロック運動がおこったことを、A・ウィンドハウゼン〔80〕が次のように述べている。「白亜紀の中頃に広い範囲にわたる運動にともなって新しい隆起がおこった」。その結果、パタゴニアの地表が「著しく傾斜した地域から全体的な沈降地域へと変化した。そして乾燥あるいは半乾燥的な条件にさらされ、石に富んだ荒れ地及び砂に富んだ平原によっておおわれた」。

大西洋の向かい合った海岸線を北へたどって比較を続けると、アフリカ大陸の北の境界に位置するアトラス山脈では、褶曲が主として漸新世におこっているけれども、褶曲が始まったのは白亜紀の頃であり、アメリカ側にはこれに対応するものが見当らない*。これは、大陸の再結合のところで述べた、大西洋の割れ目がこの地域ではずっと前から開けていたという考えと一致する。実際、ここでは割れ目がある時代には存在せず、分裂が石炭紀以前に始まったのかもしれない。

さらに、北大西洋の西の部分では、海底がずっと深いところにあり、それはこの部分の海底がより古いことを意味する。イベリア半島とこれに向かい合ったアメリカの海岸地域とのコントラストも注目に値する。これらのコントラストを考慮すると、これらの海岸線が以前に直接接していたとはどうしても思われない。しかし、大陸移動説はこのような考えを認めない。なぜなら、スペインとアメリカとの間には、海底下に広く拡がるアゾレスがあるからである。大西洋を横切る以前の測深のデータにもとづいて私〔37〕がその説明を試みたように、アゾレスは大陸物質から成る砕屑（さいせつ）物の層かもしれない。その大陸物質のもともとの拡がりは一〇〇〇キロメートル以上だったかもしれない。

＊ゼンティル及び最近シュタウブ〔214〕もまた、中央アメリカ特にアンティルにおけるこのようなつながりを認めている。それらは同時代のものである。しかし、それが一般に認められているジュースの理論と矛盾するということを理由にして、ジャオルスキーはこの考えを退けている。ジュースの考えによれば、南アメリカの東コルジレラは小アンティル諸島となって続き、再び西方へまがり、東方へは枝分かれしていない。

大西洋にある他の諸島と同様に、この諸島の地質学もまた、それらが大陸のかけらであるという考えを支持する。もちろん、これらの部分や大西洋中央海嶺が玄武岩質のものであるかどうかという問題が残っている。

ガゲル〔81〕もまた、カナリア及びマデイラ諸島が「ヨーロッパ及びアフリカ大陸の分裂したかけらであり、その分裂が比較的最近おこったものである」という結論に達している。

大アンティル諸島では、最近マトレーがケイマン諸島の地質学的研究〔105〕をおこなって、その結果が大陸移動説によってもっともよく説明されるという結論に達している。「まず大アンティルグループに属するすべての島々は、しばしばかなりの距離と深い海によって隔てられているけれども、その特徴、相及び地層と火山性の岩石系の対応という点で驚くほどよく似ている。また、知られている限りの地史もよく似ている。これらの事実は、これらの諸島がかつて現在よりもより近い距離にあったという考え方にとって不利でないだけでなく、むしろ大陸移動説を支持する証拠となっている。さらに、カリブ海には、たとえばジャマイカとキューバの間のバートレット海溝のような深い海底のへこみがある。ターベルはこの海溝が地溝断層であると主張している。これらのへこみはたいへんに深くて、アンティルの大陸塊がどうしてこのような深さにまで沈降したのかを理解するのは困難である」。確かに、これはこまかすぎる言い方かもしれない。しかし、このようなモザイクを集めることによって、地球の全表面に関する大スケールの考え方が最後に形づくられるのである。

さらに北の部分には、直接に続いた三つの古い断層帯があり、それらは大西洋の一方の側から他方の側へつながっている。したがってそれはかつての接合に関する驚くべき証拠となる。

われわれの目にもっとも印象的に映るのは石炭紀の褶曲である。E・ジュースはそれをアルモリカン山脈と呼び、それをたどると北アメリカの炭田がヨーロッパのそれと直接続いていることがわかる。現在ではひどく侵食されているこれらの山脈は、ヨーロッパの内陸地域に始まり、まず最初に弧状をなして西から北西へのび、それから西へのびて、南西アイルランド及びブルターニュの荒れはてて不規則ないわゆる「リアス式」海岸をつくっている。このシステムのもっとも南にある褶曲山脈は、フランスを横切って向きを南に転じ、沖あいの大陸棚を通って、開いた本のような形をしたビスケー湾の深海割れ目の反対側にあるイベリア半島に続いているようにみえる。この支脈をジュースは「アストリアン渦」と呼んだ。しかし、おもな山脈は大陸棚の北部を通って西へ伸び、さらに西の大西洋へ伸びるようすを見せている。* ただし、これらの山脈のてっぺんは破壊的な侵食をうけている。

*E・ジュースとは違って、コスマット〔82〕は、すべてのヨーロッパ褶曲は海洋地域の中をまわってイベリア半島へ戻っていると考えている。陸棚の中にそのように大きい褶曲のまがりがあるとは考えられないから、コスマットの考えは支持し難い。

一八八七年にベルトランが最初に指摘したように、これをアメリカ側へ延長した部分には、ノヴァスコシア及び南東ニューファンドランドにあるアパラチア山脈の支脈がある。ここにもまた石炭紀の褶曲山脈の端があり、ヨーロッパと同様にそれは北方へ褶曲している。このためにリアス式の海岸線ができ、また山脈はニューファンドランド・バンクの大陸棚を横切っている。他の部分では北東向きであるのに対して、割れ目地域の近くでは、それは向きを東方へ転じる。これまでは、Ｅ・ジュースによって「大西洋を横切るアルタイ山地」と呼ばれた一つの大きい褶曲山脈があったと考えられてきた。大陸移動説によれば、問題はずっと簡単になる。大陸移動説にしたがって二つの大陸を接合すると、二つの成分は実際に接触してしまう。しかし、大陸移動説を使わない場合には、われわれに知られた端の部分よりもずっと長い中間の部分が海に沈んだと考えなければならない。これはペンクによってすでに指摘された困難である。割れ目の接合線の上に海底のちょっと高まった部分があり、これまでは沈んだ山脈のてっぺんであると考えられてきた。大陸移動説によれば、それは分離したブロックの端のかけらである。このように地質構造的に活発な地域では、このような分離は容易に考えられることである。

ヨーロッパでは、さらに北へ延長した部分に、ノールウェー及び北部イギリスを通るより古い褶曲山脈が続いている。それはシルル紀とデボン紀の間につくられたものであり、Ｅ・ジュースはそれをカレドニア山脈と呼んでいる。この山脈が「カナダ・カレドニア」(テルミエ)へ続いているかどうかという問題を、アンドレ〔83〕及びティルマン〔84〕がとりあげている。カナダ・カレドニアはまたカナダ・アパラチアとも呼ばれており、カレドニア時代までにすでに褶曲していた。アメリカにおけるこのカレドニア褶曲システムがすでに論じたアルモリカン褶曲の際にうけた再変成によっては、二つのシステムの対応は、あまり影響されていない。ヨーロッパでは、変成の過程は中央部(ホーエス・ベン及びアーデネス)だけでおこり、北部ではおこっていない。これらのカレドニア褶曲の隣接部分を、一方ではスコットランド高地及び北アイルランドに、他方

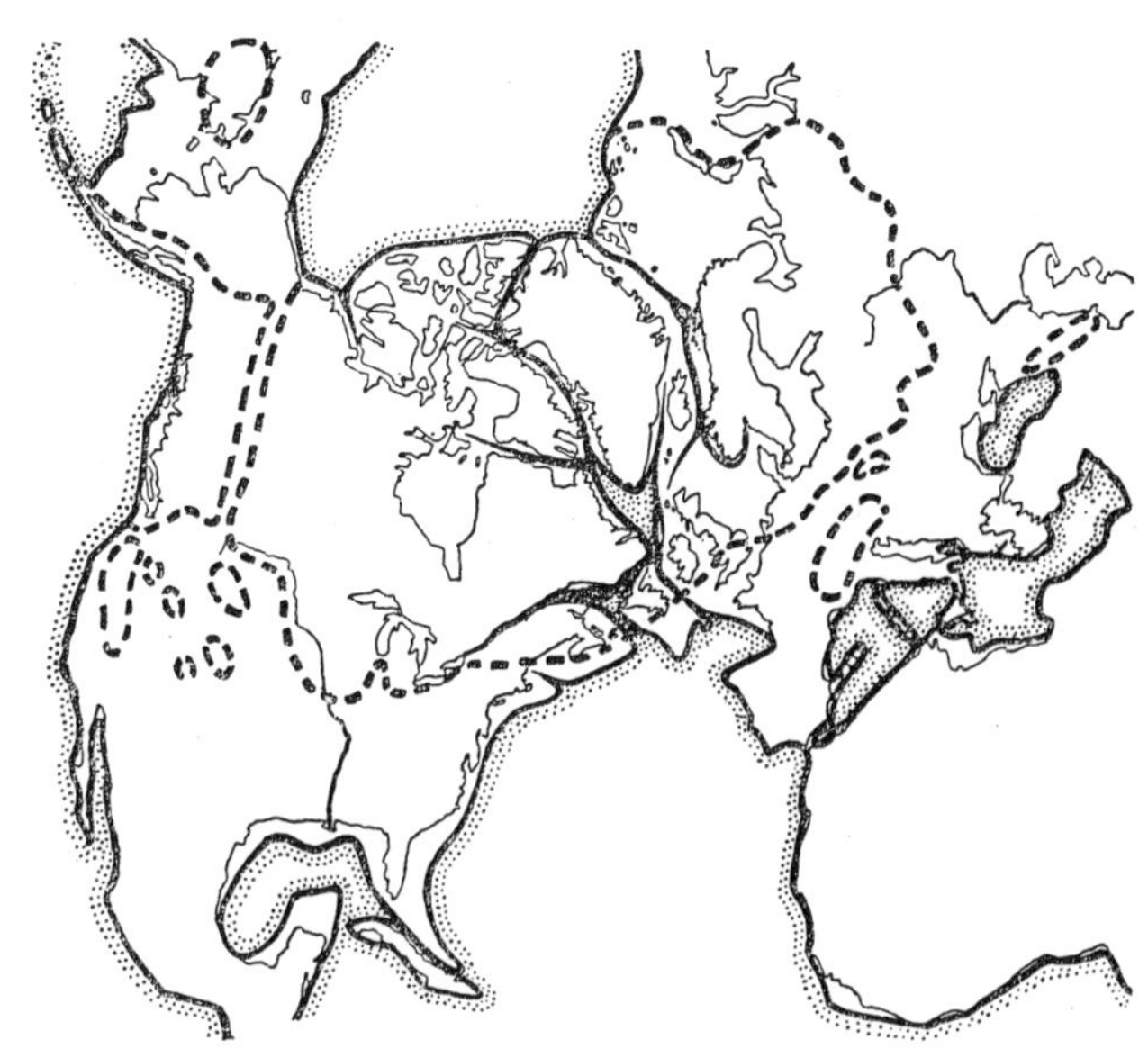

第19図　北アメリカが分離する前の地図の上に書いた第四紀の内陸氷河の境界

ではニューファンドランドにさがし求めるべきである。

さらに、ヨーロッパのすぐ北に、ヘブリディーズ及び北スコットランドのカレドニア褶曲システムのより古い（アルゴンキア界）片麻岩山脈がある。大西洋のアメリカ側にあるこれに対応したシステムは、同じ年齢をもったラブラドルの片麻岩山脈である。

それは南ではベル・アイル海峡まで伸び、またカナダへも伸びている。ヨーロッパでは、走向は北東から南西である。アメリカでは、走向は東西へ転じている。ダク〔22〕は次のように述べている。「このことから、山脈が北大西洋を横切っていることが推測される」。以前には、三〇〇〇キロメートルの長さの沈んだ部分のつながりがあったと考えられた。ヨーロッパの部分を直線的にアメリカの部分へ延長すると、南アメリカの方向に数千キロメートルずれてくる。大陸移動説に従って直接ヨーロッパ大陸へつながり、その延長部分となるように、アメリカの陸塊を水平へ移動すると同時に回転しなければならない。

上で考察した地域ではまた、北アメリカ及びヨーロッパの更新世の内陸氷冠による終端堆石がある。これが堆積した頃には、ニューファンドランドはすでにヨーロッパから分離していた。しかし、北方のグリーンランドの近くでは、ブロックはまだつながっていた。いずれにしても、その頃には、北アメリカは現在よりもヨーロッパのより近くにいた。大陸を接合して分離前の状態にした地図の上に堆石を書きこんでみると、第19図に示したように、それはギャップなくつながる。堆石が堆積した当時に、海岸線が現在のように二五〇〇キロメートルも離れたところにあったとすれば、このようなことはおこりそうにもない。特に現在のアメリカが、ヨーロッパに対して南へ四・五度もずれていることを考えると、なおさらのことである。

大西洋の両側にある海岸線の対応についてはすでに述べた。すなわち、ケイプ山脈及びブエノスアイレスのシエラの褶曲、ブラジル及びアフリカの巨大な片麻岩台地の火山岩、堆積物、走向その他の接合、アルモリカン、カレドニアン及びアルゴンキアン褶曲及び更新世の終端堆石などについて述べた。個々のこまかい点についてはまだ不確かなことがあるけれども、これらの対応を全体として考えると、大西洋が拡大した割れ目であるという考えの正しさは、ほとんど疑う余地がない。特に重要と思われるのは次の事実である。すなわち、たとえば外形のような他の特徴にもとづいてブロックを接合すると、その接合によって一方の側の地層と他の側の地層とが完全につながるということである。それはちょうど、引き裂いた新聞紙の端を合わせて、それを横切る新聞記事がなめらかに続くかどうかをチェックするようなものである。もし新聞記事までが続くとすれば、引き裂かれた新聞紙がこのようにつながっていたという結論をほとんど疑いえない。つながりをチェックするのにただ一行だけしか使われないとすれば、結論の正しさは確率の問題になる。しかし、n行がつながるとすれば、確率はn乗にまで高まるだろう。このことの重要さをはっきりさせておく必要がある。たとえばケイプ山脈とブエノスアイレスのシエラの褶曲のつながりというようなただ一行のつながりだけでは、大陸移動説の正しさに対する賭は、一〇対一にすぎないとしよう。しかし、少なくとも六つの独立な証拠がある場合には、大陸移動説の正しさに対する賭は一〇〇万対一になるだろう。この数字は誇張とうけとられるかもしれない。しかし、それは独立ないくつかのテストの重要性を示すのに役立つ。

これまでに論じた地域の北で、大西洋の割れ目はグリーンランドの両側にわかれ、だんだんと狭くなる。したがって、大西洋を横切る一致はそれだけはっきりしないものになる。ブロックが現在の位置を占めていたと考えても、その成因の説明が容易につくからである。しかし、比較を最後までおし進めることも興味のないことではあるまい。アイルランドとスコットランドの北の端及びヘブリディーズ及びファロス諸島に、大量の玄武岩シートのかけらが見出される。それはアイスランドを横切りグリーンランド側へ移り、南のスコアスビー・サウンドをとりまく大きい半島となり、海岸に沿って北緯七五度までのびる。西グリーンランドの海岸にもまた、大量の玄武岩シートがある。これらの地域のすべてで、地上の植物を含み、また二つの玄武岩の溶岩シートの間にはさまれた石炭層が見つかっている。これらの地域は相互によく似ており、これらの地域が以前につながれていたことを物語る。ニューファンドランドからニューヨークへ至るアメリカ、イングランド、南ノールウェー、バルト海、グリーンランド及びスピッツベルゲンで見出されるデボン紀の「古い赤色の」堆積物の分布からも、同じ結論が得られる。これらの発見は、現在は分裂しているそれらの地域ができた時の分布についてつじつまの合ったモデルを提供する。これまでの考え方では、分裂はそれをつなぐ鎖の地域の沈降によって生じたものであり、また大陸移動説によれば、それは分裂と相互移動によって生じたものである。

北東グリーンランド（北緯八一度）及びスピッツベルゲンでも、同じような褶曲をともなわない石炭紀の地層が見出されることは注目に値する。

さらに、グリーンランドと北アメリカの間にも、予期されるような構造の対応が見られる。合衆国地質調査所でつくった「北アメリカの地質図」によれば、フェアウェル岬及びその北西の片麻岩の中に、多くの前カンブリア時代の貫入岩が見つかっている。アメリカ側のそれに対応した位置、すなわちベル・アイル海峡の北側でもまた、それが見つかっている。北西グリーンランドのスミス海峡及びローブソン海峡では、移動は割れ目を引き離すほどではない。しかし、横ずれ断層と呼ばれる大スケールの水平のくい違いがみられる。グリンネル・ランドがグリーンランドに沿ってすべっており、そのために二つのブロックの間に著しい直線状の境界ができている。第20図は、ラウゲ－コッホによってつくられた北西グリーンランドの地質図の一部である。デボン紀とシルル紀の境界線に上に述べた変位がはっきりと表われている。それはグリンネル・ランドでは八〇度一〇分にあり、またグリーンランドでは八一度三〇分にある。著者によって見出されたカレドニアの褶曲システムの中にも、同じような変位がみられる。その褶曲システムはグリーンランドからグリンネル・ランドへ伸びている。

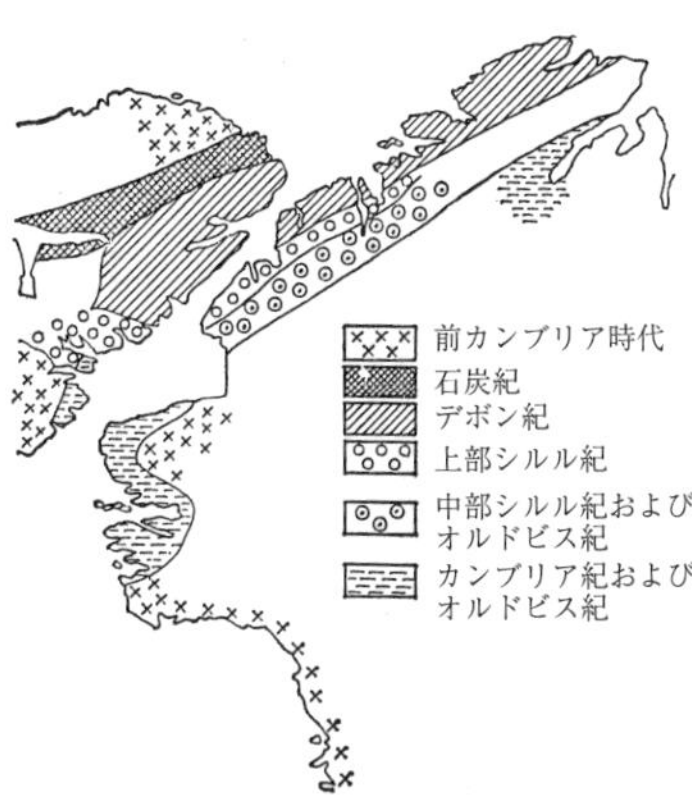

第20図　北西グリーンランドの地質図
（ラウゲ－コッホによる）

ここで、大西洋ができる前の大陸のつながりをどのようにして推理したかについて、簡単にいくつかのことを述べておこう。たとえばシアル・ブロックの塑性や地下での融解の過程その他のような、関係した現象のより総合的な説明は後で述べるはずである。しかし、誤解を避けるために、地質学的根拠にもとづいて割れ目の端を比較するこの場所でも、それについて少し述べておく必要があるだろう。

ラブラドルがかなり北西方向へずれているという

点では、北アメリカの復元図は現在の地図とは少しずれている。ニューファンドランドをアイルランドから引き裂いた強い引張りの力によって、それが実際に分裂する前に、これらの地域に伸長と表面の引き裂きが生じたと考えられる。アメリカ側では、ニューファンドランド・バンクを含むニューファンドランド・ブロックが分裂しただけでなく、約三〇度回転した。しかし、ラブラドルが南東へ移動する機会を与えられたために、セントローレンス川とベル・アイル海峡によってつくられていた直線状の地溝断層が、現在のようなS字形をとった。さらに、この引き裂きの過程の間に、ハドソン湾及び北海の浅水の地域がつくられ、あるいは拡大した。したがって、ニューファンドランドには、二重の補正を加えなければならない。すなわち、回転と北西方向へのずれである。このようにすると、ニューファンドランドはノヴァスコシアの陸棚の線とよりよく一致する。現在ではそれはさらに先へ伸びている。

アイスランドは二重の割れ目の間にあったと考えられる。アイスランドのまわりの現在の海の深さを示す図がこのことの正しさを証明している。多分、グリーンランドとノールウェーの片麻岩塊の間の部分に、最初の地溝断層ができたにちがいない。やがてブロックの下からのとけたシアルによって、その一部がうめられた。しかし、現在の紅海のように、残りの部分はシマでうめられたために、ブロックが新しく圧縮された時には、深部からのシマのうめものが断ち切られ、それが上部に噴出して大スケールの玄武岩溶岩流となった。このようなことが第三紀におこったにちがいない。第三紀における南アメリカの西へ向けての移動の結果として、一種のトルクが北アメリカへ伝えられ、それが北へ向けての圧縮となってあらわれた。この場合アイルランドとニューファンドランドをつなぐ鎖がいかりの役割を果たした。

これと関係して、大西洋中央海嶺*についても少し述べておく必要がある。ハウフは大西洋中央海嶺が全大西洋地域を含む巨大な地向斜の褶曲の始まりであると考えた。しかし、現在ではこの考え方は不適当であるとされている。それについてはアンドレの批判的な論文〔16〕を参照せよ。私の考えでは、これはブロックの分離にともなった副産物である。一つの割れ目のかわりに、割れ目のネットワークができ、下層が離れ去り平たくなるにつれて、砕屑物の層が海面下に沈んだのかもしれない。現在のへりがよくマッチしない場所では、砕屑物の層の幅が広くなったのかもしれない。

＊ショットによる Geographie des Atlantischen Ozeans 第二版（ハンブルク、一九二六年）に出ている大西洋の地図を参照せよ。

すでに述べたように、われわれの見積もったところでは、アゾレス地域では、砕屑物層のもとの幅が一〇〇〇キロメートル以上であった。もちろんこれは例外的なことであり、大西洋中央海嶺の大部分では、幅はより狭い。デュ・トワの地図（第18図）を用いて、現在の大陸棚から砕屑物層の幅を見積もると、数百キロメートルという答が得られる。アブロリョス・バンクあるいはニジェール川の出口の出っぱった地域におけるくい違いを別として、ブロックの端は現在でもかなり一致している。これは上に述べた考え方とよく一致する。その見積もりがむずかしいこともあって、第4及び第5図に示した大陸の再構成図では、この砕屑物ベルトにあまり注目していない。しかし、このようなこまかい点まで正確に再構成が進められるかどうかは、現在のところよくわからない。仮に大西洋底の形が十分にまた正確に知られたとしても、そのどれだけの部分がその後の分離の際の地殻下の物質のあふれ出しによって引き裂かれた現在の二つの大陸ブロックの下にあった玄武岩であるかを決めることはむずかしいだろう。したがって、再構成図をつくる場合に、この部分まで考慮することはできなかった。

地質学的に言うと、他の大陸間のつながりについては大西洋の割れ目ほどはっきりとしたことはわかっていない。

それに隣り合ったアフリカと同様に、マダガスカルは北東の走向をもった褶曲片麻岩の台地から成る。割れ目の線の両側に同じ海性の堆積物が堆積している。このことは、三畳紀以来、水にみたされた地溝断層によってこの二つの部分が分離したことを示している。マダガスカルの地上の動物群もまたこの仮定を必要とする。しかし、ルモワン〔87〕は、第三紀の中頃にインドが離れ去った後で、二種類の動物（Potamochoerus及びカバ）がアフリカから移ってきたと述べている。ルモワンの考えでは、これらの動物はせいぜい三〇キロメートルの幅の海峡を泳ぎきることができるだけである。しかし、現在のモザンビーク海峡はその幅が四〇〇キロメートルもある。したがって、マダガスカルの海面下の部分がアフリカから離れ去ったのは、この時以後ということになる。そのことは、インドの北東への移動がマダガスカル島の移動にかなり先がけていたことを説明する。

アフリカの構造において特に重要なのは、特に東アフリカでほぼ南北に走る割れ目である。地球の「張力地域」に関する興味深い研究〔107〕の中で、エバンスは大陸移動説に有利ないくつかの点を強調している。たとえば、彼は次のように述べている。「アフリカ大陸の構造の大部分はまだ決められていない。しかし、現在知られている限りでは、中心から外へ向けての張力が卓越しているという証拠がいたるところで見出される。これはウェゲナーの大陸移動説とよく一致する。彼によれば、中生代の始めの頃に、アフリカを中心とする『超大陸』があり、それがその後分裂して、南アメリカが西へ、西南極大陸が南西へ、インドが南東へ、オーストラリアが東へ、東南極大陸が南東へ移動した*」。

*これらの運動がおこった時には、極が異なった位置にあったために、コンパスの東西南北はかなり違っていた。

インドもまた褶曲片麻岩の台地である。大インド砂漠（タール）の北西端にある古いアルバリ山脈、及びこれまた古いコラナ山脈の中では、褶曲が地形をつくっているようすが今でも残っている。ジュースによれば、前者ではそれは北三六度東へ走っており、また後者では北東へ走っている。この二つの方向はともに、アフリカ及びマダガスカルにおける走向とよく一致している。

再構成に必要な小さい角度だけインドを回転すると、一致はさらによくなる。この他に、ネロール及びベラコンダ山脈の中に、少し若いけれどもやはり古い褶曲がある。その褶曲は、これまた古いアフリカの褶曲と同じ南北の走向をもっている。インドでのダイヤモンドの産出地は南アフリカのそれにつながる。われわれの再構成では、インドの西岸をマダガスカル島の東岸にくっつけている。二つの海岸は、片麻岩台地の中の割れ目の著しく直線的な端から成る。それは、グリンネル・ランド及びグリーンランドと同様に、分離の後でかけらがお互いにすべったことを暗示している。この割れ目の北の端には、緯度にして一〇度の距離にわたって、両方の海岸線で玄武岩がみられる。インドでは、これは北緯一六度に始まるデカン高原の玄武岩シートである。それは第三紀のはじめ頃からあらわれており、その成因が二つの地域の分離と不可分のものであることを示している。マダガスカルでは、島の北の部分は異なった年齢をもった二種類の玄武岩からできている。その年齢はまだ決められていない。

ヒマラヤ山脈の膨大な褶曲は主として第三紀のものであり、地殻の大きい部分が圧縮されたことを示している。これらの褶曲をわれわれの考えにしたがって再構成すると、アジア大陸のへりの見かけは大分違ったものになる。多分チベット及びモンゴルからバイカル湖、あるいはさらにベーリング海峡へ至る東アジア全部が、この圧縮に関係したにちがいない。最近の研究によれば、最近の褶曲はヒマラヤ地域にだけ限られてはいない。たとえば、ピーター大帝山脈では、始新世の地層が褶曲によって海面から五六〇〇メートルもも上げられている。またテンシャン山脈では、大規模な衝上断層がつくられている〔88〕。しかし、褶曲の見られない場所でも、褶曲をうけていない地域の最近の隆起はこの褶曲の過程と密接に関係している。褶曲がおこった時に地球内部の深い部分へ沈んだ大量のシアルは、そこでとけて外へ向けて拡がった時にそれに隣り合った部分を支えてそれをもち上げた。アジア・ブロックのもっとも高い地域に限っても、それは平均して海面から約四〇〇〇メートルの高さにあり、圧縮の方向には一〇〇〇キロメートルもある。高さがより高いことを無視して、アルプスの場合と同様に、もともとの長さの四分の一にまで圧縮されたと考えても、インドの移動量は三〇〇〇キロメートルになり、圧縮の前には、それはマダガスカル島の横にあったことになる。したがって、これまで言われてきたような意味での沈降したレムリアを入れる場所がなくなる。

この巨大な圧縮の跡は、やや狭い圧縮帯の左右でも認められる。アフリカからのマダガスカルの分離及び紅海及びヨルダン谷をその一部とする東アフリカの最近の地溝断層システムがその例としてあげられる。ソマリ半島はやや北方へ引っ張られており、またアビシニアの山脈をつくった圧縮もこれに関係している。すなわち、融解等温線を横切って沈んだシアルが、ブロックの下を通って北東へ流れ、アビシニアとソマリ半島の間の部分に浮き上がってきた。アラビアもまた北東へ向けて引っ張られ、アクダル山脈の支脈はとげのようにペルシャの山脈の中へ侵入した。ヒンドゥークシ及びスレイマン山脈の扇形の地層は、圧縮力の西限がここにあることを示している。それを忠実に鏡にうつしたような形が、圧縮の東限の部分に見られる。そこではアンナン、

第21図　レムリア圧縮

マラッカ及びスマトラをつらねる方向から、ビルマの山脈が引き離され北から南へ向いている。おそらく東アジア全体がこの圧縮の影響をうけた。東アジアの西の境界はヒンドゥークシとバイカル湖の間の階段断層の部分から伸びてベーリング海峡へいたっている。また東の境界は東アジアの出っぱった沿海部分及び島弧をつくっている。

初めての人には、この考えはばかげたことにみえるかもしれない。しかしこの考えは、山脈の構造に関係した分野の研究者たちの最近の研究によって完全に確認されている。特に一九二四年に出版された、アジアの構造に関係したアルガン〔20〕の大規模な研究が注目に値する。

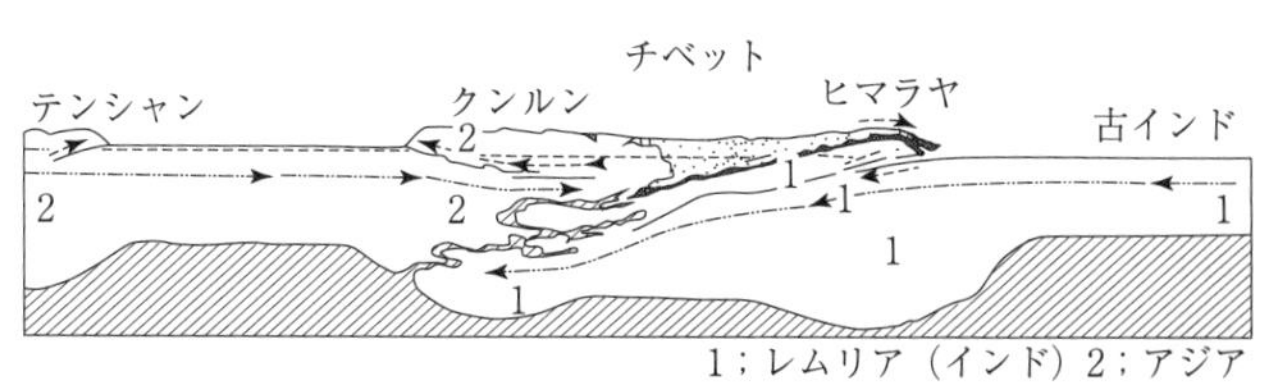

第22図　レムリア圧縮の断面図（アルガンによる）

第22図はアルガンの本からとったものであり、それはアジア高地の巨大な圧縮に関する彼の考え方を示すものである。図は第三紀の終わりの頃の、インドからテンシャン山脈へ至る断層を示している。影をつけた部分は支えのシマをあらわし、影をつけない部分はシアルのブロックを、また点をつけた部分はテチス海の残した堆積物をあらわす。シアルにとりこまれたシマ的な岩石もまた示してある。矢印は相対運動の向きを示す。全体として言えば、それは巨大な衝上断層であり、シアル性のレムリア・ブロックがアジア・ブロックの下へおしこまれている。

この重要な研究の中の他の図から、ここではただ第23図に示したものだけを掲げておく。この図はこのすぐれた構造地質学者によって得られた結果が大陸移動説の結論といかによく一致するかを示す。アルガンは特に次の点に注目している。アルガンによって巨大な単位と考えられた三つのシアル性の褶曲地域Ⅰ、Ⅱ及びⅢの外形を見ると、その各々は南アメリカのアンデスと同じような曲線を描いている。しかし、東へ向けて行けば行くほどその曲率が減少している。アルガンは次のように結論している（三一七及び三一八ページ）。「西の方からやってきてゴンドワナ大陸全体に伝えられた力の影響をうけて、塑性的変形がおこった。この

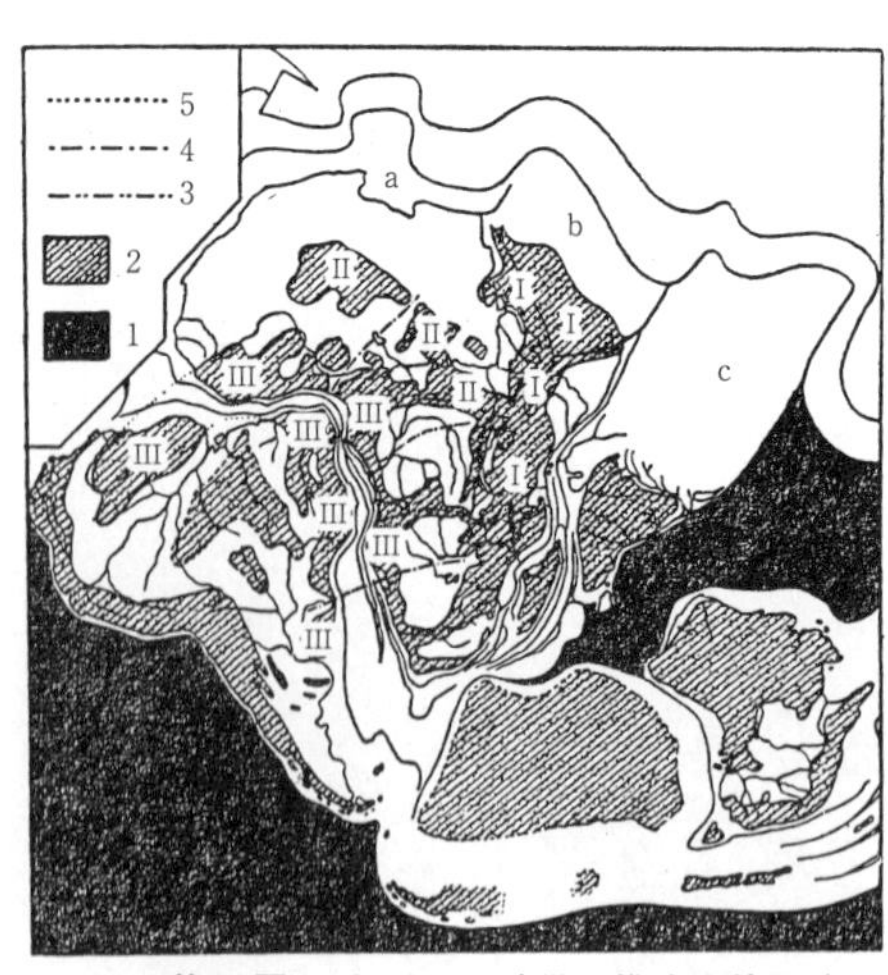

第23図　ゴンドワナ大陸の構造地質図（アルガンによる）

力の影響は大陸の質量全体に伝えられ、その形への影響は東へ行くほどゆっくりと小さくなった」。このようなシアル性の褶曲のすべての場合に、説明にあたって、下にあるシマの摩擦及びシアルの内部変形が考慮されねばならない。この場合に、アルガンは次のように述べている。

「大西洋の割れ目のできる前に、ゴンドワナ大陸の西へ向けての運動に対して太平洋のシマの抵抗があった。それは現在の南アメリカの先端に対して働いた。アンデスとこの地域の間のこのような応力の関係を考えないでこれらすべての相同を説明しようとしてもむだなことである。ジュラ紀の地層に対する白亜紀の中期の地層の不整合によって証明される、タンガニーカ地域から北の部分のアンデス運動の存在は、ここで考えた応力の関係が決して空想的なものではなく、南アメリカとアフリカがまだ結合していた頃から、その全領域にわたっていたものであることを示している」。

アルガンによるもう一つの結果についても述べる必要がある。彼はおもな褶曲帯のシアル褶曲の量を見積もった。ここでは彼の見積もり方については述べない。彼は単位距離あたりのトン数を用いて彼の結果をあらわしている。彼はまた「新しくつくられた山脈」のトン数とシアル褶曲のトン数とを区別した。エネルギーを考慮する場合には、前者はほとんど重要性をもたない。統計的な方法を用いて、環太平洋褶曲と比較した場合に、地中海褶曲（アルプス及びヒマラヤ）のトン数の方がより変化に富んでいることを、彼は見出した。特に、中央アジアにおける巨大な圧縮は、環太平洋部分のそれをはるかにこえている。さらに、北アメリカ西海岸のトン数はアジアの東海岸のそれをはるかにこえている。第三に、東アジアの最近できた山脈に関係したトン数は、北アメリカにおけるそれに比べてはるかに大きい。北アメリカでは、最近の山脈のトン数はほとんど取るにたりない。このことは、褶曲の量に関しては、東アジアの方が劣っていることを示している。

地中海褶曲帯における褶曲量の方がより変化に富んでいるという第一の結果は、ここでのシアル・ブロックの非均質性によるものであるとアルガンは考えている。彼は次のように述べている。「逆に言えば、環太平洋地域でのトン数に変化がないという事実は、より非均質で変形しにくい大陸ブロックに比べて、太平洋の下ではより均質なより変形しやすい物質が存在していることとを示す。トン数の分布とその解釈に関して、大陸移動説はほとんど困難を感じない。大陸移動説では、太平洋の下には、比較的均質で変形しやすいシマ性の物質があると考えている。アメリカと比較して東アジアにエネルギーが欠けているという第二及び第三の事実をもまた、大陸移動説は簡単に説明する。大陸移動説によれば、ブロックの前面では、ある条件のもとで、シアルがシマに対して衝上しまた褶曲する。また、後面ではシアル物質が取り去られ、褶曲地層がなくなり、引っ張り応力の影響があらわれる。すなわち、ボタンの穴に似た横ずれ型の断層ができ、へりの入江をつくる。山脈の一部が背後に残され、大陸の通った後に、多少とも分離した島弧ができる。一方、新しい条件に適応したシマがブロックのうしろへ上昇してくる。シマ物質の完全な隆起には時間的な遅れがあるために、深い溝ができ、昔から大陸前面の溝と呼ばれたものができる。大陸移動説によれば、第一のタイプの過程は主としてアメリカの西のへりでおこり、また第二のタイプの過程は長い時間をかけて東アジアでおこっている。したがって、西アメリカにおけるトン数が東アジアにおけるトン数をはるかにこえるのは当然なことである」。

アルガンはさらにつけ加えている。「大陸移動説があらわれた当時には知られていなかったこれらの著しい事実を、大陸移動説はみごとに説明する。このことは、大陸移動説にとってたいへん有利な点である。厳密に言えば、これらの事実のどれもが、大陸移動説あるいはシマの存在すらも証明するものではない。しかし、一致はおそろしく完全であって、これらの考えが正しいものと考えざるを得ない」。

アジアの構造に関する彼の研究の中で、アルガンは全地球のおもな外形について考察している。上に述べたものは、アルガンの考えのまとめである。

インドの東海岸とオーストラリアの西海岸との正確な地質学的比較をすることは意味のあることである。なぜなら、大陸移動説によれば、ジュラ紀の頃まで、これらの沿海あるいはむしろ陸棚の地域はお互いに接合していたのだから。しかし、地質学に関する限り、このような比較はまだおこなわれていない。インドの東側の沿海地域は片麻岩台地の中の絶壁である。ある部分ではそれは、下部ゴンドワナ地層から成る、狭い地溝の形をしたゴーダーヴァリー炭田によってとぎれとぎれになっている。上部ゴンドワナ層は海岸線に沿っており、その端を横切って不整合に堆積している。西オーストラリアもまた片麻岩台地であり、インド及びアフリカと同様な波形の表面をもっている。この台地もまた、ダーリング山脈及びそれを北へ延長した長い険しいへりをもった海岸線に沿ったところで、急に海の中へ落ちている。険しいへりの前面には、少量の玄武岩貫入をもった古生代及び中生代の地層から成る沈降地域が拡がっている。そのまた前面の海岸のところには片麻岩が狭く伸びており、ところどころで見えなくなっている。アーウィン川が流れているところでは、上に述べた堆積物は石炭を含んでいる。オーストラリアにおける片麻岩褶曲の走向はどこでも南北方向である。それをインドにつなげるためには、インドにおけるおもな走向に平行な北東から南西へその走向を変化しなければならない。

東オーストラリアでは、おもに石炭紀の褶曲システムであるオーストラリア・コルジレラが、

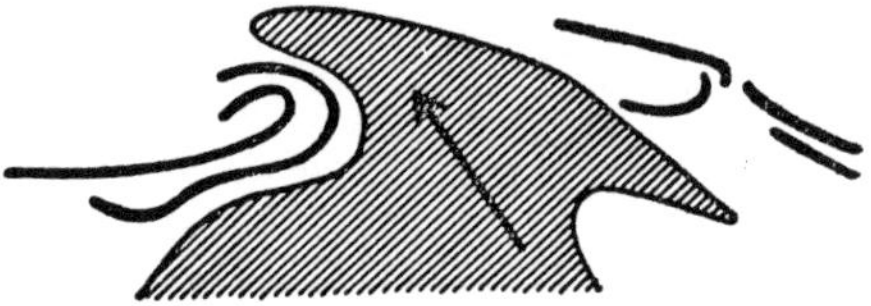

第24図　ニューギニアによる島弧の分散の模式図

海岸線に沿って南から北へ伸び、順次西方へ退く褶曲システムに終わっている。個々の褶曲は常に正確に南北に走っている。ヒンドゥークシとバイカル湖の間の階段褶曲と同様に、オーストラリア・コルジレラもまた圧縮の横のへりを示す。それはアラスカから出発して四つの大陸を横切りここで終わる膨大なアンデス褶曲である。オーストラリア・コルジレラのもっとも西にあるものがもっとも古く、東にあるものがもっとも新しい。タスマニアはこの褶曲システムの延長である。山脈の構造が南アメリカのアンデスと鏡にうつしたような対称形になっていることが注目される。南アメリカでは、それは極の反対側にあり、もっとも東側にあるものがもっとも古い。オーストラリアでは最近の山脈が欠けている。しかし、ジュース〔12〕はそれがニュージーランドにあると考えている。もちろん、ここでも褶曲の過程は第三紀にまでは及んでいない。「ニュージーランドの大部分の地質学者によれば、マオリヤン山脈をつくったおもな褶曲はジュラ紀と白亜紀の間にできたものである」。それ以前には、ほとんどすべてが海によっておおわれていた。そして「ニュージーランド地域を最初に陸へ変化させた」のは上に述べた褶曲の過程であった。上部白亜紀及び第三紀の地層はほとんど褶曲していないへりの地域である。実際、南島での白亜紀の堆積物は東海岸にあるだけで西海岸にはない。第三紀の間に「西海岸の分裂」がおこった。「なぜならそこで

第25図　ニューギニアのまわりの海深図

もまた第三紀の海性の堆積物が見出されるから」。最後に、第三紀の終わりに、より小さいスケールではあったが、もう一回の褶曲、断層及び衝上断層ができた。その結果現在見るような山脈ができあがったのである（ウィルケンス〔89〕）。これらのすべての事実を大陸移動説は次のように説明する。ニュージーランドはかつてオーストラリア・ブロックの東の端にあった。そのためにニュージーランドのおもな褶曲の過程がオーストラリアのコルジレラのそれと関係しているのである。しかし、ニュージーランドが島弧として引き離された時に、褶曲の過程がとまった。第三紀の終わりにおこった擾乱は、オーストラリア・ブロックが通りすぎてニュージーランドから離れ去ったという事実に関係しているかもしれない。

上に述べたオーストラリアの運動の多くのこまかい点は、ニューギニア地域のまわりの海深図に特によく表われている。第24図に模型的に示したように、その前面がかなとこのように厚くなった巨大なオーストラリア・ブロックが南東からやってきた。そのかなとこは、褶曲して若くて高い山脈となったニューギニアと陸棚の部分をあらわす。この部分がスンダ群島の南とビスマーク諸島の間におし入った。第25図に示した海深図[*]の中の、もっとも南にある二つのスンダ・グループを考えてみよう。ジャワーウェタルはほぼ東西に走り、その端でスパイラルを描いてバンダ群島をめぐりシボガ・バンクを経て、北東、北、北西、西及び最後には南西のコースをとっている。ジャワーウェタルの南にあるティモール群島はねじれて変化に富んだコースをたどっている。それはオーストラリアの陸棚との衝突の証拠である。H・A・ブラウワー〔90〕はこの背後にあるこまかい地質学的推理について述べている。ジャワーウェタルと同様に、この鎖もまたスパイラルを描いて激しくねじれ、ブルへのびている。一つの興味深いこまかい点に関して、ブラウワーは特に一つの論文〔112〕を書いている。内側の島々には火山が点在している。それらの火山は現在もなお活動している。パンタルとダマルの二つの島の間の部分にだけ、かつて活動し今は活動していない火山がある。しかし、この場所こそまさにティモールの北の端にある外部の鎖がオーストラリアの陸棚によっておしつけられ、そのために屈曲の過程がとめられた場所である。その他の場所ではどこでも屈曲の過程が継続した。これらの事実はオーストラリア・ブロックとの衝突という考えによく適合し、また島弧の屈曲から生じた圧力が火山の成因であるという問題とも関係して、たいへん教訓的である。

＊このことは、等高線と等深線を示した、スンダ群島に関する第一級の地図である次の本にもっともはっきり

とあらわれている。Ｇ・Ａ・Ｆ・モーレングラーフ、Modern deep-sea research in the East Indian Archipelago, The Geographical Journal, Feb. 1921, pp.95-121.

ニューギニアの東側でこのような衝突がおこったことに対する興味深い補足がある。ニューギニアは南東から運動してきて、ビスマーク諸島をかすめて通った。その際にニューブリテン島（ニューポメルン）の南東端がくわえこまれて運動した。その結果この長い島が九〇度以上回転しまた曲げられて半円になった。その背後に深い溝が残り、過程の威力を物語っている。その部分をうめるシマはまだ上昇していないようである。

多くの人にとっては、海深図からこのような結論を引き出すことが軽率にみえるかもしれない。しかし、この種のデータは常にブロックの運動に対する信頼できる導きになる。最近の運動に関しては、特に役に立つ。

われわれの考えの有効さを支持する多くの個々の現象がスンダ群島に存在する。たとえば、ワナー〔96〕はブルが水平方向に一〇キロメートル移動したと考えて、ブルとスラウェシの間の深い海を説明した。この深い海はその地域の構造からは期待できないものである。一方、ワナーの考えはわれわれの考えとよく一致する。Ｇ・Ａ・Ｆ・モーレングラーフ〔97〕はサンゴ礁が五メートル以上も隆起した地域を示すスンダ群島の地図をつくった。驚くべきことに、大陸移動説によれば、まさにこの地域で圧縮によってシアルが厚くなっているはずである。それはオーストラリア・ブロック（スマトラ及びジャワの南西岸を除く）のすぐ北にある地域（セレベスを含む）及びニューギニアの北及び北西岸である。ガゲル〔98〕によれば、ニューギニアのケーニッヒ・ヴィルヘルム岬には、一〇〇〇、一二五〇おそらくは一七〇〇メートルも隆起した最近の段丘がある。サパ〔99〕によれば、ニューブリテンにもそれがある。これらの著しい事実は、他のことはさておき、ここでまた最近に強力な力が働いたことを示す。そしてこれは、地域的な衝突がおこったというわれわれの考えとよく一致する。

ここスンダ群島に大陸移動説を適用することは、最初は空想的なこととされた。しかし、大陸移動説を支持して最初に立ち上がった人の中にスンダ地域で働いたオランダの地質学者たちがいることは注目に値する。その最初の人はモーレングラーフであり、彼は一九一六年〔91〕以来大陸移動説を支持している。

その後バン・ブーレン〔92〕、ウィング・イーストン〔93〕、エッシャー〔95〕及び最近ではスミット・シビンガ〔94〕が大陸移動説を支持した。特にシビンガは、大陸移動説の立場からスンダ地域の地質学的発展に関する完全な報告書を書いた。その論文の中で、彼はセレベス及びハルマヘラの奇妙な形の成因という古くからの問題を解いた。彼は次のように結論している。「小スンダ群島、セレベス及びモルッカはスンダの陸塊から切り離されたへりの鎖をあらわす。最初はそれはふつうの二重の鎖形をしていた。しかしオーストラリア大陸との衝突によって、その後現在の形をとった」。ここでは彼の論文の結論の部分だけをあげておこう。

「最後にモルッカ群島に関するいくつかの地質学的事実及び特異性をあげておこう。それらはこれまでのどの理論よりも、テイラー及びウェゲナーによって提案された大陸移動説によってよりよく説明される」。

「一、大陸移動説では、現在の地形、造山運動の過程及び以前の陸橋の消失の説明のための沈降を必要としない。すなわち、大陸移動説は地殻均衡論とよく一致する」。

「二、大陸移動説は、モルッカ鎖（もともとは二重の）及びオーストラリア大陸との衝突によって、論理的にまた曖昧さをともなわないで現在の地形を説明する」。

「三、大陸移動説はセレベスの北部の奇妙なS字形をよく説明する。この形は地背斜としては異常で奇妙な形である。これもまたオーストラリア大陸からの圧力の結果として生じたものである。すなわち、オーストラリア大陸がティモール－セラムの鎖をセレベスのあたりまで移動させ、その結果ブルとスラ・グループの間で鎖を断ち切った」。

「四、大陸移動説はバンダ海盆をとりまく列島の著しい形を、圧縮によって生じた鎖として無理なく説明する。すでに論じたように、この問題に収縮説を適用すると受け入れ難い結論が得られる」。

「五、大陸移動説はバンダ海盆より外部にあるティモール－セラムの鎖の中の横断断層の発散をよく説明する。大陸移動説によれば、これはこの鎖の部分がオーストラリア大陸の応力にとらえられた結果として生じたものである。収縮説を用いてこれを説明することは困難である」。

「六、大陸移動説は外部の鎖の異常な第三紀の走向を説明する。それは圧縮前にこの鎖の部分がもともとの形をしていた時に生じたものである」。

「七、大陸移動説では造山力がオーストラリア大陸からきたと考える。したがって、オーストラリア大陸と直接接したのは外部の鎖であり、したがってこの部分が、内側の鎖であるセレベス及びハルマヘラ・グループよりもより強く褶曲及び過褶曲している。内部の鎖はオーストラリアとは直接接触しなかった。したがって造山力は外部の鎖を通ってセレベスへ伝えられただけであり、その途中で強さが弱まった。ハルマヘラ・グループはオーストラリアと外部鎖との間の接触とほとんど同じような密接な接触をした。もし、反対に、バンダ海盆からやってくる接線方向の圧力を考える場合には、もっとも強い造山運動が内部の鎖及び東セレベスでおこったはずである」。

「八、山脈の形成を説明する場合に、大陸移動説では非均質の地質学的及び動物学的要素をもった原始大陸という考えを必要としない」。

「九、トゥカン・ベシ及びバンガイ諸島の間で外側の鎖が破壊し、その結果として応力の解放がおこったために、下部鮮新世の間に造山運動が一時とまった、と大陸移動説は考える。さらにまた、上部鮮新世の間にセレベスとの接触が始まった時に、より弱い造山運動が再び始まったと考える」。

「一〇、大陸移動説は、ボネ-ポソくぼみの西及び東にあるセレベスの間の驚くべき地質学的相違を説明する。中央セレベスで活発な火山活動がとまり、島の北の部分で再びそれが始まっているという事実は、パンタル及びダマル（ブラウワー）の間の活発な火山活動の中止と同じようにして説明される。すなわち、それは外側の鎖（東セレベス）から内側（西セレベス）への侵入によって説明される」。

「一一、東インド諸島の東部における地層学的特徴がよりはっきりしたものになる。古生代以来新第三紀まで、間欠的な海進がスンダ地域のより内部まで侵入してくる。それと同時にへりの島弧の形成と分離がおこった。中生代のスンダ陸塊の前面にできた地向斜から外部の鎖ができ、第三紀のスンダ陸塊の前面にできた他の地向斜から、中新世のはじめに内側の鎖ができた。へりの鎖、すなわち主として新第三紀の地層でできた地向斜の中の褶曲は、依然としてスンダ陸塊とくっついたままである」。

「一二、大陸移動説はモルッカにおける動物群の分布のより満足すべき説明を与える。動物地理学者たちによれば、この地域では、フィリピン、モルッカ及びジャワの間及びハルマヘラ・グループと北セレベスの間に以前の陸のつながりを考える必要がある」。

こういう訳で、地球上のこの謎に富んだ地域に対しては、大陸移動説がすでに専門的な地質学者の一つの道具になっていることがわかる。

二つの海嶺がニューギニアと北東オーストラリアをニュージーランドの二つの島につないでおり、それが移動の方向を示しているようにみえる。この海嶺は以前には陸地であったものが引っ

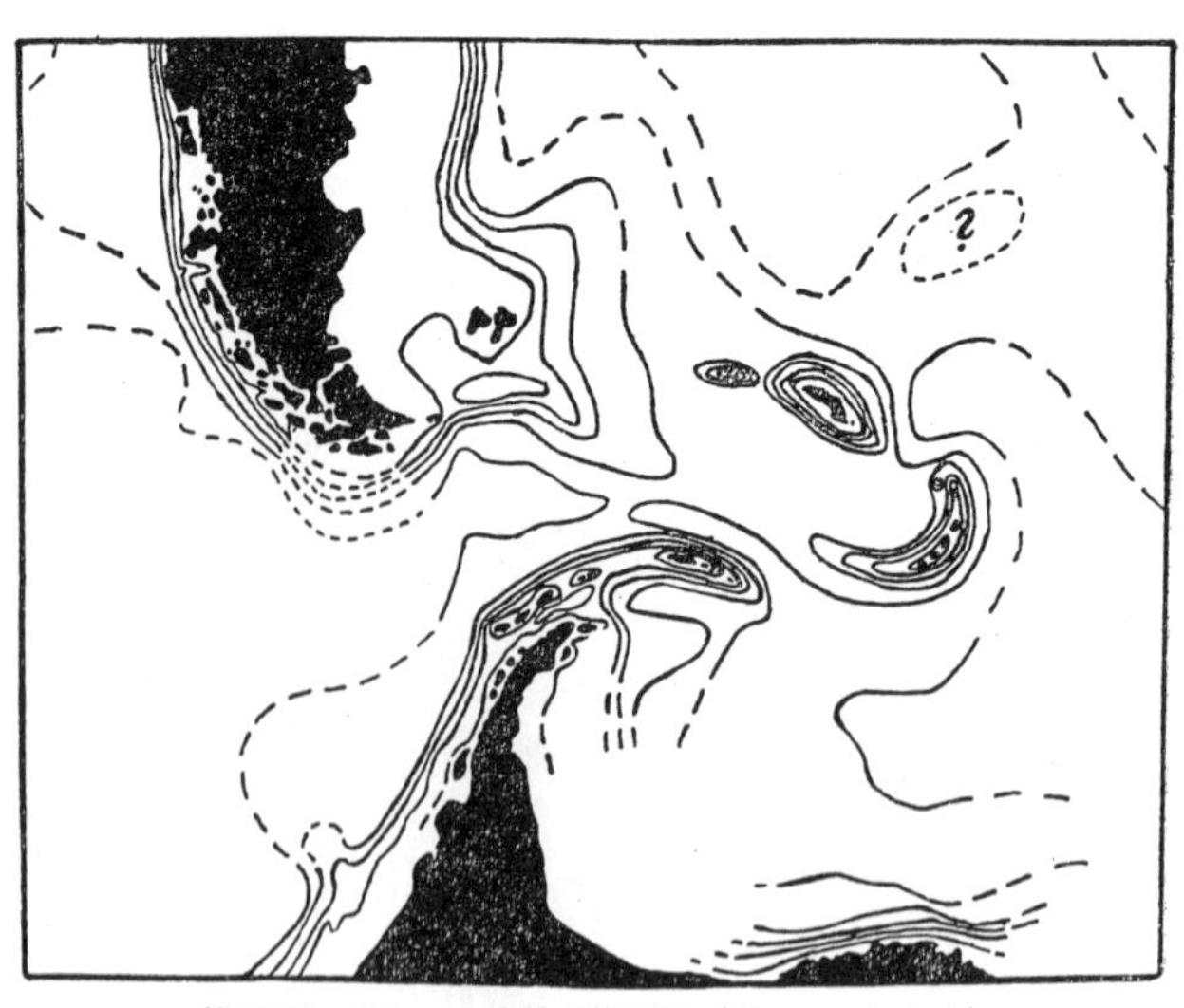

第26図　ドレーク海峡の海深図（グロールによる）

張りによって平たくなって海面下に没したものかもしれない。あるいはまた、それは部分的にはブロックの下側のとけた残骸かもしれない。

オーストラリアと南極大陸については、後者についてのわれわれの無知のために、言うことがほとんどない。第三紀堆積物の広い帯がオーストラリアの南のへり全体に沿って走っており、バス海峡を通って先へのびている。それはニュージーランドで再び見出されるけれども、オーストラリアの東岸では見出されない。第三紀の間に、うまった地溝断層あるいは海がオーストラリアを南極大陸から分離したのかもしれない。ただし、タスマニアのまわりの地域は例外である。タスマニアの構造は南極大陸のヴィクトリア・ランドに続いていると一般に考えられている。一方、ウィルケンス〔89〕は次のように述べている。「ニュージーランドの褶曲山脈（いわゆるオタゴくら）は南島の東岸で突然切りとられているようにみえる。この突然のおわりはやや不自然であり、疑いもなく割れ目によるものである。山脈の延長はただ一つの方向、すなわちグレイアム・ランドのコルジレラあるいは南極アンデスに求められるべきである」。

南アフリカのケイプ岬の東端もまた同じような割れ目を示していることは注目に値する。不確かではあるが、南極のこの部分に関するわれわれの再構成によれば、山脈の延長はガウスベルグとコーツ・ランドの間にある。しかし、そこでの海岸のようすはまだ知られていない。

地質学的に言えば、上に述べた西南極とティエラ・デル・フエゴのつながりは、大陸移動説を立証するためのモデルとして役立つ（第26図）。この二つの地域に関係した古生物学的データによれば、鮮新世の頃まで、ティエラ・デル・フエゴとグレイアム・ランドの間に限られた生物群の行き来があった。二つの岬が南サンドウィッチ・グループの島弧の近くにあったと考えて初めて、このことが説明できる。それ以来それらはそこから西へ向けて移動した。しかしそれらの間の狭いつながりはシマの中に残ったままである。海深図*を見れば、エシェロン（雁行）形の鎖が移動するブロックからどのようにして分裂し、さらにその後に残されたかがわかる。この過程によって、割れ目の地域のちょうどまん中にある南サンドウィッチ・グループがもっとも強くまげられた。その運動によってシマが噴出した。島は玄武岩質であり、そのうちの一つ（ザワドウスキー島）は現在でもなお活発な火山である。さらに、F・キューン〔100〕によれば、第三紀の終わりの褶曲は「南シェトランド弧」の鎖の上では見えなくなっている。一方南ジョージア、南オークニーその他のより古い褶曲はよく知られている。これらの奇妙な事実は大陸移動説によって説明される。なぜなら、南アメリカとグレイアム・ランドの褶曲がブロックの西へ向けての移動によってできたとすれば、南シェトランドに関する限り、それがシマの中で行き止まりになった時に、褶曲の過程もまた終わったはずであるから。

＊H・ハイデはドレーク海峡のみごとな海深図を書いている。そしてそれがF・キューン〔100〕によって引用されている。しかし、それとわれわれの図との間の違いは重要でない。

これと関係して、南方の大陸のどこでも見られる二畳−石炭紀の氷河に関係した現象もまた大陸移動説を支持する。なぜなら、北方の大陸における古赤色砂岩のように、それらは一つのつながった地域の断片をあらわすから。それらの大陸間の距離が現在ではたいへん大きいことを考えると、この現象を説明するには、沈降した大陸の考えよりも大陸移動説を使う方がよい。しかし、氷河については次の章で詳しく述べるはずであるから、ここでは気候学者にとって興味のあるただ一つの点だけを論じておこう。

この章の結果をふりかえると、現在ではこまかい点にいたるまで、大陸移動説が地質学的によく基礎づけられていることがわかる。もちろん、現在の地質学者の中には大陸移動説に対する多くの反対論者がおり、またいろいろな点から大陸移動説に対する反論がもち出されている。反対論者の中には、たとえばゼルゲル〔35〕、ディーナー〔108〕、ジャオルスキー〔109〕、W・ペンク〔111〕、A・ペンク〔110〕、アンペラー〔68〕、ワシントン〔113〕、ネルケ〔114〕らがいる。しかし、単なる誤解（たとえばディーナー）でない限り、これらの反対論の大部分はわき道へそれた議論であり、その解決は大陸移動説の基本的な考え方にはそれほどの影響をもたないものである。アルガン〔20〕の証言を引用することを許していただきたい。彼は次のように述べている。「一九一五年以来、特に一九一八年以来、手に入る限りの構造地質図を調べ、また移動に関する反対論のすべてを調べながら、大陸移動説の信頼性を調べるために、私は長い時間を費やした。したがって、私の結論のあるものをさらに詳しく説明するだけの時間が現在の私にはないとしても、それはそれらの結論が早まった、基礎づけのない無理な解釈であることを意味するものではない」。

大陸移動説に対する反対論に対しては、アルガンは次のように述べている。「ある理論の健全さは、それまでに知られていた全体の事実をそれがいかによく説明するかにかかっている。この点については、大きい大陸の塊の移動説は完全に健康な状態にある。はじめの間は、それは未知のものを目標としていた。発展するにつれて、それは論理的な方面では何ものをも犠牲としないで多くの力と源を得た。その展望は開け、大陸移動説はこれまでに認められてきたいろいろな考え方とよりよく調和するようになった。ウェゲナーの著作にはこの純化と洗練化のようすがよくあらわれている。地球物理学、地質学、生物地理学及び古気候学がかさなり合った部分では、大陸移動説は確固たる基礎を得た。それはどこでも否定されなかった。大陸移動説に反対する多くの研究がおこなわれた。大陸移動説は柔軟性に富み、弁護のための広い可能性をもっており、したがって難攻不落なようにみえる。ある人たちは大陸移動説に対する決定的な反論を手にしたようにみえた。あと一突きすれば全理論が崩れさるだろう。しかし、何ものも崩れさらなかった。いくつかの見落しが見つかっただけである。それは神のように柔軟性に富んだ世界観である」。「大陸移動説に対するいくつかの反対論があるのは事実である。しかしそれらのほとんどすべては私が上で述べた種類に属するものである。出版されまた考慮された反対論の中では、いくつかのものだけが健全である。しかしそれらは補助的な問題に関係しており、決定的な反対論とは言えない」。

第六章　古生物及び生物学的議論

　有史以前に地球がどういう状態であったかを明らかにするという点で、古生物学、動物及び植物地理学は著しい貢献をしてきた。彼自身の考え方をチェックするために、科学のこの分野での結果をたえず考慮しないと、地球物理学者たちはまちがった道へ踏みこむおそれがある。

　一方、生物学者たちが大陸移動説の問題を考える場合には、彼自身の判断をつくる上で、地質学及び地球物理学によって得られた事実をたえず利用しなければならない。これを怠ると、得るところのないまちがいを絶えず犯すだけになる。この点を強調しておくのはむだなことではない。なぜなら、私の見る限り、現在の生物学者の多くが、沈んだ陸橋と大陸の移動のどちらでもよいと考えているからである。実はこれはまったく相いれない考え方である。これまで親しみのなかった考え方を盲目的に受けいれないためには、生物学者たちは次のことを知る必要がある。すなわち、地殻はその下の地球部分よりも密度がより小さい。したがって、海底が沈んだ大陸であり、大陸と同じ厚さのより軽い地殻物質をもっているとすれば、海上での重力測定によって、四ないし五キロメートルの厚さの岩石層に対応した重力の不足が見つかるはずである。しかし、実際にはこのような重力の不足は発見されておらず、海洋地域での重力はふつうの大きさである。したがって、沈んだ大陸という考えは大陸棚地域及び沿岸地域に限られるべきものであって、広い海底には適用できないことを、生物学者たちは知るべきである。関係した科学と絶えず接触を保つことによって初めて、全地球上での昔及び現在の生物分布の研究が、真理を発見する仕事に対して豊富な実際上のデータを与えうるのである。

最初にこのような基本的な点に触れたのは、これまでにあらわれた大陸移動説に関する生物学的な文献では、これらの点が不十分にしか考慮されていなかったようにみえるからである。論文の著者が大陸移動説に賛成している場合でさえそうであった。フォン・ウビッシュ〔117 227〕、エッカルト〔119〕、コロシ〔118〕、ド・ボーフォールト〔123〕その他の著者は、生物学者としての立場から大陸移動説に対する総合報告を書いている。彼らは一般的には移動説に賛成している。しかしほとんどすべての場合に、上に述べた点を十分に考慮しないでいる。したがってエークランド〔116〕あるいはフォン・イエリング〔122〕のような例があらわれても驚くにはあたらない。大陸移動説を論じたものの中で、前者は、大陸移動説と同様に沈降した大陸を考えても北大西洋が説明できると述べている。また後者は、南大西洋について同じ結論を述べている。二人とも沈降した大陸の考えの方がむしろよいのではないかとさえ述べている。実際には、問題の提出がまったくまちがっている。海盆に関係した問題では、大陸移動説と沈降した大陸の考えのどちらがよいかは問題にならない。なぜなら、沈降した大陸の考えは舞台に登場しないからである。問題はむしろ大陸移動説と海底不変説のいずれをとるかということである。

このような理由によって、現在の海底を横切ってかつて妨げられない陸のつながりがあったことを意味するすべての生物学的事実が、大陸移動説にとって有利なものであるといってよいだろう。そのような事実の数は無数である。素人のためにすべての適当な事実を列挙することは不可能である。この本の中でもそれはできない。しかしそれをすることは不必要だろう。なぜならこの問題に関係した多くの特別な文献があるからである。ここではそのうちのアールト〔11〕によるものだけをあげておこう。一般的にはこれらの結果はすでに確立されており、また広く受けいれられている。

南アメリカとアフリカの以前のつながりの場合には問題は特に明らかである。他の事実とともにストロマーが述べたように、グロソプテリス群及びメソザウルスのような爬虫類の科の分布その他を考えると、南方の大陸をつらねる乾いた広い陸地があったという考えをもたないわけにはいかない〔115〕。ジャオルスキー〔109〕は欠けるところなくすべての反対点を吟味し次のように結論している。「西アフリカ及び南アメリカに関するすべての地質学的事実は、現在及び過去の動物及び植物分布から得られた考えと完全に一致している。すなわち、現在南大西洋がある場所に、かつてアフリカと南アメリカをつなぐ陸地があった」。

植物地理学にもとづいてエングラー〔126〕は次のように結論している。「すべての事情を考慮すると、アメリカとアフリカに共通な、上にあげた植物分布は、北ブラジル（アマゾンの出口の南東）及び西アフリカのビアフラ湾の間及びナタールとマダガスカルの間に、かつて大きな島あるいは大陸のつながりがあったと考えることによって、もっともよく説明されるだろう。後のつながりをインドへ向けて北東に延長したものが中国－オーストラリア大陸から分離したことについては、前からそのような主張がなされている。ケイプ地方とオーストラリアの植物群の間に見出される多くの関係から考えて、南極大陸を経てアフリカとオーストラリアをつなぐこともまた必要である」。最後のつながりは北ブラジルとギニアの海岸をつなぐものであった。「さらに、西アフリカと南及び中央アメリカの熱帯地方とには、共通な海牛がいる。それは川及び浅くて暖かい海に住んでいるけれども大西洋を横切ることはできない。このことは、西アフリカと南アメリカの間の南大西洋の北の岸に沿って、最近まで浅水のつながりがあったことを意味する」（ストロマー）。

しかし、このような以前の陸地のつながりについての多くの証拠を見出したのはフォン・イエリング〔122〕である。それらは彼の著書である「大西洋の相貌」におさめられている。ここではその中のこまかい点には触れない。しかしこの本全体がこのようなつながりに関する議論と言ってよい。ただし、その中には、たとえばそのつながりが現在の大陸の間の中間の大陸であった「アーチ・ヘレニス」によるものであり、その位置はその後変化していないというような受けいれ難い議論もおさめられている。* 第1図（一二三ページ）に示したように、このつながりは白亜紀の中頃の少し前に断ち切られたようにみえる。**

＊私の見る限りでは、フォン・イエリングの本には、あれほど強く彼が大陸移動説に反対する積極的な理由が

何も示されていない。彼の反対論を理解するために、私はできるだけ好意をもって、彼の書いた第二〇章を数回読んでみた。その章の表題は「フォン・イエリング及びテイラー－ウェゲナーによる二つの世界観」というものである。ここで私が見出したものは、大陸と大陸ブロック及び浅海と深海とを、彼がたえず混乱して使っているということだけであった。したがって、彼の反対論は観察事実にもとづいているというよりもむしろ、大陸移動説に関する彼の不十分な知識にもとづいたものである。ケッペン〔127〕もまた強調しているように、観測事実は大陸移動説によく適合する。フォン・イエリングの批判に対する私の解答〔128〕を参照せよ。

＊＊この事件及び他の連絡が断たれた時については、研究者の間で意見がくい違っている。この本の第二版が出版された時には、その頃私の手に入る文献から考えて、南アメリカとアフリカとの間の連絡は第三紀のごくはじめまで続いていた、と私は考えていた。その後で、多くの研究者の意見にしたがって、白亜紀の間に連絡が断たれたという意見に私は傾いた。この本の第三版で、この点に関するそれほど目立たない訂正がなされていたのを見落した何人かの大陸移動説の反対者たちは、現在でもなおこの不正確さをとりあげ、それが大陸移動説をだめにするという奇妙な考えにとりつかれている。実際には、年代の問題は、大陸移動説の有効性あるいは無効性に関してほとんど何らの関係をももたない。年代決定は特殊な専門科学の分野に属するものであり、これによって大陸移動がいつ始まったかがわかれば、それは大陸移動説に対する貢献というべきものである。年代については、将来もなお小さい訂正がなされるであろう。大きい訂正がなされる心配はない。いずれにしても、この訂正によって大陸移動説を改定する必要はない。

第1図に示したように、ヨーロッパと北アメリカの以前のつながりはそれほど簡単ではない。明らかに、海進によってくり返しそのようなつながりがなくなりあるいは妨げられた。次の表はアールト〔11〕によるものであり、たいへん教訓的である。この表は両側で見出されるまったく同じ爬虫類と哺乳類のパーセントを表わしている。

石炭紀（爬虫類六四パーセント、哺乳類――）、二畳紀（二二、――）、三畳紀（三二、――）、ジュラ紀（四八、――）、下部白亜紀（一七、――）、上部白亜紀（二四、――）、始新世（三二、三五）、漸新世（二九、三一）、中新世（二七、二四）、鮮新世（?、一九）、第四紀（?、三〇）

これらの数字の傾向は、第1図に示した投票結果とよく一致する。第1図によれば、大部分の専門家たちは、陸地の間のつながりが石炭紀、三畳紀及び下部ジュラ紀には存在したけれども、上部ジュラ紀には存在せず、上部白亜紀から下部第三紀までは再び存在した、と考えている。石炭紀における共存は特に驚くべきことである。この時代における動物群が特によく知られているというのも一部の理由になるだろう。ヨーロッパと北アメリカにおける石炭紀の動植物群に関係した多くの完全な研究が存在する。ドーソン、ベルトラン、オルコット、アミ、サルター、フォン・クレベルスベルグたちの研究がそれである。最後に述べた著者〔129〕は、石炭層に含まれる海性層の中の植物群に言及している。その植物群の継続時間は短く、またその石炭層はドネツから上部シレジア、ルール、ベルギー及びイギリスを経て北アメリカの西部まで伸びている。この

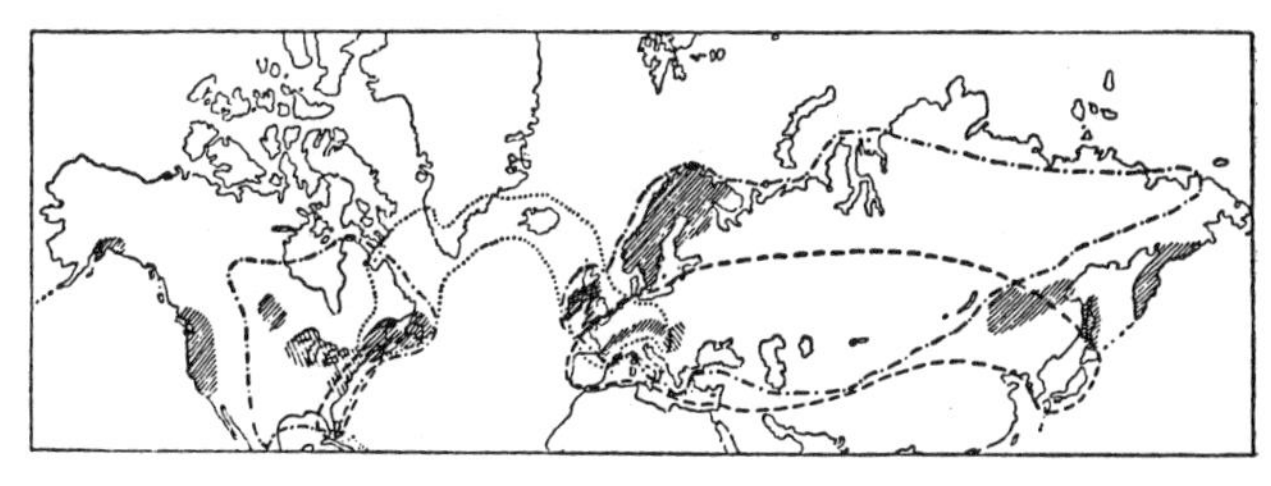

第27図　北大西洋生物の分布（アールトによる）

場合の同一性は全地球上に分布していた要素に限られない。ここではこまかい点については述べない。鮮新世及び第四紀における爬虫類に同じ品種のものがないのは寒さのためであろう。寒さのためにより古い爬虫類が絶滅したのである。それが地球の歴史に登場して以来、哺乳類は爬虫類と同じ傾向をたどった。始新世にはその対応が特に密接であった。鮮新世になってから対応する数が減ったのは、その時すでにアメリカにあらわれつつあった内陸の氷のためであろう。第27図にアールトによるスケッチ風の地図が示してある。この地図は、北大西洋における橋の問題に対して特に重要と思われる生物の分布を示したものである。図に示したように、最近のミミズの科であるLumbricidaeは日本からスペインへかけて分布している。しかし大西洋をこえては、東部アメリカに分布しているだけである。真珠色のイガイは大陸の割れ目地帯、アイルランド及びニューファンドランド及び大陸の両側のへりの地域に分布しているだけである。スズキ科(Percide)その他の淡水産の魚はヨーロッパとアジアには分

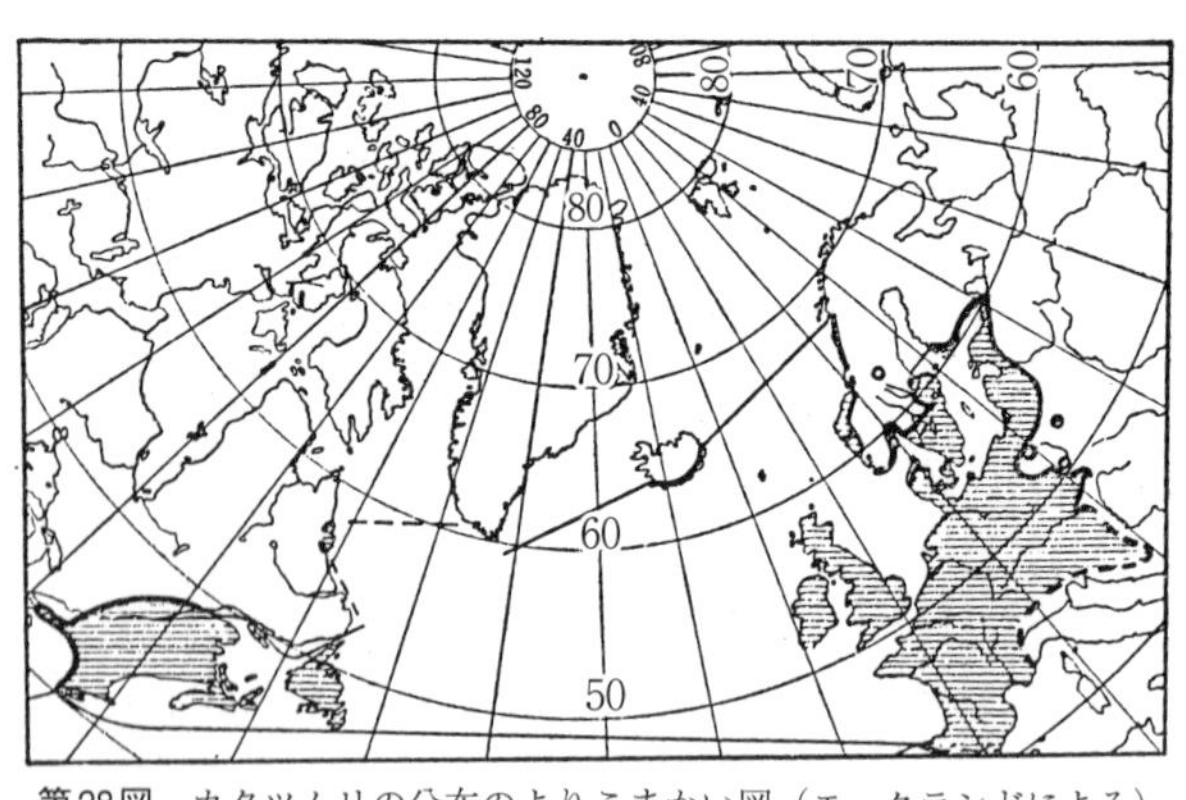

第28図　カタツムリの分布のよりこまかい図（エークランドによる）

布しているけれども、北アメリカではその東に分布しているだけである。ふつうのヒース属（*Calluna vulgaris*）は、ヨーロッパ以外では、ニューファンドランドとへりの地域に分布しているだけである。これとは逆に多くのアメリカ産の植物が、ヨーロッパでは西アイルランドにだけ分布している。後者についてはメキシコ湾流が説明の理由になるだろう。しかし、前者についてはこれが理由にならない。もう一つの著しい例はカタツムリ（ガーデン・スネール）で、それは南ドイツからイギリス、アイスランド、グリーンランドを経てアメリカにまで分布している。しかし、アメリカではラブラドル、ニューファンドランド及びアメリカ合衆国東部に分布しているだけである。その分布図を最近エークランド〔116〕がつくった。それを第28図に示してある。次のことは特に注目に値すると私は考える。地球物理学的根拠にもとづいて、沈んだ大陸という考えが成り立ち難いことが示される。しかし、仮にこのことを無視しても、依然として沈んだ大陸の考えは大陸移動説よりも劣っている。なぜなら、二つの狭い地域にわたる分布を説明するために、大陸沈降説では長い仮想的な橋をかけなければならないからである。このような例がふえるにつれて、分布の東及び西のへりが今日の大陸上にあったと考えるよりもむしろ、現在の海の部分を占める幅広い大陸の橋の上にあったと考える方がよりもっともらしくなる。

フォン・ウビッシュ〔117〕は正当にも次のように述べている。「古い考え方では一般的に、仮想的な橋がかなりの地域に広がっている。ある橋は異なった気候帯を横切ってのびている。したがって、これらの橋はそれがつらねる大陸上に分布する動物のすべてによっては使われなかったかもしれない。それはちょうど、均質な気候帯にまたがっている場合にすら、現在つながっている大陸の間で動物群の完全に均質な分布が見られないのと同じである。そのもっともよい例がユーラシアであり、東アジアは特別な地域としてその均質な動物群から分離している」。「ウェゲナーの大陸移動説では、事態はまったく違ってくる。大陸移動説によれば、割れ目が偶然にすでに存在する動物群の間の境界線を横切らない限り、割れ目は完全に均質な動物群の分離をもたらす」。

「北アメリカとヨーロッパの均質な動物群が分離した結果は特に明らかである。割れ目ができたのが比較的最近のことであり、したがって古生物学的な記録の数が多いからである。さらに、この地域は特にこまかく調べられ、分離の期間が比較的短かったこともあって、生きながらえた生物がそれほど放散的な進化の道をたどらなかったからである」。

「実際、この二つの地域の間に見出されるより以上の対応を望んでも無理なくらいである。始新世では、北アメリカの哺乳類のほとんどすべての亜目がヨーロッパで見つかっている。他のすべての綱についても同じことが言える」。「両側の動物群の間の密接な関係は、北大西洋をこえる橋によっても説明される。しかし、上でも述べたように、ウェゲナーの説明の方がより優れている」。「したがって、データをまとめる場合には、こまかい点はさておいて、動物地理学の諸事実がウェゲナーの考え方と完全に一致すると言ってもよいだろう。多くの場合に、大陸移動説はこれまでのどの理論よりも問題のより単純な解決を与える」*。

*同じデータにもとづいて、エークランドは、沈んだ大陸説の方がよりよいとしている。彼は沈んだ陸橋説が地球物理学的にはありえないものであることを無視し、また実際以上の同一性を期待させるとして、大陸移動説に反対している。明らかに彼は少し言いすぎている。まず第一に、大陸移動説は以前にまったく同一の動植物群があったと主張するものではない。また第二に、化石のデータの不足のために、同一物の数は、その絶対数においてもまたパーセントにおいても著しく小さくなっている。

ホヤに関する研究〔130〕の中で、フースは次のような理由で大陸移動説は特に優れた点をもっていると述べている。すなわち、大陸移動説は大陸の間のつながりの可能性を与えるだけでなく、環境の類似性をも説明する。「ウェゲナーの大陸移動説は大西洋をこえた類似の単純な解釈を与える。大陸移動説を用いて、沿海地だけでなく、第三紀の頃には現在よりもさらに狭かった二つの大陸の間の割れ目を想像することができる。このようにして、海をこえて広がっている品種の説明ができるだけでなく、大西洋の中部及び南部をこえた類似性を理解することができる。大陸移動説はまた西インドとインド洋のホヤの群の間の密接な関係の自然な説明を与える」。

フォン・ウビッシュ〔134〕、ホフマン〔133〕及び最近ではオステルワルト〔120〕が、北大西洋地域について興味深い一つのことを明らかにした。J・シュミットによって発見されたように、アメリカ及びヨーロッパの淡水産のウナギの共通の産卵地はサルガッソ海にある。産卵地からより遠い距離にあることに対応して、ヨーロッパのウナギはアメリカのウナギよりも長い発展の時期を経過してきた。オステルワルトが正しくも指摘したように、この事実はこの海盆及びアメリカがヨーロッパからゆっくりと移動したと考えることによってただちに説明される。* 私の記憶が正しければ、すでに一九二二年に、J・シュミット自身が私に口頭でこの説明をしてくれた。

＊一方、フォン・ウビッシュ及びホフマンは、これらの事実は大陸移動説に反しており、沈んだ大陸説に有利なものであると考えている。しかし、これは誤解によるものである。「ちょっと考えると、産卵場の移動は受け身的におこったものと考えられる。すなわち、白亜紀から始新世へかけてウナギが産卵した海底の部分が洗面器のようにアメリカ大陸とともに西の方へ移動したと考えられる」。「しかし、ウェゲナーの大陸移動説によれば、これは不可能である。なぜなら彼は、大陸が移動するとともに、新しいシマの表面がたえずあらわれると考えているからである」。サルガッソ海の海底は新しくあらわ

れたシマからはできていない。それはおそらく始新世に対する私の図（第4図）に見られるフロリダとスペインの間の海底に似たものだっただろう。実際にはもっと小さかったかもしれない。再構成図をつくる場合に、スペインと北アフリカにくっつけるべきアゾレスのシアルを十分に考慮しなかったからである。しかし、それはその頃すでにフロリダの東に存在していた。その海盆の結晶質のカバーは、アメリカにくっついたままで、アメリカとともに西へ向けて移動した。ここで引用した論文よりもより多くの動物地理学的文献を考慮した最近の総合報告〔227〕の中で、フォン・ウビッシュは与えられた解が一つの可能な解であることを認めた。しかし彼はそれに新しい装いをこらした。すなわち、アメリカが西へ移動するかわりに、ヨーロッパが東へ移動したと考えた。運動は相対的なものであるから、これはまったく同じことである。もしアメリカがヨーロッパに相対的に西へ向けて移動したとすれば、ヨーロッパはアメリカに相対的に東へ向けて移動したことになるからである。この機会にもう一度、南アメリカがアフリカから分離したのが白亜紀の中頃であったことを強調しておこう。なぜなら、この新しい総合報告の一六二、一六三及び一七二ページで、彼はより新しい時代（始新世及び中新世）の動物群の相違が大陸移動説に対する反対の証拠となると述べているからである。一五三ページ注2を参照せよ。

第1図から明らかなように、北アメリカとヨーロッパの間の割れ目がニューファンドランドとアイルランドの間の部分まで拡がってきたのがいつであるかについては、意見がかなり分かれている。しかし、いずれにしても第三紀の終わり頃までには割れ目はでき終わっただろう。不確か

さの原因の一部は、さらに北のアイスランドとグリーンランドの間の橋は第四紀まで存在したという事実に関係するかもしれない。最後に述べた事実はシャルフ〔131〕が明らかにしたものである。

このことと関係して、ウォーミング及びナットホルストによるグリーンランドの植物群の研究は教訓的である。彼らによれば、第四紀の間にスカンジナビアと北スコットランドの前面に拡がっていた陸地の上にあったその東海岸では、ヨーロッパ的要素が卓越している。これに対して北東を含むグリーンランドの残りの海岸線では、アメリカの影響が卓越している。

興味深いことには、センパー〔125〕によれば、グリンネル・ランドの第三紀の植物群は、グリーンランド（三〇パーセント）のそれよりもスピッツベルゲン（六三パーセント）のそれにより類似している。もちろん、現在では事情は逆転している（おのおの六四及び九六パーセント）。始新世に対するわれわれの再構成はこの謎に対する解答を与える。その頃はグリンネル・ランドとスピッツベルゲンの間の割れ目の方がグリンネル・ランドとグリーンランドの間のそれよりもより狭かったのである。

ノヴァヤゼムリャーの甲殻類に関する研究の中で、W・A・ジャシノフ〔225〕は、現存の淡水ザリガニの分布は大陸移動説によってもっともうまく説明されると述べている。「少なくとも北半球では、より下等な水産生物の分布に関係した多くの問題が大陸移動説を用いて解決されると言っても言いすぎではない。その一例として *Limnocalanus macrurus* の現在の分散した分布を

第29図　*Limnocalanus macrurus*の分布（ジャシノフによる）

あげることができる。風あるいは鳥のような受け身の輸送法のすべては、休息の段階がないという理由によって問題にならない。ウェゲナーにしたがってこの二つの大陸の間につながりがあったと考えることによって、この種の広い分布（第29図）が説明される」。

他の多くの著者の中で、ここではただハンドリルシュ〔136〕だけをあげておこう。完全な研究を経た後、彼は次の結論に達した。「第三紀の頃まで、あるいは第四紀の頃までも、北アメリカの北部とヨーロッパ及び前者と東アジアの北部との間に陸地のつながりが存在したにちがいない。そのようなつながりはかなり長い期間にわたって、あるいはくり返し存在したにちがいない。……しかし、南アメリカ、アフリカ及びオーストラリアの間の直接あるいは南極を通じての第三紀の頃の陸地のつながりがあったとする考えに対しては、有力な根拠がない。しかし、これはより以前にこのようなつながりが存在しなかったと主張するものではないことをつけ加えておこう」。

クバルト〔137〕は大西洋中央海嶺の島の植物群について興味深い研究をおこなった。地質学的に言えば、もちろん大西洋中央海嶺は大陸のかけらと考えられるものである。彼は土着のタイプについて統計的な研究をおこない、また動物群の研究の結果をも参照して、これらの島の孤立が南から北へ進んだことを示す定量的な証拠を見出した。「もちろん、これらの事実は、大陸移動説に対してだけではなく大きい橋となる大陸の存在に対する証拠でもある。いずれにしても、これらの島々は以前の過程の残骸であると考えられる。ここで仮に陸橋説を用いたとしても、アフリカと南アメリカをつなぐ中間の大陸の沈降は、北大西洋のそれよりも地質学的に早い時期におこったものである。しかし、永久不変説によれば、巨大なアトランティス大陸の存在は不可能である。したがって、植物群のパーセントの数列は、動物学的データともまた地質学的諸事実とも矛盾しない。そしてそれはアフリカ－ヨーロッパ－アメリカブロックの分裂が南から北へ進んだことを示す直接の証拠である」。これはまさに大陸移動説の考えと一致している。*

＊クバルトが正しくも言っているように、沈んだ陸橋のより古い考えは、全面的に否定されるべきものではない。読者もすでに気づかれたように、これとは逆に、この本の中の多くの場所で、この古い考えが使われている。ただし大きい海盆を考える場合は別である。

大西洋を横切ってこのような陸のつながりが以前に存在したという考えを支持する他の多くの著者をあげることができる。しかし、このようなつながりの存在については、現在ではあまり疑いの念がもたれていない。したがってこれ以上の著者をあげる必要がないだろう。ミミズの分布によって得られる証拠については、後でもう一度述べるはずである。

デカンとマダガスカルの間の生物学的類似は有名で、それは沈んだ「レムリア」によるものとされた。それについては第1図とアールトの総合報告を見てほしい。一般には大きい海盆の永久不変を支持しているディーナー〔226〕は、この問題について次のように述べている。

「マダガスカル島を通じてインド半島と南アフリカが陸地でつながっていたという結論は、二畳紀及び三畳紀の動物分布から得られた避け難い結論である。東インドのゴンドワナ動物群、ヨーロッパの陸上脊椎動物が……南アフリカに固有なものと……よく入り混っている。さらに、上部白亜紀の頃にチタノサウルス及びメガロサウルスがマダガスカル島に定住するようになったのもインドを通じてであった。それより前のリアシックにすでにモザンビーク海峡がつくられていたからである。白亜紀の終わりよりも前に、その端がデカンとマダガスカルにあった、狭くて長い島が完全に海中に沈んだ。中央の部分もまた沈んだ。したがって、その頃までテチス海の従属物であったニューメイルのエチオピア地中海が、幅広く妨げられることのない水を通じてインド洋とつながった」。ディーナーは四キロメートルをこえる深さへの沈降を仮定した。地殻均衡説から考えて、このような沈降は不可能である。したがって、陸橋の圧縮によってアジアの高地ができたと考えた方がよい。動物地理学から見た両者の違いは、後の場合には、分離の前にデカンがマダガスカルのすぐ近くにあったという点である。まさにここに大陸移動説の長所があらわれる。なぜなら二つの地域の現在の位置は、その緯度がひどく違っており、その間に赤道が走っているというだけの理由によって、同じような気候と同じような動植物群が見られるからである。グロソプテリス群を説明しようとする場合には、このような遠い隔たりは気候学的な謎となって残る。しかし大陸移動説はその謎を解く。しかし、古気候学的な議論のこまかい点については次の章までおあずけにしよう。

沈んだ陸橋の考えよりも大陸移動説の方がまさっていることを確かめようとして、昔のゴンドワナ大陸地域の極グロソプテリス植物群の分布を用いて、サアニ〔138〕が余分の研究をおこなった。しかし、観測事実があまりにも断片的なために、話の結着がつかなかった。南アフリカ、マダガスカル、インド及びオーストラリアをつなぐ陸のつながりが存在したことは、私の知っているすべての出版物と同様に、この論文でもずっと前に確立された研究の結果として引用されている。しかし、これらの大陸を隔てる遠い距離を考えると、観測事実を説明するのに沈んだ大陸を考えるよりも大陸移動を考えた方がよいことは、私には明らかである。沈んだ大陸の考えは地球物理学的には受けいれ難いことであり、この点は他の多くの科学者によっても強調されている。

この点に関して、オーストラリアの陸上動物群は特に興味深い。すでにウオーレス〔139〕がこの動物群を時代の異なる三つの要素に分けている。そしてその結果は、たとえばヘドレーのようなより最近の研究者によっても根本的な改定をうけていない。ふつうは南西オーストラリアで見出されるもっとも古いものは、特にインド及びセイロンの、またマダガスカル及び南アフリカの動物群とある関係を示す。ここでは、暖かさを好む動物が代表的であり、凍った地面をきらうミミズもまた代表的である。このような関係はオーストラリアがまだインドとつながっていた頃にまでさかのぼる。第1図によれば、ジュラ紀のはじめにこのような連結がすでに失われていた。

第二のオーストラリア動物群は有名である。なぜならその中に有袋類及び単孔類のような特別な哺乳類が含まれているからである。それらの動物群はスンダ群島の動物群とはするどく区別される（有名なウォーレスの哺乳類限界）。この動物群は南アメリカのそれと関係をもっている。オーストラリア、モルッカ及び南海のいろいろな島の他には、有袋類のいるおもな場所は南アメリカである。袋ネズミのある種は北アメリカにも存在する。北アメリカ及びヨーロッパでは化石となった有袋類が知られている。しかしアジアでは発見されていない。オーストラリアと南アメリカの有袋類の寄生動物すらも同じである。扁虫に属する *Geoplanidae* の約一七五の種の中の四分の三がこれら二つの地域に見出されることをE・ブレスラウ〔140〕が強調している。彼は次のように述べている。「吸虫及び条虫の地理的分布はその宿主のそれに対応している。しかし、これらの分布が研究の対象となったことはこれまでほとんどない。しかしここにもまた動物学者によって発見されるべき興味深い事実がたくさんある。そのよい例が南アメリカの袋ネズミ（*Didelphidae*）及びオーストラリアの有袋類（*Perameles*）及び単孔類（ハリモグラ）の中で見出される条虫類目の *Linstowia* 属である」。南アメリカとの関係については、ウオーレス〔139〕が次のように述べている。「ここで観察される重要なことは、二つの地域の密接な関係に関して、暑さを好む爬虫類が何らの証拠をも与えないのに対して、寒さに強い両生類や淡水産の魚が豊富な証拠を与えるということである」。残存しているすべての動物群に対して同じような特異性が見出される。このことから、ウオーレスはオーストラリアと南アメリカとの陸地のつながりが、「もし存在したとすれば、その南のへりに近い寒い部分においてであった」と考えた。同様にしてミミズもこの橋を利用できなかった。このような橋としては、もっとも近い接合点の近くにいた南極が考えられる。したがって、何人かの孤立した研究者の主張する「南太平洋」の橋の考えが一般に受けいれ難いとされるのも驚くにはあたらない。メルカトールの投影を使った場合にだけ、後者がもっとも近いつながりになるのである。したがって、この第二のオーストラリア動物群は、オーストラリアが南極を通じてまだ南アメリカにつながっていた頃までさかのぼる。すなわち（インドが分離した）下部ジュラ紀と（オーストラリアが南極から分離した）始新世の間の時期にまでさかのぼる。オーストラリアの現在の位置はもはやこれらの動物を孤立させせない。彼らはゆっくりとスンダ群島にその位置を得つつある。したがってウオーレスは哺乳類の限界をバリとロンボクの間及びマカッサル海峡を通って引かざるをえなかった。

三番目のオーストラリア動物群はもっとも最近のものであり、スンダから移住してきたものである。それはニューギニアに住みつき、またすでにオーストラリアの北東に定住した。山イヌ、齧歯類（げっしるい）、コウモリその他の哺乳類が更新世の後でオーストラリアへ移住してきた。ミミズの最新の属である *Pheretima* はスンダ群島、マレー半島の南アジア沿海部分から中国を経て日本にまで侵入し、それ以前の属の大部分を追い払っている。それはすでにニューギニアを完全に占領し、オーストラリアの北の端に確固たる拠点を築いた。これらのすべては最近の地質時代に始まった動植物群の交換の証拠となる。

上に述べたオーストラリア動物群の三分類は大陸移動説とみごとに調和する。三八ページに示した三枚の再構成図を見ればそのことは明らかであろう。これらの事実は、純粋に生物学的な問題においてすら、沈降した陸橋の考えよりも大陸移動説がすぐれていることをこの上もなくよく示している。南アメリカとオーストラリア間のもっとも近い点はティエラ・デル・フエゴとタスマニアである。その間の距離は大円に沿って八〇度にも達しており、ドイツと日本の間の距離にほぼ等しい。中央アルゼンティンの中央オーストラリアからの距離はアラスカからの距離にほぼ等しくまた南アフリカと北極間の距離にほぼ等しい。生物の交換をするためにこんなに長い陸橋が存在したとはとても考えられない。またふしぎなことに、オーストラリアと比較的近い距離にあるスンダ群島との間には生物の交換がほとんどない。それらはほとんど別世界のようにみえる。大陸移動説では、オーストラリアと南アメリカとの隔たりは、昔は現在よりもずっと小さかったと考えている。一方長い地質時代の間、オーストラリアは広い海盆によってスンダ群島から隔てられていたと考えている。すなわち、大陸移動説は沈んだ陸橋説とまったく違った仕方でオーストラリアの動物界の特徴を説明する。沈んだ陸橋が地球物理学的には不可能であることについてはくり返し述べた。実際、私の考えでは、オーストラリアの動物群は、生物学が大陸移動説に貢献しうるもっとも重要な材料を提供する。このような考え方を基礎として総合的な研究をする専門家があらわれることを私は希望したい。

ニュージーランドへ至る以前の陸橋の問題については、まだはっきりとした意見がない。一三六ページで述べたように、これらの島々の大部分はジュラ紀の褶曲過程によって最初に陸となった。その頃は、ニュージーランドの大部分はオーストラリアの大陸棚であった。それはオーストラリアの進行の前面にあり褶曲を受けていた。南側では、ニュージーランドは西南極大陸とつながりさらにパタゴニアとつながっている。フォン・イエリング〔122〕は次のように述べている。「上部白亜紀及び下部第三紀のはじめの頃には、チリからパタゴニア（及びその逆）、グレイアム・ランド及びニュージーランドを含む南極の他の部分への海性動物の移住の道は明らかであった」。マーシャル〔141〕によれば、その頃のニュージーランドの地上植物群は現在のそれの先行者ではなかった。南極の西部を通ってパタゴニアからやってきたと考えられるカシの木やブナの木がはえていた。上に述べた同じ道をたどって浅水性の動物がやってきたと考えられる。したがって、その頃には、オーストラリアとニュージーランドの間には直接の陸地のつながりがなかったと考えられる。しかし、第三紀の間には、少なくともある限られた時期には、このようなつながりが存在し、現在の植物群が移住してきたのであろう。ブレンドステッド〔142〕によれば、海綿の研究からも、有史以前にニュージーランドが浅い水を通じてオーストラリアとつながっていたことが確かめられている。

ニュージーランドのつながりについては、*Microlepidoptera* に関するメーリック〔143〕の研究が特に興味深い。上に簡単に述べた結果を完全に裏書きするアフリカと南アメリカとのつながりの問題以外に、彼は南アメリカ及びオーストラリアに存在する多くの種によって代表される一属（*Machimia*）がニュージーランドには完全に欠けていることを見出した。一方、*Crambus* 属はニュージーランドでは四〇種も存在し、また南アメリカでは多くの種が見られるのに対して、オーストラリアでは二つの種が見出されるだけである。つまり、第一の場合には、南アメリカとオーストラリアの間につながりがあり、ニュージーランドはつながりの外にあった。これに対して第二の場合には、南アメリカがニュージーランドとつながり、オーストラリアがほとんど除外されていたらしい。他のことも考え合わせると、南アメリカからの移動の道が二つあったようにみえる。一つは西南極を経てニュージーランドへ至る道であり、もう一つは東南極を経てオーストラリアへ至る道である。その頃はニュージーランドはオーストラリアにより近いところにいたけれども、それらが直接につながっていたのは短期間だったようにみえる。南極に関するわれわれのデータが乏しいために、この点についてのさらに詳しい議論をすることができない。

われわれがすでに知っていることから考えて、太平洋の海盆はたいへん古い地質時代から現在のような形で存在していたにちがいない。これと反対のことを主張している著者がいないわけではない。その一人がハウフであり、彼は太平洋の島々は巨大な沈降した大陸の残骸であると考えている。もう一人はアールトであり、彼は南アメリカとオーストラリアの類似は、緯度線にほぼ平行に走る太平洋をこえた巨大な陸橋によって説明されると考えている。しかし、地図を見れば明らかなように、アメリカからオーストラリアへ至る道の途中には南極大陸がある。フォン・イエリングもまた太平洋大陸の存在を仮定した。しかし、他の問題とともにシムロス〔144〕が明らかにしたように、また最近フォン・ウビッシュ〔149〕が強調したように、彼の推理はまったく受けいれ難いものである。ブルックハルトもまた南アメリカの西岸から西へ向けて走る南太平洋大陸を仮定した。しかし、彼は他の方法でも説明できるある一つの地質学的観測を説明するためにこのような仮定をしたにすぎない。ともかく、この仮定もまたシムロス〔144〕、アンドレ〔145〕、ディーナー、ゼルゲルその他の人によって退けられた。陸橋説をまもっている一人であるアールトすらも、彼の陸橋説がもっとも受けいれ難いものであると述べている〔146〕。少なくとも石炭紀以来太平洋が現在のままであったというわれわれの仮定は、圧倒的に多数の研究者たちの支持を受けている。

生物学的に言えば、大西洋と比較した場合の太平洋の年齢の古さははっきりとあらわれている。フォン・ウビッシュは次のように述べている。「太平洋では、たとえばオウム貝、*Trigonia* 及び耳アザラシのような多くの古い生物がいる。これらは大西洋では見つかっていない」。コロシ〔118〕が強調しているように、紅海のそれと同様に大西洋の動物群は、隣接した地域のそれとだけ類似性を示す。一方太平洋のそれははるかに離れた地域にもその類似物をもっている。後者は大昔に生物が拡がった地域を示し、前者は最近定住した地域を示す。

ある種の熱帯及び亜熱帯の海藻の不連続的な地理的分布の研究の中で、大陸移動説の正しさを確かめるためにはデータが不足していると述べながらも、スベデリウス〔155〕は次のように述べている。「それにもかかわらず、私の研究によれば、藻類のより古い属はインド太平洋に分布しており、そこから大西洋への移住がおこなわれた。ほんの一あるいは二例についてだけ、これと逆向きの移住がおこった。したがって、大西洋の藻類群はインド太平洋のそれよりも新しいものとみなされるべきである。これはウェゲナーの大陸移動説と矛盾しない。ウェゲナーは大西洋がインド太平洋よりもはるかに新しいものであると述べている」。

大陸移動説では、太平洋の島々及びその海底下の構造は大陸ブロックから分離したへりの鎖であると考えている。地殻が圧倒的に西へ向けて移動しつつある間に、それらはだんだんとり残されて東に留まった（第八章）。したがって、こまかい点はさておいて、そのもともとの場所は海洋のアジア側に求められるべきである。すなわち、それらは長い地質時代を通じて、現在よりもよりアジア大陸に近いところにいた。

生物学的現象もまたこの考えを支持する。グリーセバッハ〔147〕及びドルーデ〔148〕によれば、ハワイの島の植物群は、北アメリカよりも旧世界とより深い関係にある。現在では、それらの島々のもっとも近い隣人は北アメリカであり、そこから空気の流れや海流がやってくる。スコッツベルグは、ファン・フェルナンデス島はそれにもっとも近いチリの海岸とは何らの植物学的関係をもたず、むしろティエラ・デル・フエゴ、南極、ニュージーランドその他の太平洋の島々と深い関係にあるとのべている。しかし、島々における生物学的現象は一般にはより広い大陸部分のそれよりも解釈しにくいことを強調しておくべきであろう。

最後に、大陸移動説を考慮した最初の完全な専門書であるという点で特に重要な最近のいくつかの仕事のことを述べておこう。この方面の最初の仕事は一九二二年にあらわれたアームシャーの本〔150〕である。この中には、植物分布及び大陸の発展に関する大スケールの研究が収められている。この本はこれまでにはなかったような完全さで、現在及び白亜紀にまでさかのぼった昔の開花植物の分布を論じている。その中にはまた多数の地図が収められている。この異常に豊富なデータ*のこまかい点までを議論することはやめにしよう。この本は次のような言葉で終わっている。

＊南アメリカ及び南極大陸で見つかる一連の化石植物に、アームシャーがそれ以前の研究者たちとは違った年代を与えたことを理由として、フォン・イエリング〔122〕はアームシャーに反対している。まず第一に、アームシャーの考えは、フォン・イエリングが述べているような、それまでに述べられた考え方の任意な表現ではなく、専門家の知識にもとづいている。しかし、そのことを離れて言うと、改定された年代は、ほとんどの場合において、もともとの値とそれほど違っていない。したがって、これらは訂正というよりもむしろより正確にしたというべきものである。ともかく、ケッペン及びウェゲナー〔151〕が示したように、これらの多くの場合に、もともとの年代すらも、大陸移動説及びその助けを借りて導き出された極移動の結果と完全に一致する。

「これらの結果は、三つのグループの要因が助け合って開花植物の現在の分布をつくったというわれわれの結論を支持している。その三つの要因とは

一、植物の移動及び植物群の混合の原因としての極移動。

二、大スケールのブロックの移動、その結果として全体としての分布の変化が生じた。

三、植物の活発な拡散及び進化。」

最初に極移動があげられ次に大陸移動説があげられたのは偶然ではない。考察の対象となった期間は白亜紀までであり、現在に近づけば近づくほど大陸の分布が現在のものと似ており、植物分布に大陸移動の影響がより少なくしかあらわれないからである。したがって、第三紀及び第四紀の植物分布をつくりあげるという点では、極移動がもっとも優勢な因子である。したがって、その二次的な重要さにもかかわらず研究の結果が大陸移動説を支持することは、それだけより重要である。アームシャーは次のように述べている。「植物分布及びその前提条件を説明するという点では、永久不変説が不適当であると考えられる多くの理由がある。しかし、われわれの発見を大陸移動説と比較すると、特別な帯状構造及び植物分布が、ウェゲナーによって提案された大陸の運命と驚くばかり調和する。すなわち、前者が後者の中に直接に反映している」。

「永久不変説では絶対に説明できないオーストラリア植物群の謎は、今や初めて満足すべき解答を見出した。中生代の間に大陸の位置が変わったとするウェゲナーの仮説だけが、他の仕方では

理解できないある事実の謎を解く鍵を与える。それは極移動がこの地域にそれほど影響していないことを考慮すると、現在の地理的位置が要求するような仕方では、オーストラリアの熱帯外生物がアジアのそれと密接には関係していないという事実である。オーストラリアに対して仮定された昔の位置は、なぜ昔の植物群がほとんど乱されないで生き残り、さらにまた品種の多様さと進化がなぜおこったかという問題を解く鍵を与える。南極大陸から離れ去った後でオーストラリアが北へ向けて移動したのは、まさにこの大陸が完全に孤立した時期においてであった」。すなわち、オーストラリアの植物界はその動物界とまったく同じパターンを示す。

「研究のどの段階でも、太平洋大陸が存在したと仮定する必要はほとんど感じなかった」。

上に述べたように、アームシャーは大陸移動説を沈降陸橋説と比較せずむしろ永久不変説と比較した。沈降陸橋説は地球物理学的には受けいれ難いことを考えると、この点で彼は正しかったことになる。にもかかわらず、彼は沈降陸橋説を考慮し、やがて純粋に植物学的な証拠にもとづいてそれを否定した。

「この問題に関するベリーの基本的な研究によれば、アメリカ合衆国の南東部（テキサスからフロリダ）で発見された、上に述べた北アメリカの化石ウィルコックス植物群は、南イングランドのアルム湾植物群と密接に関係している。この植物群もまた始新世の頃のものである。ウェゲナーによって決められた始新世の頃の極の位置に従って地球のまわりに赤道の線を引くと、ヨーロッパではこの線は地中海地域にほぼ平行に走り、イギリスは赤道から一五度くらい離れたところへくる。アジアではこの線はインドシナのあたりを通る。現在の大陸の位置の永久不変説を採用すると、アメリカでは赤道はコロンビアとエクアドルをつらねる線を通り、ウィルコックス植物群地域はそれから三〇度離れたところへくる。このように考えると、似たような気候が要求されるにもかかわらず、これらの二つの植物群地域に近似的にでも同じ緯度を割り当てることが困難になる。ウィルコックス植物群が南イギリスに比べてははるかに北へくるためである。しかし、ウェゲナーの考えにしたがってアメリカをヨーロッパとアフリカのすぐかたわらへ移動させると、二つの植物群が同じ緯度にあり、同じ気候条件をもたねばならないという要求はただちに満たされる。すなわち、これもまた大陸移動説だけが例外なく矛盾を解決するという一例になる。一方陸橋説は現在分離した大陸ブロックの上に同じような植物群が存在することを説明はするけれども、同様な気候条件の説明は与えない。すなわち、永久不変説はこの問題をとり扱うのにはまったく不適当である」。

「これらの二つの植物群について上で説明したことは、赤道で見出されるいくつかの属の環境に対しても適用される。ここでもまた、アメリカを第二の帯（ヨーロッパ及びアフリカ）へ移動させた場合に限って、再構成が可能になる。なぜなら、現在の大陸分布をもってすると、第一の帯（アメリカ）における赤道があまりにも南へくるからである。この困難についてはすでに指摘した。アメリカ大陸を移動させた場合に限ってこの困難が取り除かれる。したがって、ここで初めて、生物地理学の観点から、大陸移動説が陸橋説よりもすぐれているという例が得られたことになる」。

上に述べたアームシャーの最後の考察は古気候学の問題へとわれわれを導く。しかし、その詳しいことについては次の章までおあずけにしよう。

この重要なアームシャーの仕事の延長上に、現在及び以前の生物分布及びその地域の歴史に関するスタットの論文〔152〕がくる。また同じ問題に関するコッホのそれに先立つより短い論文〔153〕がある。これらの二人の著者はいろいろな植物学的問題について意見を異にしている。しかし、大陸移動説については彼らは同じ結論に達している。コッホは次のように述べている。「現在及び化石の針葉樹地域は極移動及び大陸移動説と完全に調和する。それだけが問題を満足に説明する」。彼はさらにつけ加えている。「われわれは今や次の諸問題に対する理解をもち合わせている。すなわち、海によって遠く隔てられた地球上の二つの異なった地域に、なぜよく似た南洋杉の種が存在するのか、また *Podocarpus* の種がニュージーランド、オーストラリア及びタスマニアだけでなく、南アフリカ、南ブラジル及びチリに見出されるのか。またなぜ *Microcachrys* 及び *Fitzroya archeri* がタスマニアに存在し、それと似た *Saxegothaea* 及び *Fitzroya patagonica* がチリに存在するのか、といった問題である」。

同様にスタットは次のように述べている。「現存及び化石の針葉樹の分布は、ウェゲナーの大陸移動説によってもっとも単純にまたもっとも矛盾の少ない方法で説明される。北アメリカとヨーロッパの白亜紀の頃の植物分布の類似性は二つの大陸の間の連続したつながりとその間の距離が小さかったこととを要求する。ジュラ紀の植物群の組成の類似性についても同じことがいえる。それはしばしば種自身に及んでおり、伝播することがほとんど不可能であるにもかかわらず、現在では遠く隔てられた地域に見出される。大陸移動説だけが連続と類似の二つの要求を満たす」。大昔にも大陸の分布が現在と同じであったと考えるよりも大陸移動説を仮定した方が、針葉樹の帯状分布がより正確に気候帯に対応し、したがってよりよく理解される、とスタットは述べている。

最後に、もう一つの文献について簡単に述べておこう。それはミミズの地理的分布に関するマイケルセン〔154〕の重要な研究である。ミミズは海水にもまた凍った地面にも耐えられないし、人の手を借りる以外にこれを運搬する方法もない。こういうことを考えると、彼の論文は大陸移動説に対する特に強力な支持であるように私には思われる。

永久不変説にもとづいてミミズの分布を説明することは困難であり、一方大陸移動説によればそれが「みごとに」説明される、とマイケルセンは述べている。要点を明らかにするために、彼は二つのスケッチ風の地図を書いた。それを第30及び第31図に示してある。地図上の外形は大陸ブロックの以前の形を示し、その上に現存のミミズの属の分布が示してある。化石は見つかっていない。大西洋を越えた類似性については、マイケルセンは次のように述べている。「大西洋を越えた相互関係の多くについてはすでに詳しく述べたし、また表の形でそれをまとめもした。それらは陸性の五種類及び淡水性の三種類に関係している。このように規則的で近似的に平行な関

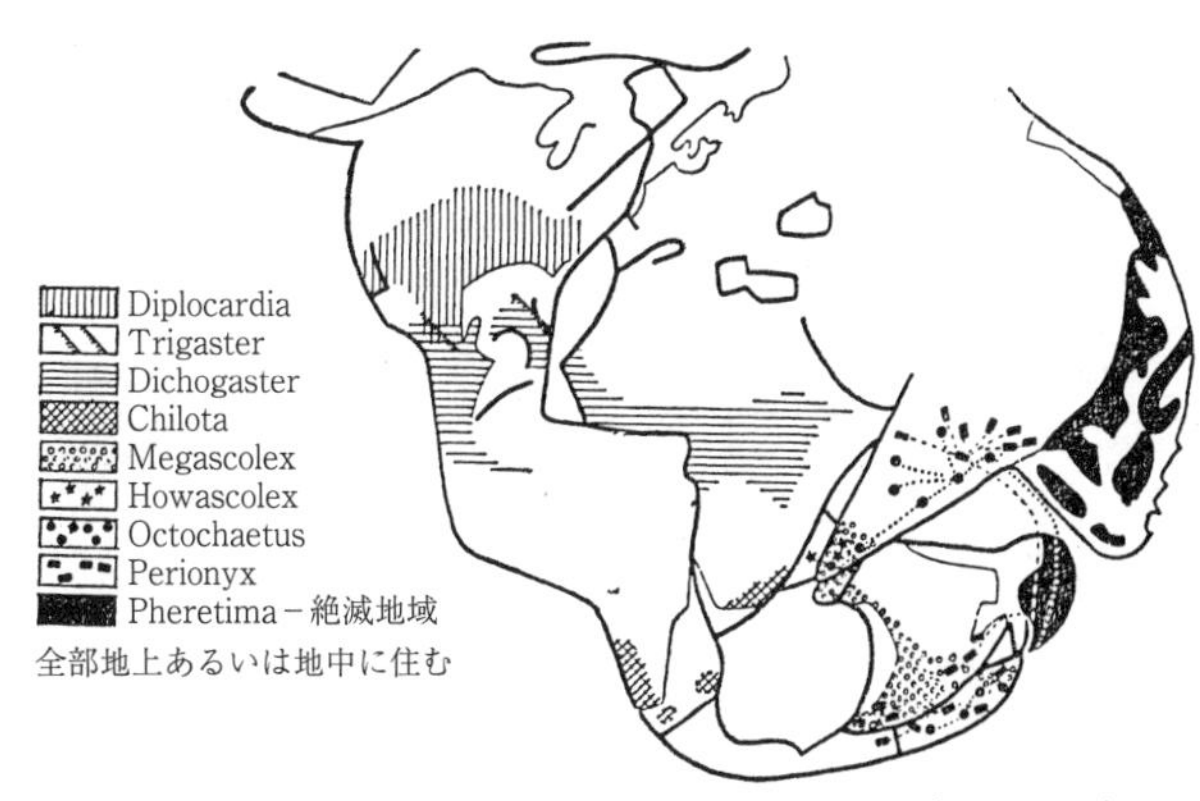

第30図　*Megascolecidae*の科に含まれるいろいろなミミズの属の分布
大陸移動説にもとづいてつくられた前ジュラ紀の頃の再構成図の上に書きこんである（マイケルセンによる）

係が蓄積していることを考えると、この場合に大西洋を越えた直接のつながりが関係していることがわかる。ウェゲナーの大陸移動説はこのつながりをただちに説明する。彼の理論によれば、アメリカ大陸はヨーロッパとアフリカから離れ去って西へ移動した。そのアメリカ大陸を逆に戻してヨーロッパ－アフリカ大陸に接合すると、大西洋の両側の遠く隔たった地域の大部分がみごとに接合して一つの総合した地域をつくる。その結果はおそろしく簡単な分布となる……」。北大西洋では、このような大西洋を越えた関係が最近の種類についてだけ成り立つ。一方南大西洋では古い種類だけが関係する。このことは大西洋が南から北へ向けて開けてきたという考え方と一致する。

われわれの図にも示されているインド、オーストラリア及びニュージーランドにおける複雑な関係の議論をした後で、マイケルセンは次のように

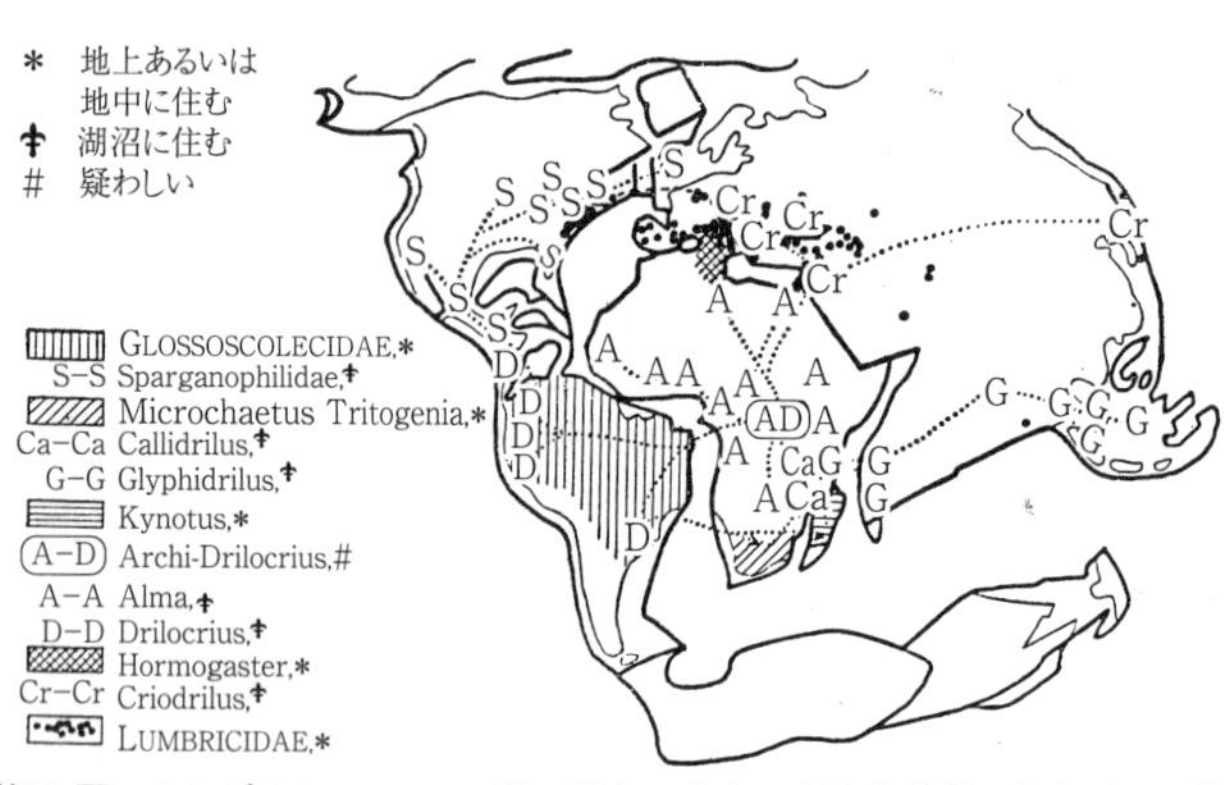

第31図　ミミズのLUMBRICIDAE科の現在の分布　大陸移動説にもとづいた始新世の頃の再構成図の上に書きこんである（マイケルセンによる）

述べている。

「ウェゲナーの大陸移動説は、インドにおける貧毛類動物群の海を越えた相関関係をみごとに説明する。ウェゲナーが書いた石炭紀の頃の大陸のスケッチ図（第30図、東半分）を見ると、まず第一にインドが（ヒマラヤが褶曲する前には）マダガスカルの十分近くにあったことがわかる。また現在の*Howascolex*棲息地（クルグ及びマイソール）が、第二の*Howascolex*棲息地であるマダガスカルと直接に接していたことがわかる。このことはインドの西部の棲息地に対して海を越えた相関関係が存在することを簡単に説明する。オーストラリア－ニュージーランド－ニューギニア・ブロックは南側では南極ブロックに続き、また北の端（ニューギニア）がのびてインドとインドシナ及びマレー・ブロックの間の三角形の海（後ほどベンガル湾となった）へ至っている。さらに前には、このオーストラリア・ブロックの西のへりがインドの東の端とならんで接していたと考えられる。[*]この結果、インドの南からセイロンを経て西オーストラリアの南の端その他（*Megascolex*）へ至る、また北インドからニューギニアを経てニュージーランドへ至る（*Octochaetus, Pseudisolabis*）あるいは北クイーンズランド、ニュージーランド及び南オーストラリアへ至る（*Perionyx*）単純で連続的な分布が生じた。ニューギニアがこの北方の分布の真のメンバーであることが注目される。オーストラリア・ブロックが南極から離れ去った後で、それは北東へ押しやられ、北西へ出っぱっていたその先端（ニューギニア）はマレー・ブロックの中へつっこんだ。……この大事件の一つの結果として、今やもっとも密接な形でマレー・ブロックと接触したニューギニアのつっこみの部分が、もっとも最近の *Megascolecidae* 属である *Pheretima* によって占領された。*Pheretima* はその自己伝播力が大きいためにまもなくマレー・ブロックでの優位を獲得した。この属はニューギニアからより古い貧毛類動物群（*Octochaetus, Perionyx* その他）を追払った。このようにして、ニューギニアが取り除かれたために、北インドからニュージーランドへ至る分布のギャップが拡がり、その結果以前の陸のつながりに関係した説明がほとんど不可能になった。この *Pheretima* の大事件の頃までに、ニュージーランドはすでにニューギニアから分離していた。オーストラリア・ブロックはニューギニアとの長い間の直接なつながりをかろうじて保っていたけれども、それらは狭い浅海によって隔てられていたにちがいない。なぜなら、せいぜい *Pheretima* のたった一つの種（*Ph. queenslandica*、北クイーンズランドに固有なもののようである）だけがオーストラリア大陸に到達することができたのだから。さらに、オーストラリアからのニュージーランドの分離、少なくとも浅水による分離はかなり前におこったものにちがいない。なぜなら後者は前者とほんの少しのつながりを示すだけだから。……おそらくオーストラリア・ブロックから弧状をなして最初に離れ去ったのはニュージーランドの中央部であった。南の端はタスマニアに、北の端はニューギニアにくっついたままであった。次に南の端がタスマニアから分離し、さらに遅れて北の端がニューギニアから分離した。……それよりもいく分長い、おそらくは地峡の形をした陸のつながりが、ニューカレドニアとノーフォーク島を通って、南クイーンズランドとニュージーランドの北島の間につくられた。その結果*Megascolex*が移住できるようになった。*Megascolex*が典型的な南オーストラリア種であることを考えると、ニューギニアを通る道は許されないようにみえる」。

＊石炭紀あるいはそのずっと後まで、この連絡が残っていたと考えて悪い理由は何もない。石炭紀に対して私が書いた図の中のギャップは、この部分の陸のつながりに関する基礎を私がもちあわせていないからというだけの理由による。細長い形をしたインドの東のこの海沿いの地域は、現在は褶曲システムとなってアジアの高地にある。そしてそれとオーストラリア・ブロックの端とのつながりはまだ調べられていない。

結論として、マイケルセンは次のように述べている。

「私の研究結果は次のようにまとめあげられるだろう。すなわち貧毛類の分布はいかなる場合もウェゲナーの大陸移動説と矛盾しない。それどころか、大陸移動説に有利な根拠を提供する。大陸移動説の最終的な証明は他の分野からくるかもしれない。しかし、多くのこまかい点で、この分布が大陸移動説の肉づけに役立つだろう＊」。

＊ミミズの分布から考えて、ベーリング海峡を横切る陸橋が周期的に存在したと考えられることを、マイケルセンがくり返し主張している。そして彼は誤って私の意見に反対であると考えている。実際にはそうではない。このような誤解はディーナー〔108〕のまちがった主張にまでさかのぼる。「北アメリカをヨーロッパの方へ向けて移動させると、ベーリング海峡におけるアジア大陸ブロックとの連絡が断たれる」。これはメルカトール投影を使って書かれた地図による誤解である。球面の上で考えればただちにわかるように、ヨーロッパに相対的な北アメリカの運動は、実際にはアラスカを中心とした回転である。ニューファンドランドとアイルランドの陸棚の端の距離は二四〇〇キロメートルであり、北東グリーンランドとスピッツベルゲンの間の距離は数百キロメートル、あるいは〇キロメートルといってもよい。最近同じような主張がシュヒャールト〔163〕によってくり返されている。しかし、彼もまた誤って、北アメリカをアラスカのまわりに回転させるかわりに北極のまわりに回転させている。これはまったく理由のない手続きである。先に引用した陸橋の存在に関するイエスとノーの図（アールトによる）は、ベーリング海峡に関係したものをも含んでいる。それを見ると、ここでの陸のつながりは二畳紀及びジュラ紀まで存在し、あるいは始新世から第四紀にも存在したかもしれない。したがってベーリング海の浅い陸棚による現在の隔たりはごく最近のものである。

「それを使って分布を示しまた私の研究の基礎としたウェゲナーのスケッチ図は貧毛類の分布を

考慮しないで描かれたものである。その後私は分布が以前の陸のつながりに対する彼の考え方と驚くべきよい一致を見せることをウェゲナーに知らせた。その後で初めて彼は、彼の理論を説明する場合に、分布に関する個々の事実を考慮した。この仕事は大陸移動説に関する彼の本の改訂第二版でなされた。私がここでこのことを言うのは、貧毛類の分布がどのような仕方で大陸移動説を強めたかを明らかにしたいためである」。

第七章　古気候学的議論

この本の最終版が出版されてから、地質学的過去の気候に関する問題の総合報告がW・ケッペンと私自身によってなされた〔151〕。われわれの本でおおわれた範囲はこの本のそれとそれほど違っていない。われわれの本は主として地質学的で古生物学的なデータの収集であり、それは専門家ならば避けられる困難や過誤の危険によって地球物理学者や気候学者が悩まされる専門分野である。しかし、このような研究は実行に値する。なぜなら、古気候学はこれらの科学との結合によって初めて生きながらえるものであり、またこれまでにあらわれたこの分野での文献を見ると、古気候学の気象学及び気候学的基礎が不適当なものであることがわかるからである。この章では上に述べたわれわれの研究のこまかい点が引用されるはずである。

しかし、この章はわれわれの本の内容の紹介だけにとどまるものではない。われわれの本の課題は地質学的気候学の問題を明らかにすることであり、大陸移動は気候変化の多くの原因の中のただ一つにすぎない。しかも最近の地質時代に関してはもっとも重要な因子でもなかった。ここでのわれわれの問題は有史以前の気候が大陸移動説の正しさを判定するのにどれほど役立つかということである。したがって、問題に関係した限りにおいて、気候に関する化石の証拠が引用されるだろう。したがって、たとえば第四紀の氷河の成因に関する問題は論じられないはずである。なぜならこの期間には大陸の相対的な位置は現在とほとんど同じであり、大陸移動を論じるための古気候学的データがあまりにも少なすぎるからである。

しかし、より古い地質時代についてはこれと逆のことが言える。ここでは大陸移動説が欠くことのできないものであるという驚くべき事実が明らかにされている。このような理由によって大陸移動説の正しさを裏書きした著者の数も決して少なくない。

正しい意見をつくるために、ここで二つのことを述べておく必要がある。その一つは現在の気候システムとそれが無機及び有機物の世界に及ぼす影響についての知識であり、もう一つは気候に関する化石の証拠に関する正しい知識と正しい解釈である。二つの研究分野はともにまだ幼年期にあり、未解決の問題の数も多い。しかし、それだけになお、これまでに得られた結果に注目する必要がある。

よく知られた現在の気候システムはケッペンによって論じられ、世界の気候図としてまとめられている〔156〕。多くの他の目的には、この地図はあらっぽすぎるかもしれない。しかし、化石の証拠は気候条件に関するあらっぽい見積もりを与えるにすぎないことを考えると、われわれの目的には、この地図でも十分すぎるくらいである。こういう理由によって、現在の等温線と乾燥地帯を示すわれわれの本の中の地図をより簡単な地図（第32図）でおき換えることにする。以後必要なことは、全部この地図の中に含まれている。まず第一に、欠けるところなく地球をとりま

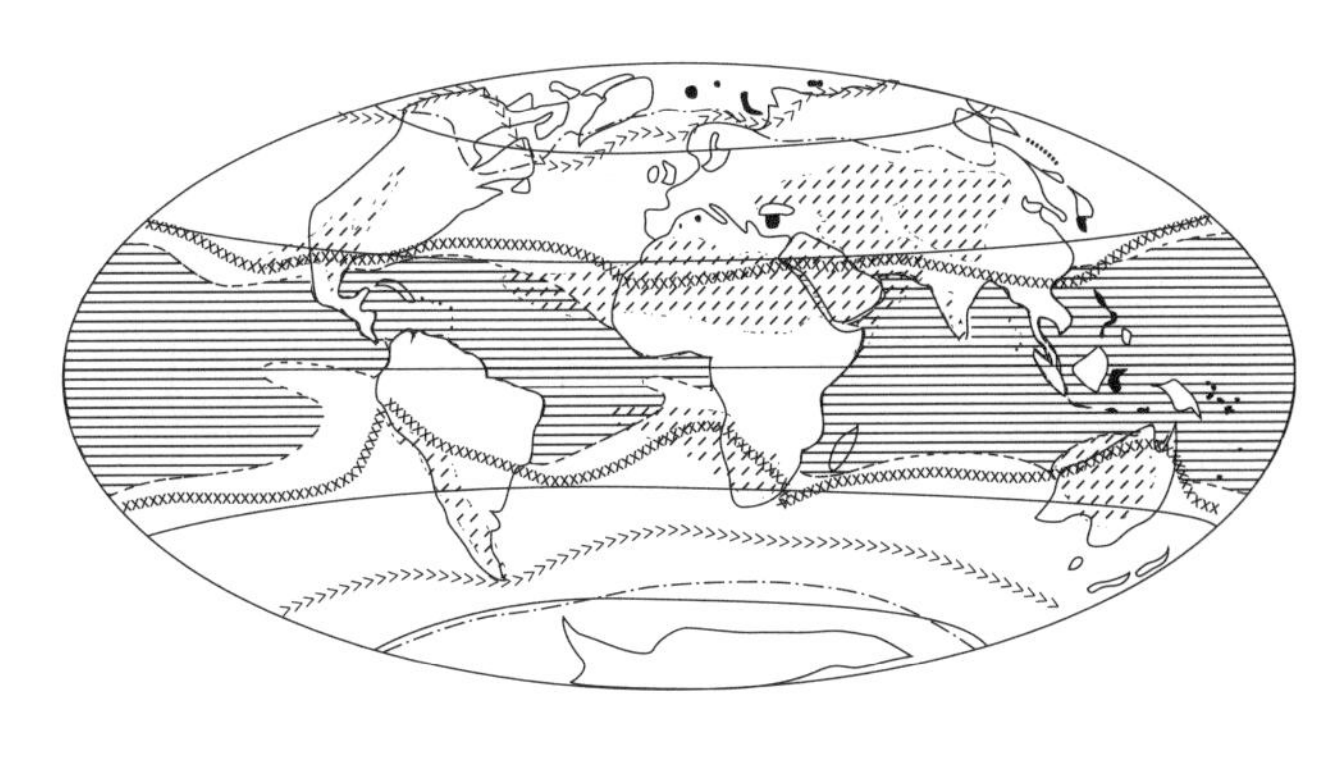

平均温度－2℃（永久凍土限界）
温度のもっとも高い月の平均温度が10℃（樹木限界）
温度のもっとも低い月の平均温度が18℃
もっとも寒い月における海面温度が少なくとも22℃
乾燥地域（乾燥した高地を含む）

第32図　現在の海面における等温線および乾燥地域

いている、雷雲をともなった赤道降雨帯がある。その次に、降下する空気の流れをもった「馬の緯度」にある高圧帯の中に乾燥地域がある。大陸の東のへりでは季節風地域によって、乾燥帯がさえぎられている。しかし、西岸ではそれは海にまでのび、また大きい大陸の中心部では極にまでのびている。その次には低気圧性の降雨をともなった温帯の北及び南の降雨帯がある。さらにその先には、多少とも氷河をもった極冠がある。北緯及び南緯約二八度あるいは三〇度の緯線に囲まれて暖かい海の帯がある。すべての等温線は気候の緯度による配列が卓越していることを示している。しかし、海陸の分布に原因する特徴的なずれもまた存在する。もっとも暑い月の一〇度の等温線は、陸上では海上よりも高い緯度にある。これは陸上では海上よりも年変化が大きいためである。なお、上に

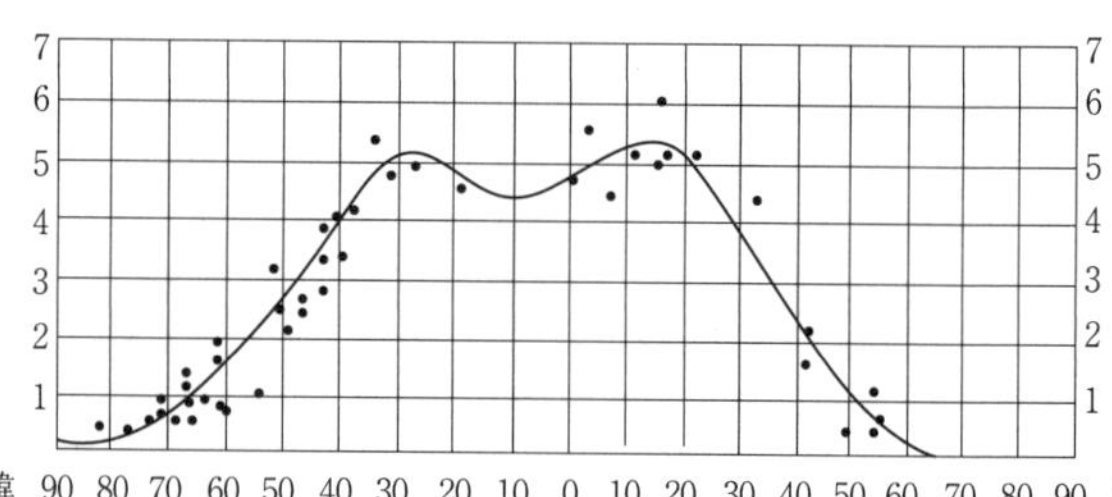

第33図　違った緯度に対する現在の雪線の高さ（キロメートル単位）

述べた一〇度の等温線は、樹木限界と驚くべくよく一致する。永久凍土の限界とほぼ一致する年平均温度マイナス二度の線は違った道をたどる。樹木限界よりも高い緯度では、それは内陸の氷によってつくられるのと同じ気候をあらわす（グリーンランド、南極）。緯度のより低いところ（たとえばシベリア）では、凍った土の上に森林ができる。内陸の氷は六〇度より高い緯度の部分に限られる。

話を補うために、第33図にパッシンガー〔157〕及びケッペン〔158〕によって得られた、各緯度における雪の限界高度を示す。「馬の緯度」では、それは五キロメートルをこえる最高の高さに達する。この図は個々の山脈あるいは山脈系に関するものである。より広く拡がった高地では、雪の限界はより高いところへくる。

この気候システムの地質学的及び生物学的影響は数多い。現在までに得られた気候を示す化石の証拠とともに、以下でそれを論じることにしよう。危険なものではあるけれどももっとも重要な気候の証拠は、以前の内陸の氷床が残してくれた跡である。内陸の氷ができるためのもっとも重要な条件は夏の低い気温である。大きい大陸の中心部では気温の年変化が大きいためにこの条件が欠けている。

したがって、極気候が常に内陸の氷の跡を残すわけではない。しかし、これとは逆に、このような跡が見つかれば、それが極気候の産物であることは疑いない。もっともふつうに見られるのは氷礫（ひょうれき）粘土である。それはこまかい物質とあらい物質とがえり分けられないで集まったものであり、堆石とは違ったものである。一般にはより早い時代の氷礫粘土が固まってティライト（氷礫岩）と呼ばれるかたい岩になっている。しかし、これらをアルゴンキアン、カンブリア紀、デボン紀、二畳紀、中新世、鮮新世及び第四紀のものとして特徴づけることができる。あるいはできると信ぜられている。不幸なことに、以前の内陸氷床のしるしと考えられるこれらの氷礫粘土を、ふつうの砕屑物からできた「偽氷河性の」礫岩と区別することができない。後者においても、岩石が磨かれ、筋のついた岩石と似たようすになっているけれども、それは実際には鏡肌になっている。一般には、地上の堆石の氷礫粘土の下にある露頭の表面が磨かれている場合に限って、それらの岩石を氷河性のものとみなしている。

気候をあらわすもう一つの重要なグループは石炭であり、それは化石の泥炭層と考えてよいものである。水のたたえられたくぼみが泥炭層に変化するためには、それは新鮮な水で満たされねばならない。しかもこの過程は地球上の降雨帯でおこるべきであって、乾燥帯ではしようがない。したがって、石炭は湿った気候を意味する。それは赤道降雨帯かもしれないし、大陸の東のへりにあるモンスーン地帯の中の温帯あるいは亜熱帯の湿った地帯かもしれない。現在、泥炭は赤道地域の近くの沼地でつくられている。しかしあるものは湿った亜熱帯あるいは温帯でもつくられている。それらの中では特に北ヨーロッパの第四紀及び後第四紀の泥炭沼がよく知られている。したがって、石炭層の存在から温度を推定することはできない。石炭層やそれに隣りあった層の中に残っている植物群の特徴が温度に関する情報を与える。過度に信用してはならないけれども、多少の助けになるのは石炭層の厚さである。他のことが同じだとすると、熱帯で妨げられることなく繁茂した植物の方が、温帯でよりゆっくりと育つ植物よりも、厚さのより厚い泥炭層をつくる。

気候のタイプを示すより重要なグループは乾燥気候の産物であり、その中では特に岩塩、石こう及び砂漠の砂岩が重要である。岩塩は海水の蒸発によってつくられる。多くの場合、まず乾燥地帯への海進がおこり、次に海底の移動によってそれらの地域の大部分が開けた海から切り離される。バルト海に見られるように、雨期には薄められて塩気が薄くなる。しかし、蒸発が降雨を上まわる乾期には、海進部分が完全に切り離され、干あがって海水部分の面積がより小さくなる。塩類の濃度が高まって、ついに塩分が沈澱する。石こうが最初にあらわれ、これに続いて岩塩が、最後に溶解性のカリ塩が沈澱する。したがって、ふつうは石こうの堆積物がもっとも広い面積を占める。その中に散らばるようにして岩塩層があり、その中のさらに限られた地域にカリ塩がある。以前の砂漠の移動によってより広い地域がおおわれる。砂丘はかたまって砂岩になっており、植物や動物の生活を示すものは何もない。岩塩や石こうとは違って、砂丘は乾燥気候をあらわす信頼できる証拠とは言えない。現在の北ドイツにみられるように、湿った気候のところでも、砂丘が海岸に発達することがあるからである。アイスランドのそれのように、内陸氷のへりの前面に砂丘ができることもある。少し不確かではあるが、これらの砂岩の色を見れば、温度がどうであったかがわかる。熱帯及び亜熱帯では、土壌の色が赤がかっている。温帯と高緯度では、褐色及び黄色である。もちろん、海岸の砂は熱帯でも白色である。

海性堆積物に対しては、厚い石灰層は熱帯及び亜熱帯の暖かい水の中でだけ堆積するという一つの規則が成り立つ。バクテリアの活動がある役割を演じてはいるけれども、冷たい極の水がより多くの石灰を溶解し、したがって不飽和であるというのがよりもっともらしい理由である。これに対して、暖かい熱帯の水はより少ない石灰しか溶解できず、その結果飽和あるいは過飽和になる。それはちょうどボイラーあるいはやかんの湯あかの沈澱のようなものである。明らかにこのことと関係して、熱帯の生物は一般にはより多くの石灰を沈澱する。そのような熱帯生物にはサンゴ、石灰藻、イガイ及びカタツムリがある。極における気候条件のもとでは、大量の石灰層の沈澱は一般に不可能である。それはちょうど、深海での温度が低いために、海洋に固有な堆積物の中に石灰がみられないのと同じである。

気候を示すこのような無機物の証拠の他に動物及び植物界からの証拠がある。生物はたいへん適応性に富んでいるから、それらの有機物の証拠をとり扱う場合にはよく注意する必要がある。したがって、ただ一つの発見からは、ほとんど何の結論も引き出せない。しかし、ある時代の地球上での植物あるいは動物の地理的分布を頭の中において考えると、有用な結果を引き出すことができる。地球上の異なった部分における同時代の植物群を比較すれば、かなりの確実さで、二つのうちのどちらがより暖かい部分にまたどちらがより寒い部分に存在したかがわかる。もちろん、植物が現在のものとたいへんに似た最近の地質時代を除いては、温度の絶対値については何も言えない。すなわち、より古い植物群については、絶対温度を決めることはほとんどできない。木に年輪がなければ、それは熱帯気候を意味するし、著しい年輪があれば、それは温帯を意味する。もちろん、この規則に対する例外がないわけではない。木の丈が高い場合には、その時代のもっとも暑い月の温度が摂氏一〇度をこえていたと考えてよい。

動物界もまた気候に関する多くの証拠を提供する。彼ら自身の体熱をつくり出せない爬虫類は、寒さに対して無防備であるために、寒い冬の気候のもとでは死んでしまう。したがって、トカゲや蛇（グラース・スネーク）のように体が小さくてそれを容易におおえる場合に限って、このような気候条件のもとで爬虫類が生きながらえられる。さらに、極地方におけるように夏の熱がない場合には、夏卵がかえらず、これもまた生存を不可能にする。したがって、爬虫類が豊富にみられる場合には、気候が熱帯性あるいは少なくとも亜熱帯性であったと結論してよい。一般に草食動物は植物がはえていた証拠になり、したがってまた降雨量に対する手がかりを与える。馬やカモシカやダチョウのような速く走る動物はステップ気候の証拠になる。彼らの体の構造が広く開けた空間における問題の征服に適しているからである。猿やナマケモノのような木によじ登る動物は森林での生活に適している。

このような気候に関する証拠のすべてについてここで詳細に論じるわけにはいかない。しかし、上に述べたことからも、有史以前の気候についてわれわれがどのような結論を引き出せるかについての一般的な概念が得られたであろう。

このようにして気候に関する化石の証拠として使える多くの事実を使って、有史以前には地球の大部分が現在のそれとは違った気候にあったことがわかる。たとえば、歴史の大部分を通じてヨーロッパは亜熱帯から熱帯の気候条件のもとにあった。第三紀のはじめ頃まで、中央ヨーロッパは赤道降雨帯の中にあり、さらに第三紀の中頃には、岩塩が堆積した。すなわち、その頃には乾燥気候が発達していたことになる。第三紀の終わり頃には、気候は現在のそれと似ていた。その次の第四紀には氷河気候が支配した。すなわち、少なくとも北ヨーロッパが極の気候条件のもとにあった。

気候変化の特に著しい例は、北極地域特にスピッツベルゲンに関するものである。この地域は浅い海によってヨーロッパから隔てられているだけであり、ユーラシア大陸ブロックの一部分であると言ってよい。現在ではスピッツベルゲンは厳しい極気候のもとにあり、内陸氷の下にある。しかし、中央ヨーロッパが赤道降雨帯の中にあった下部第三紀には、そこには現在中央ヨーロッパで見られるよりもより広い範囲の種をもった森林が成長していた。松、モミ及びイチイがはえていただけでなく、シナノキ、ブナ、ポプラ、ニレ、樫、カエデ、ツタ、リンボク、ハシバミ、サンザシ、ゲルダーローズ、トネリコもはえており、また睡蓮、クルミ、糸杉、巨大なセコイヤ、スズカケ、栗、イチョウ、マグノリヤ及びブドウの木のような暖かさを好む植物もはえていた。したがって、スピッツベルゲンでの気候が現在のフランスに似たものであったことは明らかである。すなわち、年平均気温が現在よりも約二〇度高かった。さらに過去にさかのぼると、より暖かかったという証拠が出てくる。ジュラ紀及び下部白亜紀には、スピッツベルゲンには現在熱帯にはえているサゴヤシや、現在中国及び南日本にだけあるイチョウや、木生シダのような植物がはえていた。さらに石炭紀にさかのぼると、そこには厚い石こうの層があり、亜熱帯の乾燥した気候を暗示する。それだけでなくこれもまた亜熱帯の特徴をもった植物群が存在する。

すなわち、ヨーロッパでは熱帯から温帯への、またスピッツベルゲンでは亜熱帯から極への大きい気候変化があった。このことは極及び赤道の位置が移動し、それにともなって気候帯が移動したことを意味する。実際、同じ時期に、同程度に大きくしかし上に述べたのとは逆向きの変化が南アフリカでおこったことが確かめられており、上に述べた推理が確認される。南アフリカはヨーロッパから八〇度南にまたスピッツベルゲンからは一一〇度南にある。現在亜熱帯にあるその部分は、石炭紀には内陸氷床の下にうずもれており、極気候であった。

このように完全に確かめられた事実の解釈としては極移動以外にはありえない*。この考え方に対する他のテストをすることもできる。スピッツベルゲンから南アフリカを通る子午線が大きい気候変化をしたとすれば、これに対して東経及び西経九〇度にある子午線に沿っては、気候変化はゼロあるいはほとんど無視できるほどであったにちがいない。このこともまた確かめられている。アフリカから九〇度東にあるスンダ群島は、下部第三紀の頃には現在と同じ熱帯気候のもとにあった。このことはたとえばサゴヤシあるいはバクのような大昔の植物及び動物がほとんど変わることなく保存されていることによっても明らかである。そして最近、ヨーロッパと同じタイプの石炭紀の植物がそこで見つかった。それはすぐれた専門家たちによって熱帯性のものと考えられている植物である。南アメリカの北部もまた同じ状況にある。そこでもまたバクが保存されている。このバクは北アメリカ、ヨーロッパ及びアジアでは化石としてだけ見つかっており、アフリカではまったく見つかっていないものである。もちろん、南アメリカの北部における気候の一定さはスンダ群島におけるほど完全ではなかった。後で示すように、これは大陸移動の結果である。南アメリカはかつてはスピッツベルゲンと南アフリカとを結ぶ子午線から西へ九〇度のところにはなかった。より近いところにいたのである。

＊極移動の概念については第八章を見よ。

上に述べたことから、有史以前の気候のシステムを調べる研究者たちが、その研究のはじめからしばしば極移動について述べたことは驚くにあたらない。人類の歴史哲学に関する考察の中で、ヘルダーはすでに有史以前の気候に関するこのような説明を暗示している。その後、詳しさに若干の違いはあるけれども、多くの研究者たちがその考えを提案している。それらの研究者の名をあげると次のようになる。エバンス（一八七六）、テイラー（一八八五）、レッフェルホルツ・

フォン・コルベルグ（一八八六）、オルダム（一八八六）、ニューメイル（一八八七）、ナットホルスト（一八八八）、ハンセン（一八九〇）、センパー（一八九六）、デービス（一八九六）、ライビッシュ（一九〇二）、クライヒガウワー（一九〇二）、ゴルファイヤー（一九〇三）、シムロス（一九〇七）、ウォルター（一九〇八）、ヨコヤマ（一九一一）、ダク（一九一五）、E・カイザー（一九一八）、エッカルト（一九二一）、コスマット（一九二二）、ステファン・リヒャルツ（一九二六）その他である。アールト〔159〕は一九一八年までの文献を集めた。しかしそれ以来極移動に賛成する研究者の数は雪だるまのようにふえてきた。

以前には、地質学者の狭いサークルの中では、この考え方に対する一般的な反対があった。そしてニューメイルとナットホルストの仕事があらわれる前には、大部分の地質学者が、極移動の考えを完全に拒否していた。しかし、これらの仕事があらわれてから後では、地質学者の中に極移動説を支持する人の数がゆっくりとではあるがふえているという点で情勢が変わってきた。現在では、圧倒的に多数の地質学者たちが、E・カイザーの「地質学教科書」の中で述べられた見解を支持している。その見解とは、第三紀の間にかなりの極移動があったという仮定を避けることがむずかしいというものである。もちろん、数年前になってもなお、理解することが困難なくらいの厳しさでこの説に反対した人がいなかったわけではない。

地球の歴史を通じて極移動がおこったという考えは、現在では人を納得させるものである。しかし、地球の全歴史を通じての極や赤道の位置を決める初期の試みはたいへんおかしなものであった。したがって極移動という考えが誤っているとされたのも驚くにはあたらない。したがって、大部分が局外者によってなされたこのような試みは一般の承認を受けなかった。その例としてはレッフェルホルツ・フォン・コルベルグ〔4〕、ライビッシュ〔161〕、シムロス〔162〕、クライヒガウワー〔5〕及びヤコビチ〔164〕たちの仕事があげられる。その中の一人であるライビッシュは、不幸なことに、白亜紀以来極が移動したという彼の正しい答えをおしすすめて、極が振り子のように振動したという無鉄砲な考えにとりつかれた。これはこまの運動に関する物理法則と矛盾した基礎のない考え方であり、また多くの観測事実とも矛盾する。振り子説を証明するために、シムロスは生物学的事実の膨大な収集をした。これらのデータは極移動説に対する立派な証拠となった。しかし彼が主張した振り子説を確信させるものとはならなかった。明らかに、結果に関する何らの先入見なしに気候条件に関する化石の証拠から極の位置を推測するのがより正しい方法である。この点でクライヒガウワーの方法は特に注目に値する。彼の本はみごとに書かれている。しかし、彼はこれらのデータを解釈する基礎として、山脈の配列に関する不十分にしか基礎づけられていないドグマを用いた。しかもそれが気候に関する真の証拠とならべておさめられている。これらの努力のほとんどすべてが、ケッペンと私がより最近の時代に対して得た結果とほとんど同じ結果を与えている。すなわち、第三紀のはじめの頃の北極はアリューシャンの近くにあった。そこから移動した極は、第四紀のはじめの頃にはグリーンランドにいた*。この期間に対しては、それほど大きい相互矛盾は存在しない。しかし、白亜紀より前の期間に対してはそうではない。ここでは、上にあげた著者たちの意見がひどくくい違うだけでなく、これらの再構成のすべてが絶望的なまでの矛盾に導く。なぜならそれらは大陸相互間の位置が不変であったことを自明としているからである。これらの矛盾は、大陸移動を考えなければどこに極を考えてもだめであることをはっきりと示している。

＊フォン・イエリング〔122〕によって南アメリカで得られた多くの生物学的事実によって、下部第四紀におけるこの極の位置が、みごとに確認された。それについてはケッペン〔127〕が述べている。フォン・イエリング自身は、極の位置が現在と同じであったと考え、海流のパターンが変わったと考えてこれらの事実を説明している。私の考えでは、これは許されない考え方である。しかし、問題がこの本の範囲外のことであるから、ここではその問題を詳細には論じない。

しかし、大陸移動説の立場から出発し、移動説にもとづいてつくられた地図の上に気候に関する化石の証拠を書きこむと、矛盾は完全に消える。そして気候に関する証拠がそろって、今日のそれと似た気候帯をつくる。すなわち、二つの乾燥帯ができ、その間を大円に沿って一つの湿潤帯が走る。その湿潤帯には熱帯を示すあらゆる証拠が残っている。乾燥帯の外の両側に二つの湿潤帯ができる。極気候の見出されるこれらの地域の中心部は、中心の湿潤帯から大円に沿って九〇度のところにあり、またもっとも近い乾燥帯から大円に沿って約六〇度のところにある。

大陸移動説にもとづいて地図が書かれるもっとも古い時代は石炭紀である。ここでわれわれは古気候学にとっての最難問である二畳－石炭紀の氷河の跡の問題に直面する。石炭紀の終わり及び二畳紀の初めに、現在の南半球の大陸のすべて（及びデカン）が氷河をもっていた。しかし、デカン以外の北半球の大陸のどれもが、この時代には氷河をもっていなかった。

このような内陸氷の跡がもっとも正確に研究されているのは南アフリカである。そこでは、一八九八年にモーレングラーフが、古い堆石の下に氷で磨かれた基盤の岩石を発見し、「ドワイカ礫岩」の堆石に似た特徴に関するあらゆる疑いを取り除いた〔165〕。その後の研究、特にデュ・トワ〔166〕の研究によって、われわれは今やこの時代の氷河についてのこまかいデータを手にしている。多くの場所で、磨かれた岩石の上に残ったひっかき傷の跡から氷の移動の方向が決められる。またそこから氷が拡がっていった一連の氷河の中心地が決められた。これらの中心地におけるおもな活動に小さい時間差があることもわかった。そのことは（現在の）西から東へ向けて氷の厚さが違っている事実に対応する。南アフリカの緯度三三度から南へ向けて、氷礫粘土が海性の堆積物の上へ整合的にのっかっており、それの直接の連続であることを物語っている。このことを解釈するただ一つの方法は、現在の南極大陸におけるように、内陸氷の末端が浮かぶ「障壁」であったと考えることである。その下の端のところでとけて出てきた堆石が、それより前の海性の堆積物の上にその連続として堆積した。したがって、ここでは雪線が海面にあったことになる。現在のグリーンランドのそれとほとんど同じ拡がりをもった南アフリカ氷河は、それが真の内陸氷床であり山岳氷河ではないことを示している。

まさにこれと同じ堆石がフォークランド諸島、アルゼンティン、南ブラジル、インド、西部、中部及び東部オーストラリアで見つかっている。これらのすべての地域で、かたくなった氷礫粘土が氷河性のものであるとする解釈が、全地層系の完全な類似によって裏書きされる。南アフリカにおけるように、それらはすべて内陸氷床の下にある。南アメリカ及びオーストラリアで、間氷期の堆積物をはさんで重なり合ったいくつかの氷礫粘土層が見出されている。それは北ヨーロッパで見つかっている第四紀の氷期及び間氷期のそれと同じである。たとえば、東オーストラリア（ニューサウスウェールズ）の中央部で、石炭を含む間氷期の地層によって分離された二つの堆石が見つかっている。したがって、この地域は内陸氷河によって二回襲われ、その間の時期には堆石をもった風景の上に淡水の湖がありそれが沼に変わったことがわかる。この地域の南のヴィクトリアには、ただ一つの氷河の層があり、その北のクイーンズランドには氷河性のものが何もない。したがって、この時期に、東オーストラリアのもっとも南の部分が連続して氷の下にあり、中央地域は氷によって二回襲われ、北部は完全に自由であったことがわかる。すなわち、ヨーロッパと北アメリカの第四紀の氷河時代に関してわれわれが知っているのとまったく同じパターンがここでくり返されたことがわかる。ヨーロッパ及び北アメリカでの氷期及び間氷期の交代は地球の軌道と傾斜角、したがって太陽定数の変化によって生じたと考えられている。地球の全歴史を通じてこのような変化が生じたことは確かである。しかし、内陸氷が極地方をおおった場合に

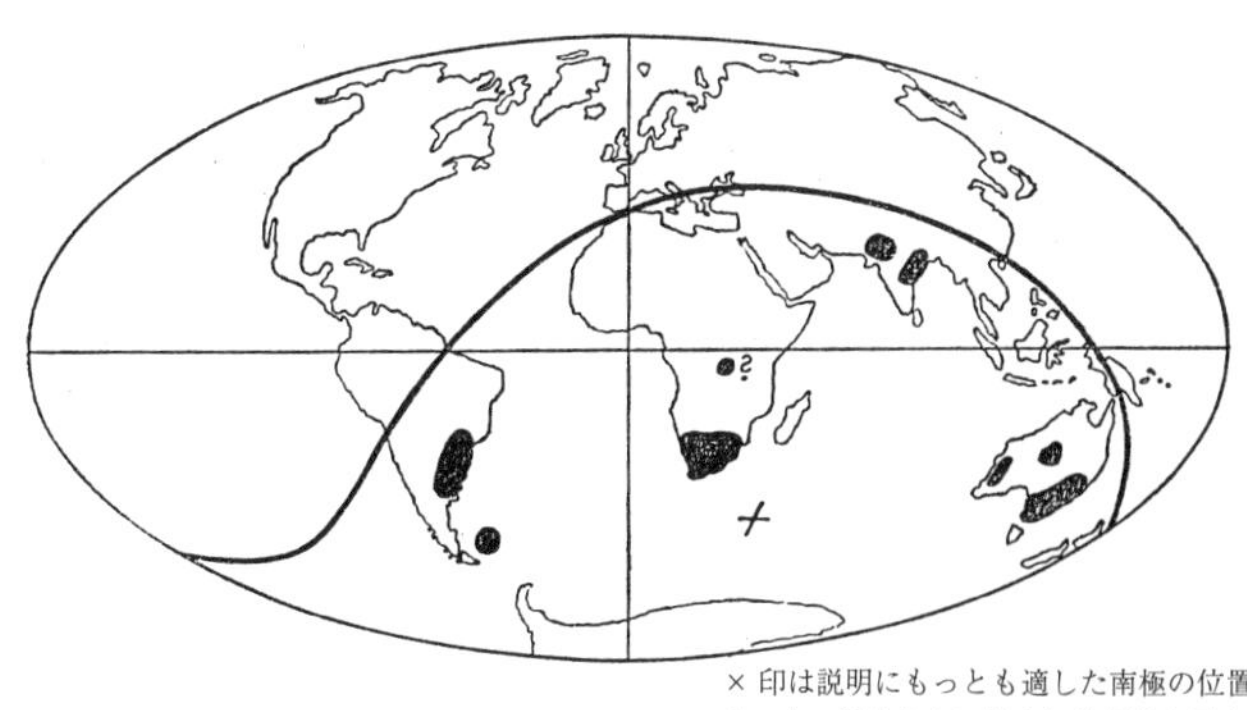

× 印は説明にもっとも適した南極の位置を、太い線はそれに対応した赤道を示す

第34図　二畳石炭紀の頃の内陸氷河の跡
現在の陸地の上に書きこんである

限って、目につく程度の効果があとに残った。これらすべてのことは、南半球の大陸における二畳及び石炭紀の氷河が真の内陸氷河であったことを物語る。

しかし、二畳石炭紀の氷河時代の跡は今では広範囲に分布しており、ほとんど地球の表面積の半ばをおおっている。

第34図を見てみよう。氷河の跡のほぼ中心にあると考えられる南緯五〇度東経四五度のあたりに南極をおいてみても、この極に対応した赤道の位置から考えて、ブラジル、インド及び東オーストラリアにある、極からもっとも離れた内陸氷の跡は緯度約一〇度のあたりへくる。したがって極気候がほとんど赤道にまで及んでいたことになる。期待されるように、もう一つの半球では、スピッツベルゲンのあたりまで熱帯あるいは亜熱帯の暖かさの跡が残っている。これらの氷の跡を気候学の立場で説明しようという試みはコーケン〔167〕によってすでに一九〇七年になされている。そ

の頃は南アメリカにおける発見はまだ不確かなものと考えられており、反証であるとさえ考えられていた。彼の結論は、これらの氷河の跡はすべて海面からかなりの高さでつくられたというものであった。しかし、熱帯では、たとえ高地であっても、このような広さの内陸氷をもたない。したがって、彼の結論は否定される。さらにまた、観測事実はまさに逆のことを示している。すなわち、そこでの雪線は海面にまで下げられていた。それ以来、氷河現象を説明する新しい気候学的な研究が何も試みられなかった。

この結果は、大陸を不動とする考え方の欠点を示すものである。膨大なデータがこのような矛盾した結論に導く場合、大陸移動説を考えたらどうだろう。大陸ブロックの位置の不変性は、これまでは証明を要しないアプリオリの真理であると考えられてきた。しかし、実際には、それは観測結果に照らしてチェックされるべき仮説である。二畳石炭紀の氷の跡は永久不変説がまちがっていることを示している。いかなる結果に対してもこれ以上説得的な証拠を地質学者が提供できるかどうかを、私はたいへん疑わしく思うものである。

われわれの考えを支持する文献をここであげることはさし控える。自明なことは外からの意見による助けを要しない。また強情な盲信は誰によっても助けられないだろう。

われわれに関係する限りでは、問題は大陸ブロックが移動したかどうかということではない。移動したことはもはや明らかである。問題は大陸の移動がある特定な大陸移動説の仮説にしたがっておこったかどうかということである。

まず第一に、二畳石炭紀の地層の中の数多くに、地質学者によって氷河性のものとされた礫岩が見つかっており、それが大陸移動の考えとはそれほどよく合わないことを見逃してはならない。

たとえば、中央アフリカで、二畳石炭（及び三畳）紀の礫岩が報告されている〔216〕。それらはこれまで南アフリカのドワイカ礫岩と呼ばれ、内陸氷床の堆石であると解釈されてきた。本当に必要ならば、コンゴ地方における二畳石炭紀の氷河の跡を大陸移動説と結びつけてもよい（しかし、三畳紀の氷河の跡に対してはよくない）。しかし、私の考えでは、それには気候学的な理由によって否定されるある仮説を必要とする。しかし、これが氷河性のものであるという解釈がどれほど確かなものなのだろうか？　すでに述べたように、磨かれた断面をもった、一見氷河性の「偽氷河性の」礫岩が、かなり違った気候のところ（特に乾いた気候のところ）で見つかっており、それらはその後氷河性のものでないことが証明された。コンゴではまだ堆石の下に磨かれた岩石が見出された例がない。したがってそこでのただ一つの証拠は偽氷河性の礫岩である。さらに、そこでの地層のつながりは断片的であり、二畳石炭紀のものと考えることすらも疑わしい。したがって、それらを氷河性のものであるとする解釈が地層の全系によって確認されているわけではない。これらの地層についてわれわれが知っているほんの少しの事実は、むしろまったく異なった特徴を示し、他の気候条件のもとでの生成を物語っている。したがって、氷河性のものであるという解釈は信頼するにたりない。さらに南アメリカにおける内陸氷の北限が決定されているという点からも、反対論が展開される。その頃にもう一つの分離した氷冠が中央アフリカに存在したとは考えにくい。したがって、中央アフリカでの礫岩は気候の証拠とはならないと考えてよいだろう。将来の研究によってこの偽氷河性の礫岩の本性が明らかにされるだろう。トーゴにおいてコアートによって発見された二畳石炭紀の礫岩についても同様なことがいえるだろう。これはこれまでのあまり完全ではない研究によって氷河性のものであるとされてきた。しかし、私の考えでは、それは乾燥気候のもとでつくられたものである。

北アメリカ及びヨーロッパでも、他の点ではつじつまの合った大陸移動説に適合させることが不可能な、一連の礫岩が見つかっており、それが氷河性のものであると主張されている。たとえば、ホブソンはルール盆地に石炭紀の氷河の跡があると考えており、またチェルニシェフはウラル地方の上部石炭紀に氷河の跡があると考えている。

同様にして、W・ドーソンは一八七二年にノヴァスコシアで氷河の跡と考えられるものを見出し、その後一九二五年にそれがA・P・コールマンによって確認されている。S・ワイドマン（一九二二）はオクラホマ州のアーバックル及びウィチタ山脈で、J・B・ウッズワース（一九二二）はオクラホマの「ケイニー・シェール」の中で、アデンは西テキサスの二畳紀の地層の中で氷河の跡を見出したと言っている。さらに、シュスミルヒ及びデービッドはコロラドの「ファウンテン」礫岩について述べている。圧倒的多数の地質学者たちによって、現在ではこれらは偽氷河性のものと考えられている。この考えは正しいだろう。これらが氷河性のものであるという考えが、これらの地域における他の気候に関する証拠と矛盾するからである。そのような証拠の数は多い。この問題についてバン・ウォーターシュート・バン・デル・グラハト〔210〕は次のように述べている。

「われわれは『ティライト』には注意する必要がある。テキサス、カンザス、オクラホマ及び特にコロラドの二畳及び石炭紀の礫岩が氷河性のものであるとは私には思われない。砂漠あるいは乾燥地帯の端のところでおこる大雷雨を知っている人なら誰でも、このような豪雨による洪水によってかなりの厚さのクラス分けされない岩屑性の角ばった物質が堆積することを疑わないだろう。このような洪水はその継続時間は短いけれどもたいへん激しいものである。川は水よりもむしろ泥を含み、混合物の密度はたいへん高く、考えられないくらい大きい礫を運び、なかなかきれいにならない。この現象を説明するのに氷は必要でない。これと同じ現象がアメリカ西部を含むすべての砂漠でおこっている」。

「こまかい海性堆積物の中の単一の大きいブロックを運ぶには、必ずしも氷を必要としない。その根にとらえられた大きい岩石を湖の表面へ運びこむ場合には、大きい木が同じ結果を生じる」。

「ひっかき傷がたいへんに多く、また岩石が密度の大きいかたい物質からできている場合は例外であるが、磨かれまた砕かれた岩石すら氷河性のものであるとはいえない。北西ヨーロッパの二畳紀の礫岩の中にある、氷河性の礫あるいは漂移物に驚くほど似ており、また『氷河性の』特徴をもった岩石が、現在では地すべりの際にひっかかれてできたかけらであると考えられている。

一九〇九年に、私自身がこのようなヨーロッパの礫岩をティライトであると考えるまちがいを犯している」。

上で述べた例に加えて、アメリカ合衆国のボストンの近くで発見された二畳石炭紀の礫岩で見つかった著しい現象がある。この礫岩は「スカンタム・ティライト」と呼ばれており、現在までの研究者のすべてがそれをかたくなった堆石であると解釈している。それらの研究者の中でもっとも正確な記述をした人はセイルズ〔168〕である。これらの堆積物はアイスランドのバトナ氷河とほとんど同じ広さの地域をおおっている。この礫岩は氷によって切り出された礫のかけらであると考えられる磨かれた岩石を含んでおり、この地域のまわりには、スウェーデンのド・ギアによって研究された後第四紀の氷縞と似たかたくなった粘土層がある。しかし、これらすべての現象は偽氷河性のものである。堆石であると考えられている石の下に磨かれた岩石が見つかっていないのである。

私が最近強調したように〔217〕、気候学的観点から考えても、このスカンタム・ティライトを氷河性のものであるとする考えには疑わしい点がある。したがってそれは大陸移動説とは独立なものである。二畳石炭紀における北アメリカの気候に関する他の証拠のすべて（データの数は多い）が、この期間を通じて合衆国の西部が熱い砂漠気候であったことを疑いの余地のないまでに示している。これに対して、石炭紀の頃にはアメリカ東部はまだ赤道降雨帯にあった。しかし二畳紀には、そこもまた高温の砂漠地域に含まれていた。これらの気候の証拠に関するこまかい点については後で述べるはずである。その中では岩塩及び石こうの堆積物及びサンゴ礁が主役を演じている。さて、第33図からも明らかなように、このような堆積物がある場所では、雪線は地球上で考えられる最高の高度に達している。問題の時期には、アメリカ合衆国のこの地域における雪線は海面から五キロメートルも上にあった。したがって、これらの堆積物のどまん中に、バトナ氷河のそれと比べられるような大量の氷があったとは考えにくい。また、多くの人が考えているように、サンゴ礁ができたのと同じ海に氷山が浮かんでいたとも思われない。このようなことは物理的に不可能である。なぜなら気候が同時に熱くまた寒くはあり得ないからである。このような氷河層が高い場所でできたとも思われない。したがって、多くの他の礫岩がそうであったように、スカンタム・ティライトもまた偽氷河性のものであると私は考える。

スカンタム・ティライトを氷河性のものとすることに対する気候学的誤解は、時間的にもまた空間的にもそれと隣り合った北アメリカ・ブロックの堆積物からきたものである。したがって、この反対論は大陸移動説とは何の関係もなく、また大陸移動説に頼ることなく説明すべきものである。

したがって、スカンタム・ティライトを大陸移動説に対する反対の証拠であると考えることもまた非論理的である。スカンタム・ティライトの問題はともあれ、大陸移動説の正しさを判断する場合には、数多くの信頼できるまた相互につじつまの合った証拠を使うべきであって、多くの場合にすでにまちがっていることがわかったある一つの点だけに頼って判断すべきではない。

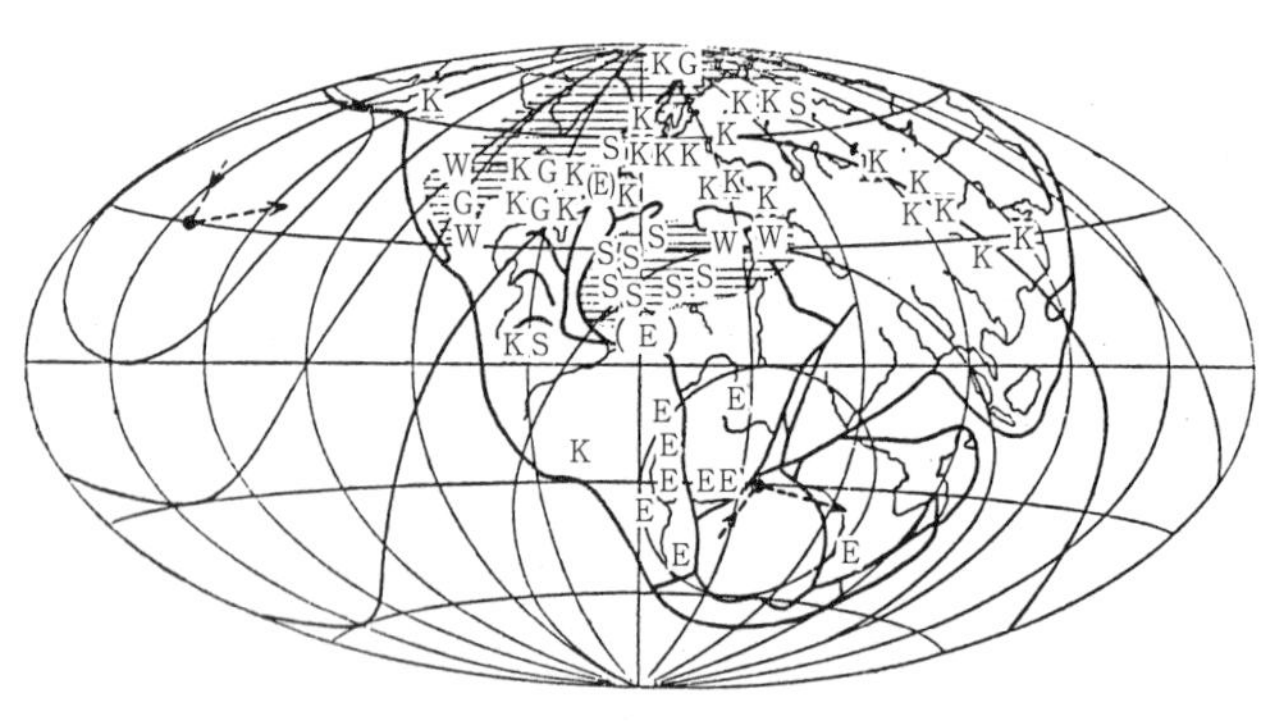

E= 氷の跡　K= 石炭　S= 岩塩　G= 石こう　W= 砂漠の砂岩　▤ = 乾燥帯

第35図　石炭紀における氷、沼地および砂漠の分布（ケッペンおよびウェゲナーによる）

二畳石炭紀の偽氷河性現象についてやや詳しく説明してきた。スカンタム・ティライトを氷河性のものであるとする考えに抗議しているのは私だけであり、したがってこのように抗議する理由について少し詳しく述べる必要があると考えたからである。[*]ここで話を転じて、石炭紀及び二畳紀の間の気候に関する信頼できる証拠が大陸移動説といかによく調和するかをみてみよう。

＊バン・ウォーターシュート・バン・デル・グラハトだけが私と同様な疑いの念を示している〔210〕。

もっとも重要な因子が第35及び第36図に示されている。氷河に関するまちがいのない証拠が残っている場所がEで示してある。その頃氷河をもっていたすべての地域は南アフリカのまわりにあり、地球の表面で約三〇度の半径をもった帽子の中に含まれている。したがって、極気候の証拠が、現在の気候シ

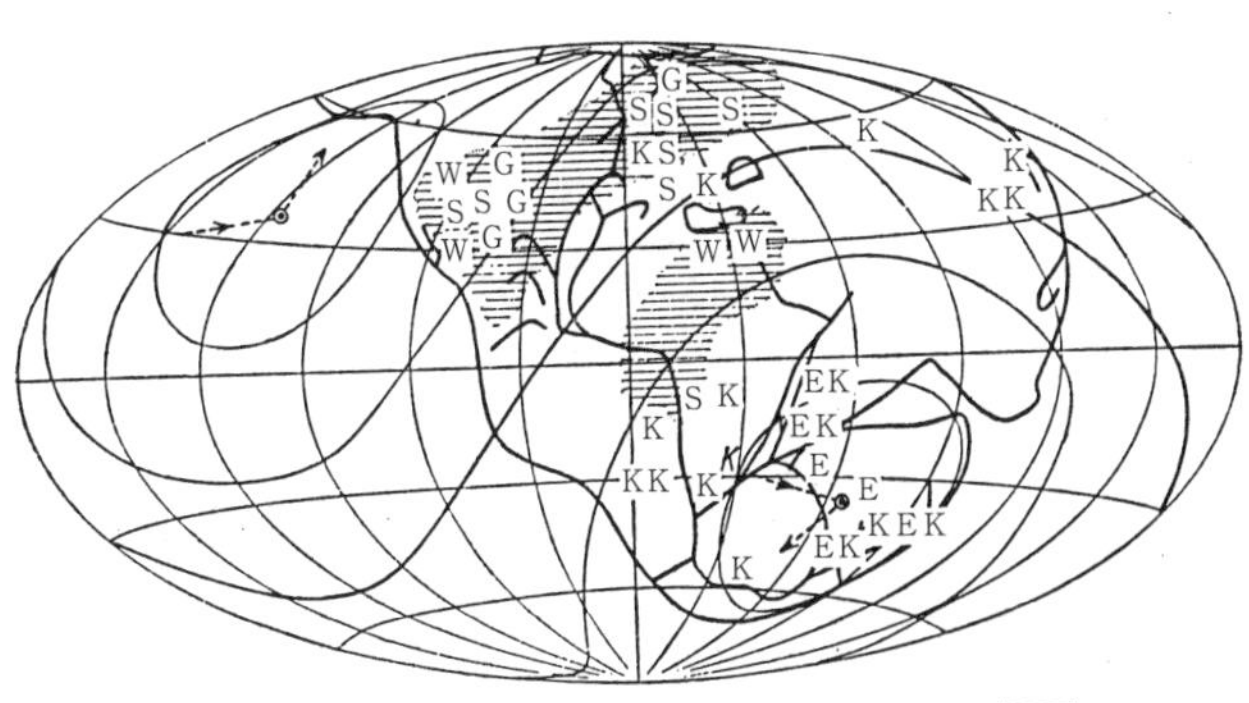

E＝氷の跡　K＝石炭　S＝岩塩　G＝石こう　W＝砂漠の砂岩　▤＝乾燥帯

第36図　二畳紀における氷、沼地および砂漠（ケッペンおよびウェゲナーによる）

ステムに対するのとほとんど同じ面積の中に含まれている。大陸移動説に対するこれ以上の証拠は望み得ないだろう。*

＊南半球にある大陸氷河が同時ではなかったことを理由にして、大陸の位置は現在のままであったとしても、極移動（たいへん広範囲で速い）だけを考えればよい、という誤った反対論が主張されている。しかし、オーストラリアにおける最初の氷河は石炭紀にまでさかのぼる。それは南アメリカ及び南アフリカと同時代であった。また南極が大規模に移動したことに対応して、北極がメキシコを横切ったはずである。しかし、メキシコは圧倒的な砂漠気候であった。地球の全表面に散らばった気候に関する他の証拠もまた、このように大規模な極移動の考え方を否定している。

南極の氷と見合うほどの多量の内陸氷が北極のまわりに見出せないのはなぜだろう。その頃の北極が太平洋にあり、それがすべての大陸から離れていたというのが理由になるだろう。

図に示された氷河地域の中心に南極がある。これに対応した赤道は北緯及び南緯三〇ないし六〇度のところにある。北極もまた図に描かれている。ここで使われている投影法では、これらのカーブはたいへん変形している。地球上では大円になるはずの赤道は、他の線よりも少し太い線で描かれている。気候に関する他の証拠がこの図にいかによく適合するかを次にみてみよう。

われわれの再構成図（現在の地球ではない）の上では、北アメリカ、ヨーロッパ、小アジア及び中国を横切る石炭紀の頃の石炭帯は一つの大円の上にある。それに関係した極は氷河地域の中心にある。すなわち、石炭帯はわれわれの図上の赤道と一致している。

すでに述べたように、石炭は降雨気候を意味する。この場合と同様に、地球をとりまく大円の形をした降雨帯は赤道だけである。さらに、この場合と同様に、その降雨帯が内陸氷の大地域の中心から九〇度離れている場合には、それが赤道と一致するという結論はそれだけ確からしいものになる。

大陸移動説から出発すると否とにかかわらず、この結論が避け難いものであることは重要である。石炭紀の頃のヨーロッパの炭田は同じ頃南アフリカにあった内陸氷の跡からまさに八〇度北にある。ここでの氷河の跡はたいへん完全に研究されており信頼できるものである。今日の南極におけるように雪線が海面までおりてきていたという証拠がそろっているのは南アフリカである。第三紀におけるアルプス褶曲を考えると、石炭紀の頃の隔たりは現在のそれよりも一〇ないし一五度大きかっただろう。そのことを別にすれば、南アフリカに相対的なヨーロッパの位置はそれほど違ったものではあり得ない。したがって、石炭紀の頃のヨーロッパの炭田がその頃の内陸氷の地域の中心からまさに九〇度離れていたことはほとんど疑いない。極から九〇度離れたところといえば赤道である。スピッツベルゲンもまた今なおヨーロッパの大陸ブロックの一部である。したがってそれはヨーロッパに対して現在とほとんど同じ位置を占めていたにちがいない。スピッツベルゲンの石炭紀の頃の巨大な石こう層は亜熱帯の乾燥気候の証拠であり、このような気候の北限がその頃のヨーロッパの炭田よりも三〇度北にあったことを示している。

したがって、大陸移動説とは関係なく、ヨーロッパの石炭紀の頃の炭田が赤道降雨帯にあったという結論は避け難いものである。

この証拠はたいへん説得的であって、これに比べては他の証拠は少し見劣りがする。しかし、石炭紀の頃のヨーロッパの炭田やこれに近い炭田の中で見つかる植物の残骸がこの結論と調和するかどうかを調べることにはそれなりの意味がある。ヨーロッパの石炭紀の頃の植物群に関するもっともすぐれた権威者であるH・ポトニによれば、一致は十分である。この点に関する彼の研究〔169〕は、現在のところもっとも完全でまた最上のものである。純粋に植物学的な理由にもとづいて、ヨーロッパの石炭紀の頃の炭田が熱帯の低地にある沼と同じ性格の沼の泥炭の化石であると彼は結論している。

この結論を導くためにポトニがあげた証拠はそれほど決定的なものではない。古い時代の植物群からその気候学的特徴を引き出すことがかなり難しいからである。彼の議論に含まれる不確かさが、彼の反対者たちによって強調されている。現在の植物古生物学者の中には、彼の反対者たちはかなり多くいる。にもかかわらず、私の知る限りでは、ポトニの主張をうち破ることのできた人は誰もいない。彼の主張にうち勝つためには、彼があげた植物群の特徴に関して、他のよりもっともらしい解釈をしなければならないし、彼があげなかった植物群の他の特徴に注目して、他の気候条件が支配していたことを示さなければならない。ポトニの反対者たちによってあげられているのは、どれも一般的な性質の反対である。彼の植物学的推理は攻撃に耐えて生き残っているようにみえる。まさにこの理由によって、それについての知識を得ることは興味のないことでもあるまい。熱帯性であることを意味するおもな植物群の特徴が六つある。

一、シダの化石の繁殖器官から判断する限りでは、それは今日の熱帯環境に対応した科であった。他の特徴の中では、多くの石炭紀の頃のシダと現在の *Marattiaceae* の間の関係が注目に値する。

二、石炭紀の頃の植物群では、木生シダやよじのぼりまたからみつくシダが前景に出ている。現在では主として草質であるグループに属するものまでが木に似た成長の仕方をしている。

三、たとえば木生シダの *Pecopteris* のような石炭紀のシダの多くはアフレバイアスをもっている。これは側方へ出た茎のつく部分にできる不完全な羽状複葉であり、不規則な鋸歯(きょし)状をしている。これは他の規則的な羽状複葉とは著しく違っており、若いふつうの羽状複葉がまだまいている間にすでに十分に成長する。このようなアフレバイアスは現在では熱帯のシダに見られるだけである。

四、石炭紀のシダのかなりのものが赤道に限って見られるような大きさの葉をもっている。葉の面積は数平方メートルもある。

五、ヨーロッパの石炭紀の木の幹には年輪がまったく欠けている。したがって周期的な干魃あるいは寒冷によって成長が妨げられなかったことになる。これに次のことをつけ加えておこう。すなわち、フォークランド諸島及びオーストラリアでは、きれいな年輪をもった二畳石炭紀の頃の木が見出されている。第35図及び第36図からも明らかなように、これらはいずれも南半球の高い緯度のところにいた。

六、茎につく花（コーリフローリ）は、*Calamariaceae* 及び *Lepidophytes* の特徴である。後者ではある種の *Lepidodendraceae* 及び *Sigillariaceae* の特徴である。*Lepidodendraceae* は *Ulodendron* 属に属するものであり、茎の上の大きいしるしがその特徴である。このしるしは茎についた花の跡である。現在では、古い木の側部（幹や枝）から花の出る木は、そのほとんど大部分が熱帯降雨林にある。熱帯の厚い植物のカバーによって太陽の光がさえぎられる。そのために太陽光が必要である葉群は木のてっぺんにつき、繁殖器官は光がそれほど入ってこない植物の部分にできる。このような部分では、いずれにしてもそれによって葉群の活動力が妨げられないからである。

上にも述べたように、これらの植物学的結論は不確かであるかもしれない。しかし二つのことだけは確かに言える。これらの植物群は現在それが発見されている極あるいは温帯の気候のところに生存していたものではない。熱帯あるいは亜熱帯の気候だけが関係していた。第二に、すべての証拠が、他のそしてより信頼できる方法によって得られたわれわれの結果とよく調和する。その結果とは、これらの炭田が赤道降雨帯でつくられたというものである。

ポトニの反対者たちの大部分は、ここで問題になるのは亜熱帯の気候であって熱帯の気候ではないと考えている。今でもそのような反対論が通用しているかどうかを私は知らない。しかし、ある時には、現在の赤道降雨帯には泥炭の沼がないということがその理由とされた。高い温度のところでは植物がより早く分解するために、ある温度以上では泥炭ができないという主張もなされた。この考え方をやっつけるもっとも簡単な方法は、最近熱帯降雨帯のほとんど至るところで泥炭の沼が見つかったことを指摘することである。泥炭沼はスマトラ、セイロン、タンガニーカ湖及び英領ギアナで見つかっている。他のもっと多くのものがコンゴ及びアマゾン川の沼の地域で見つかるに違いない。現在まだ見つかってはいないけれども、そこでの川の多くが「黒い水」の色をしていることからも、その存在がうかがわれる。したがって、上に述べた反対論は、われわれが熱帯の沼に近づくことができず、その結果としてわれわれの知識が不足したために生じたまちがいである。もちろん、石炭紀の頃の赤道では、ちょうどその頃に始まった石炭紀の褶曲過程にもとづく基盤の岩石の運動によって泥炭沼の生成が促進されたにちがいない。これらの過程によって自然な水の流出が妨げられ、広い範囲にわたる沼がつくられた。

亜熱帯気候を考える他の理由としては、石炭紀の頃の炭田にしばしば見出される木生シダは、現在では熱帯よりもむしろ亜熱帯の水の豊富な山腹でよく成長するという事実があげられる。しかし、これは決定的な理由とはならない。現在でも比較的まれではあるが、赤道降雨帯の泥炭沼で木生シダが成長するからである。もしかするとそれらはより最近のより適応した種によっておきかえられたのかもしれない。その新しい種は石炭紀には存在しておらず、したがってそれとの生存競争は存在しなかった。一方、現在の亜熱帯地域との比較はまったく不適当である。大陸の東のへりの季節風地域に至るまでは、亜熱帯地域は乾燥しているからである。したがって、気候学的な理由によって、石炭紀のおもな炭田のように広範囲な沼は現在の亜熱帯にはあり得ない。炭田は赤道あるいは低温の気候に対応しており、後者の場合には木生シダは問題外である。

最後に、ポトニはかつて第三紀の褐炭の気候学的解釈を誤ったという理由によって、多くの人たちによって疑いの目で見られている。しかし、われわれはこれを無視してよいだろう。いずれにしても、一度まちがいを犯したものはいつでもまちがいを犯すという考えは、石炭紀の頃のヨーロッパの炭田が熱帯性のものであるというポトニの議論よりは信頼性に乏しいものである。[*]

＊植物古生物学的議論にまきこまれることなく、この機会を利用して私は次のことを言っておきたい。すなわち、気候に関する全体的な証拠によれば、中央ヨーロッパは下部第三紀には赤道降雨帯にあり、中部第三紀には亜熱帯（半ば乾燥）にあり、上部第三紀には現在と似た気候状態にあった。したがって、中央ヨーロッパの第三紀の石炭層は、その年代に応じて、現在とはかなり異なった気候条件のもとでつくられた。ここで

また、石炭植物群だけの証拠によるよりも、その頃のヨーロッパの気候に関する全体的な化石の証拠による方が、より正確に気候を決められるということを注意しておきたい。

これらの炭田が熱帯性のものであるかあるいは亜熱帯性のものであるかという議論の決着はつけ難い。このように古い植物群の場合には、それは驚くにあたらないことである。ともかく、もう一度くり返しておこう。これらの地層のある場所は、極の氷床が疑いもなくある場所の中心から大円に沿って九〇度離れていた。そのことはそれが熱帯の降雨気候の中でつくられたと考える完全な理由になる。すでにくり返し述べたように、この結論は大陸移動の問題とは無関係なものである。

大陸移動説が関係するのは、ヨーロッパの外でのこの巨大な石炭帯の説明である。大陸移動説を無視する場合には、この帯の現在の分布が矛盾に満ちたものになる。

北アメリカ、ヨーロッパ、小アジア及び中国の石炭紀の頃の炭田に関しては、その植物群と気候条件の類似性が今では、一般に認められている。したがって、ヨーロッパの部分が赤道降雨帯の中でつくられたとすれば、他の部分についても同じことがいえる。それらの場所の現在の分布は大陸移動説の直接の証拠となる。大陸移動説を考えなければ、これらの場所がすべて一つの大円の上にあるべきだという要求が満たされないからである。第37図はクライヒガウワー〔5〕によって描かれた石炭紀の頃の世界地図であり、その上には彼によって仮定された赤道が書きこん

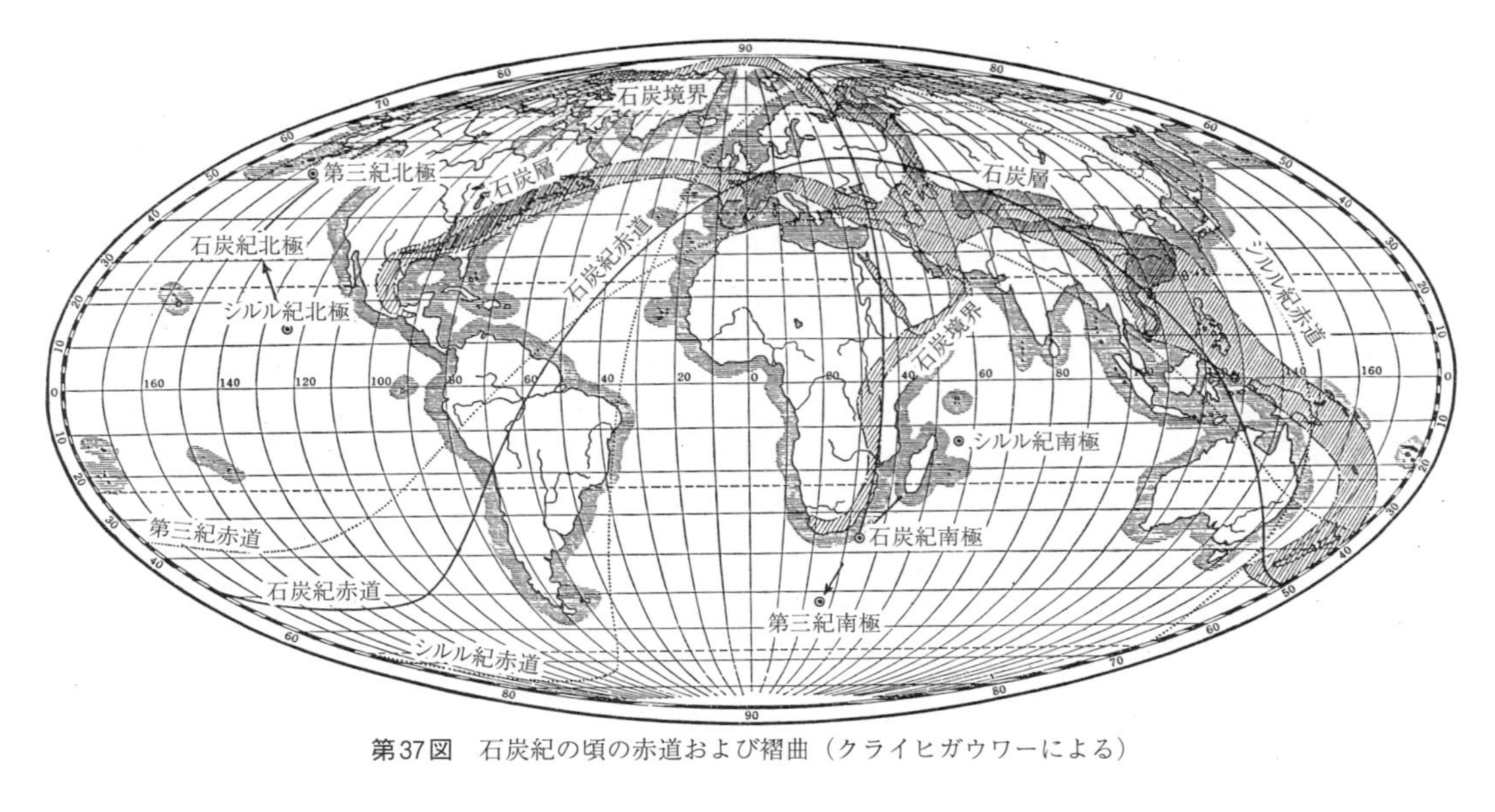

第37図　石炭紀の頃の赤道および褶曲（クライヒガウワーによる）

である。これは大陸移動説を無視した場合に得られるパターンを示す。ヨーロッパ、アフリカ及びアジアに対しては、この図とわれわれの図とはほぼ一致している。しかし、この図での赤道はアメリカ合衆国東部を通らないで南アメリカを通っている。気候学的証拠によれば、赤道はアメリカ合衆国を通ったはずであり、またここで書かれた赤道と一〇度も離れていないところに内陸氷床が拡がっていたことを考えると、赤道は南アメリカを通っていなかったはずである。また、この図では、氷河の跡が残っているインドとオーストラリアとのつじつまがどうしても合わない。

さらに、石炭紀の頃のおもな石炭帯の石炭層の厚さは、それが赤道降雨帯でできたという考えと完全に一致する。そのような石炭層の厚さがそれを経済的価値あるものにしているのである。第36図に示したように、二畳紀の間に南半球の大陸では、とけた氷床の堆石の上に、より厚さの薄い石炭層がつくられた。これと関係した植物群は草質のシダのグロソプテリスの名をもって呼ばれており、極気候に属する。これらは南半球の極のまわりの降雨帯の沼の中で、北ヨーロッパ及び北アメリカの第四紀及び後第四紀の泥炭の沼と同様にしてつくられたものである。これらの石炭層とグロソプテリス植物群は、これらの地域がつながっていたことを意味する。それらは現在広い地域に拡がっており、その頃の一つの気候帯の中にあったとは思われないからである。

石炭紀及び二畳紀の気候を示す他のデータもまた第35及び36図に示した結果とよく調和する。そこでは大陸移動説にしたがった大陸の位置を考えた場合に限って帯状の分布が得られる。

乾燥地帯を含む二つの亜熱帯気候帯の中では、石炭紀及び二畳紀に対して北方のそれがよくたどられている。その実際の存在ばかりでなく、二畳紀の間に気候帯が南へ移動したことがわかっている。このような移動によって北アメリカ及びヨーロッパから赤道降雨帯が追い払われ、それと入れかわって乾燥気候がやってきたのである。石炭紀の間にスピッツベルゲン及び北アメリカの西（第35図G）に巨大な石こう層が堆積した。また、北アメリカの西では厚い二畳石炭紀の赤色の地層がいたるところにあり、砂漠の気候を物語っている。北アメリカの東部にだけ赤道降雨帯が存在した。しかし、二畳紀には、北アメリカの全部とヨーロッパが砂漠になった。ニューファンドランドでは石炭紀の終わりにすでに、最後の石炭層を岩塩がおおった（第35及び36図中のS）。二畳紀には、巨大な石こうの堆積物がアイオワ、テキサス及びカンザスにでき、また岩塩の堆積層がカンザスにできた。石炭紀に赤道降雨帯によって横切られていたヨーロッパでは、二畳紀にドイツ、南アルプス及び南及び東ロシアに巨大な岩塩層が堆積した。ドイツだけでも、アールト〔11〕は九つもの二畳紀の岩塩層を数えあげている。その中ではシュタスフルトの堆積がもっとも有名である。ヨーロッパにおける気候帯の南方への移動及び北アメリカでのこれと同時代の南方への移動は、南アフリカからオーストラリアへの内陸氷の移動とともに、石炭紀から二畳紀へかけての極移動を示している。移動の大きさはそれほど大きいものではなかった。

現在までの観測によってわかっている限りでは、南の乾燥地域は主としてサハラ及びエジプトに石炭紀の跡を残した。サハラでは大スケールの岩塩層があり、またエジプトには砂漠の砂岩が残っている。確かに、これらの堆積物がヨーロッパのそれほど完全に調べられているわけではない。特に正確な年代決定がなされていない。

最後に、ヨーロッパ（アイルランドからスペインへ）及び北アメリカ（ミシガン湖からメキシコ湾へ）の石炭紀のサンゴ礁は、上に述べた気候帯のパターンとよく適合する。アルプス、シチリア及び東アジアの二畳紀のリヒトホーフェンニーデ（石灰岩サンゴをつくる）についても同じことが言える。

上に述べたことから、二畳石炭紀の氷河の跡だけでなく、その頃の全気候帯に関する証拠が大陸移動の考え及び現在のそれと完全に一致する気候システムと調和することは明らかである。ただし、この場合南極を南アフリカへ移動させる必要がある。しかし、大陸の位置が現在のままであると考えると、データを組み合わせて理解可能な気候のシステムをつくることができない。したがって、これらの観測事実は大陸移動説の正しさに対するもっとも強力な証明であると言ってよい。

石炭及び二畳紀に対する証拠だけがあって、それにひき続く時代に対する証拠がない場合には、大陸移動説に対する古気候学的証拠は不完全なものといってよい。より前の時代に関する古気候学的データは、現在のところ手に入れることができない。地図学的基礎が欠けているからである。しかし、より後の時代に対してはそうではない。ケッペンとともに書いた本〔151〕の中で、ここで（短縮した形で）石炭及び二畳紀について述べたのと同じ方法で、私はそれにひき続く地質時代についての議論をしている。この本のスペースが限られているために、その議論をここでくり返すことはしない。読者はケッペンとウェゲナーの本を参照されるがよい。しかし、結果は不変である。大陸移動説にもとづいた再構成図を出発点として使う場合には、気候学的証拠がそろって現在のそれと基本的には同じシステムをつくる。しかし現在の大陸の位置が変わらないとすると、矛盾が生じる。現在により近ければ近いほど、当然ながら矛盾はより小さくなる。大陸の位置が現在のそれにより近くなり、この証拠が大陸移動説の正しさを示す程度がより小さくなるからである。

最後に、大昔の気候、特により後の時代の気候に関する解釈では、極移動がもっとも重要な役割を演じていることが注目される。極移動と大陸移動とはお互いに助け合って基本原理を形成する。その原理を使うことによって、無秩序で一見自己矛盾し混乱した事実が集まって、簡単なパターンをつくる。それは現在の気候システムと完全に似ており、それだけにより説得的で、またわれわれを驚かす。しかし、これは主として大陸移動説のためである。なぜなら、大陸移動説がなければ、極移動説は最近の時代に関してせいぜいやや満足という程度の解決を与えるにすぎないのだから。

第八章　大陸移動と極移動の基礎

これまでに書かれた文献の中では、「大陸移動」及び「極移動」という表現がしばしば異なった意味に使われている。このためにその相互関係に関してある混乱がおこる。この混乱は正確な定義によってのみ避けられるものである。これらの言葉が含む問題を明らかにするためにもまたこのような定義が必要である。

大陸移動説は大陸の相対的な移動、すなわち任意に選ばれた部分に対する地殻のある部分の移動に関係している。特に、第４図（三八ページ）にしめされた再構成図では、アフリカに相対的な大陸移動が示されている。すなわち、すべての再構成図で、アフリカの座標は常に同じである。アフリカが基準点に選ばれたのは、この大陸が以前の原始的なブロックの核をあらわすからである。地球表面のある部分に注意を集中する場合には、基準のシステムをこの部分のある限られたところにおき、この基準システムの位置が不変であると考えればよい。基準の選び方はまったく便宜的なものである。地理学的経度変化を調べるために、最近ではグリニッチ観測所に相対的な変位を論じるのがふつうである。

基準システムの選び方の任意性を免がれるためには、地球表面のある部分に対するよりもむしろ地球の全表面に相対的な大陸移動を定義するのがよい。しかし、その決定にはたいへんな困難があるから、ここではそれを考えないことにしよう。

基準システムをアフリカに置くことがまったく任意的なものであるという点は重要である。たとえばモーレングラーフ〔228〕が大西洋中央海嶺からアフリカが東へ向けて移動したと主張しても、この主張と私の大陸移動説との間に何らのくい違いがあるわけではない。アフリカと相対的には、アメリカと大西洋中央海嶺が西へ向けて移動した。前者が後者の約二倍の速さで移動した。海嶺に相対的には、アメリカが西へアフリカが東へほぼ同じ速度で移動した。アメリカに相対的には、海嶺とアフリカが東へ向けて移動した。後者の速度は前者の二倍であった。相対運動として考えれば、これらの三つはすべて同じことである。しかし基準システムとしてひとたびアフリカを選んだとすれば、定義によってこの大陸の移動はなかったことになる。すでに述べたように、この基準システムの選び方はもっとも便利なものである。地球のある部分に対してというよりもむしろ全表面のことを論じるのに便利である。

上で定義した大陸移動は、極あるいは下層の経度変化については何も述べていない。これらを大陸移動と分離して考えるのが重要であると私は思う。

極移動は地質学的な考え方である。地質学者にとっては地殻の表面だけが近づきうるものであり、また大昔の極の位置は地表で手に入る気候に関する化石の証拠を用いて決められる。したがって、極移動は地球の表面でおこる現象と言ってよい。すなわちそれは地球の全表面に相対的な緯度システムの回転あるいは緯度システムに相対的な全地表の回転である。運動は相対的なものであるから、この両者は同じものである。意味をもつためには、この回転は地球の自転軸とは違った軸のまわりの回転でなければならない。地球の内部が緯度システムあるいは地球の表面に相対的に静止しているか、あるいは両者に対して回転しているかどうかという問題は、この定義では無視される。もの事をはっきりさせるためには、こうすることが必要である。こういう意味での表面的な極移動は気候に関する化石の証拠を用いて遠い過去に対してだけ決められる。その実在性あるいは可能性については、地球物理学は何も言うことができない。

もちろん、同時に大陸移動がおこるために、上で定義されたような極移動の決定は容易でない。大陸移動がないとすれば、気候に関する化石の証拠から得られた極の位置を相互に比較して、極移動の方向及び大きさをただちに決めることができる。しかし、問題とする二つの時間に大陸移動がおこったとすると、気候学的証拠を用いて大陸移動説を考慮した二枚の再構成図の上に極の位置を決めることができる。しかしここでの困難は、時間2に対して、時間1に対応した「不動の」極の位置をどこに置いたらよいかということである。ベクトル的な移動を決めるには、この「不動の」極の位置を決める必要がある。

以下のようにして話を進めることもできる。時間1に対する地図上の格子システムをその時の地球の表面にしっかりと刻みこんだとしよう。大陸移動のために、時間2にはこの格子システムは変形するはずである。このように変形したシステムにもっともよく適合する変形しないグリッドシステムが見つかったとすれば*、その極が時間2に対する「不動の」極をあらわす。気候に関する化石のデータから得られた時間2に対する実際の極の位置とその位置とを比較すれば、時間1と2の間の極移動を決めることができる。

＊ここでは数学的条件に関する議論は省略する。

このようにして得られた結果は極移動の絶対値である。すでに述べたような困難があって、この絶対値を決める試みはまだなされていない。われわれは極移動の相対値、すなわち任意に選ばれた大陸に対する相対的な極移動を得ることで満足すべきである。ケッペンと私〔151〕はここでもまたアフリカ大陸を基準点として使って、アフリカに相対的な極移動を求めた。他の大陸を基準点として使ったとすれば、その結果得られる極移動はかなり違ったものになっただろう。大陸移動がまったくなかった場合に限って、極移動に対して得られる結果は同じになり、また絶対的なものになる。基準の大陸の選び方によって、極移動の結果としてどのように違った相対的な極移動が得られるかが第38図に示してある。この図には、アフリカ及び南アメリカを基準点とした二つの場合に対して、白亜紀以来の極移動がどのようになるかを示したものである。

国際緯度観測サービスの観測によれば、極移動は現在でもおこっている。この移動は地球の表面に相対的なものである。最近までは、平均的な位置のまわりに極が周期的にどのような変化をするかが決められただけである。したがって、最近になってこのような極移動までが決められる

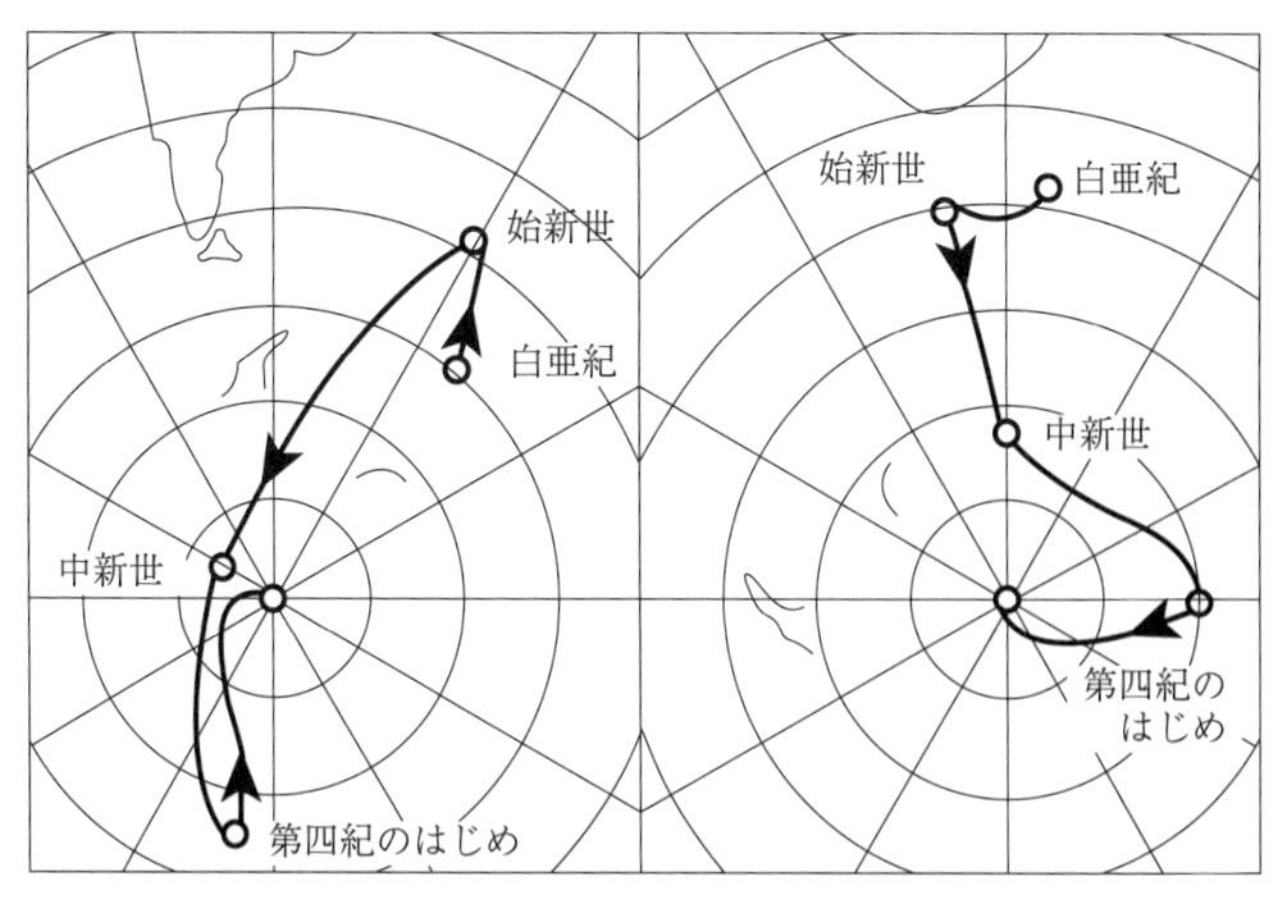

左図は南アメリカに、右図はアフリカに相対的である
第38図　白亜紀以来の南極の移動

ようになったことは、われわれの知識の進歩における一里塚と言ってよい。一九一五年に、バナハがこのような平均的な位置の移動を最初に決定した。しかし、移動量が小さかったために、それについて決定的なことを言えなかった*。最近の信頼できる証拠が一九二二年にランバートによって提出された。そして最近バナハ〔208〕は国際緯度観測サービスの一九〇〇・〇から一九二五・九年へ至る新しい極移動の結果を得た。バナハの結果が第39図に示してある。それは移動がどの程度のものであるかをはっきりと示している。よく知られているように、全体的な極移動は円に似た軌道をたどる。その円の半径はある時には小さくなり、またある時には大きくなる。これは慣性軸のまわりの瞬間的な回転軸の軌跡と言ってよい。図があまりにも複雑にならないように、バナハは全体的な極移

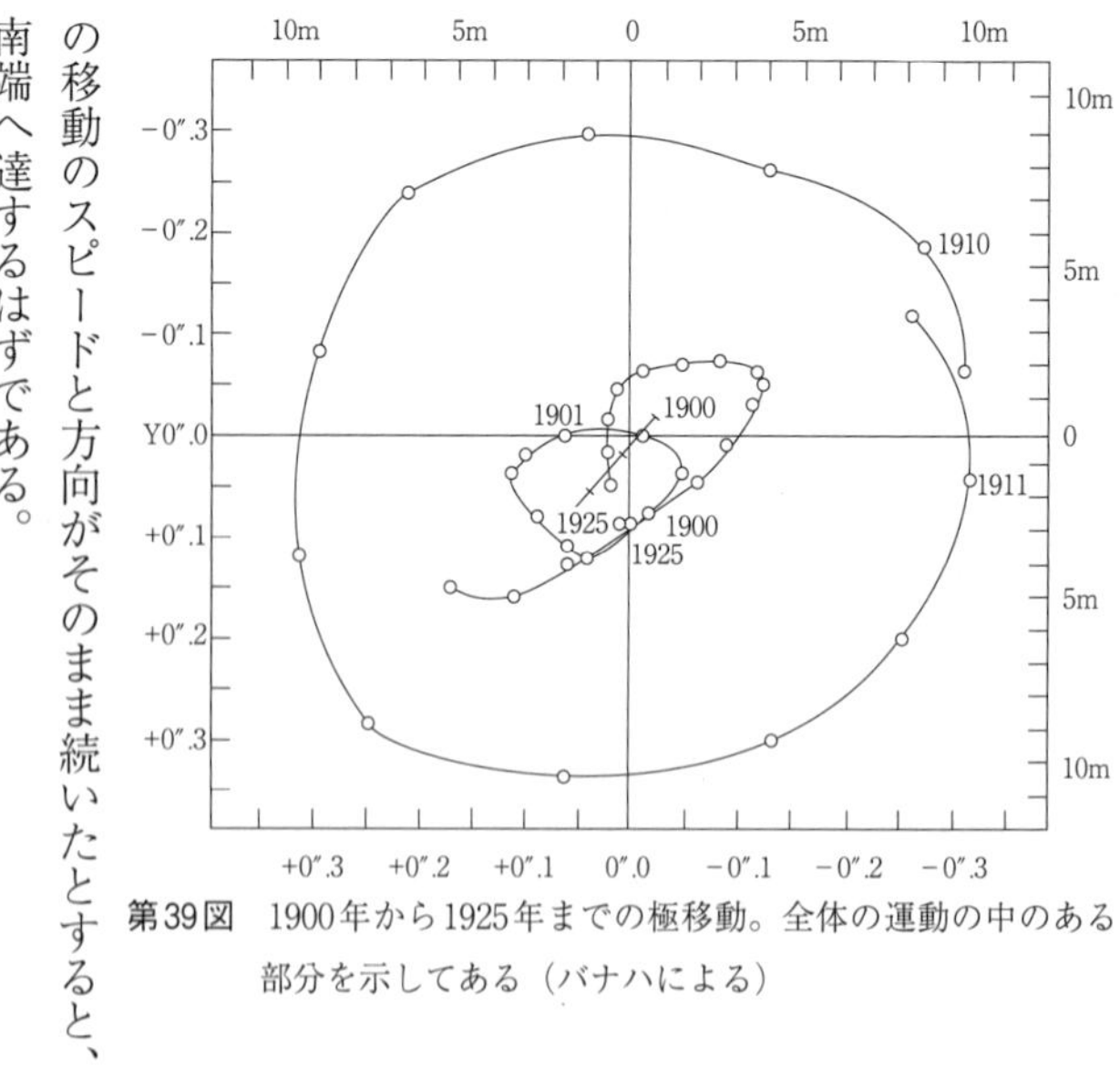

第39図　1900年から1925年までの極移動。全体の運動の中のある部分を示してある（バナハによる）

動の三つの部分だけを示した。すなわち一九〇〇・〇から〇一・二へ至る特に小さい半径の部分、一九〇九・九から一一・一へ至る大きい半径の部分及び一九二四・七から二五・九へ至る小さい半径の部分である。図の中心にある地球の慣性極は、バランスの計算によって求められる。その慣性極は、図の中心に示された短い斜めの線に沿って移動している。その一年間の移動量は現在の一年間の極移動をあらわし、その大きさは一四±二センチメートルである。あるいは一〇〇万年あたり一四〇キロメートル（一・三度）であり、地質学的データから得られた中生代の極移動量をこえている。しかし第三紀のそれよりは小さい。この移動のスピードと方向がそのまま続いたとすると、二三〇〇万年間に北極がグリーンランドの南端へ達するはずである。

＊一九一二年にPetermanns Mitteilungen（三〇九ページ）の中で、極移動の軌跡の中心の系統的な移動を決めるには、目で見て決めるのがよいことを、私は主張した。図形の対称性に関しては目がたいへんに敏感である。

理論的には、この現在の極移動は一つの大陸に相対的な極移動ではなく、地球の全表面に相対的な絶対的極移動である。これらの二つは同じものではない。現在の極移動が絶対的なものである理由は、緯度観測所が全地球上に分布しているからである。しかし、厳密に言えば、極移動の絶対値を求めるためには、地球上のすべての点で緯度の測定をしなければならない。したがって、国際緯度観測サービスは極移動の絶対値の近似的な値を与えるにすぎない。大陸移動によって緯度観測所の位置が変えられない場合に限って、極移動の絶対値が求められる。しかし、シューマン〔220〕が注意を喚起した次のような事情から考えて、観測点の移動がおこっていることは明らかである。その事情とは、極移動の軌跡を決めてみると、系統的でしたがって観測誤差ではあり得ない残差が残るということである。ただし、その原因はまだよくわかっていない。

私の考えでは、このようにして決められた極移動を表面的なものと定義し、それの実在を決定する問題と、それがマントルに相対的な地殻の移動によって生じたものかそれとも地球内部での軸の移動によって生じたものかという議論の戦わされている問題とを分離して考えることが重要である。これまでの文献では、問題がこのように取り扱われておらず、その結果困難が生じている。これまでのところ、極移動は地質学者たちによって実験的な方法で見出されており、また現在の極移動は測地学者たちによって緯度観測から決められている。多くの地質学者たちは理論的な根拠にもとづいてその可能性を議論している。また第三のグループに属する研究者たちは、移動が内部での軸の移動によって生じたものではなく下層に相対的な地殻の回転によって生じたものであるという折衷案を提案している。混乱を避けるためには、より厳密な定義をする必要がある。そしてこの方向への第一歩は、極移動を表面的なものであると定義することである。このような表面の移動は過去の地質時代に対しても、また現在も見出されている。したがってその存在については問題がない。

「地殻の移動」及び「地殻の回転」という言葉は、下層に相対的な地殻の運動を意味する。「地殻」という言葉は地球内部に対する反対語であり、したがってこの定義は自然なものである。下層に相対的な地殻の移動に関しては、われわれは多くのタイプの証拠をもち合わせている。しかし、データから決められるのは移動の方向だけであって、その大きさではない。

まず第一に、地殻全体が回転しているという証拠らしいものが数多くある。移動は西向きに、自転軸に対応した軸のまわりでおこっている。これと関係したこととして、より大きいブロックに対してより小さいブロックが東方へとり残されるという現象がある。その実例は東アジア、西インド、ホーン岬とグレイアム・ランドの間の南シェトランド島弧のようなへりの島弧である。またたとえばスンダ群島及びフロリダの陸棚、グリーンランド及びティエラ・デル・フエゴの南端、グレイアム・ランドの北端のように、大陸のとがった先端が東方へカーブしている。さらにまたセイロン島の分離、アフリカからのマダガスカル及びオーストラリアからのニュージーランドの東へ向けての分離及びアンデス山脈の圧縮のような例があげられる。これらすべての現象がまず第一に大陸移動の分類の中に入ることは明らかである。しかしそれらは海底のシマに相対的に大陸ブロックが系統的に西へ向けて移動することを意味する。それはまた大陸下のシマに相対的な大陸ブロックの西方移動を意味する。このような兆候が全地球上でみられることから、それは地殻が全体として西向きに回転していることを意味することがわかる。実際、現代の地球物理学ではこの考えがすでにしばしば利用されている。

一方、部分的な地殻の移動特に赤道へ向けての移動の兆候がある。実際、大陸を極から引き離すような力の存在が理論的にも証明されている。アトラス山脈からヒマラヤへ至る巨大な第三紀の褶曲システムは、その頃に赤道へ向けての圧縮力が働いたことを示している。それは下層に対して地殻が移動したことを意味する。

これらの証拠のすべては間接的である。下層に対する地殻の移動のより直接的な証拠が重力場の分布によって与えられる。この問題について少し詳しく触れることにしよう。

第40図はコスマット〔38〕によって書かれた中央ヨーロッパでの重力異常図である。ふつうおこなわれるように、実際に測定された重力値に補正を加えて、地球の全表面をならして海面にし、その海面上で測定をおこなった場合の値を求める。すなわち、観測点を海面上へもってくる

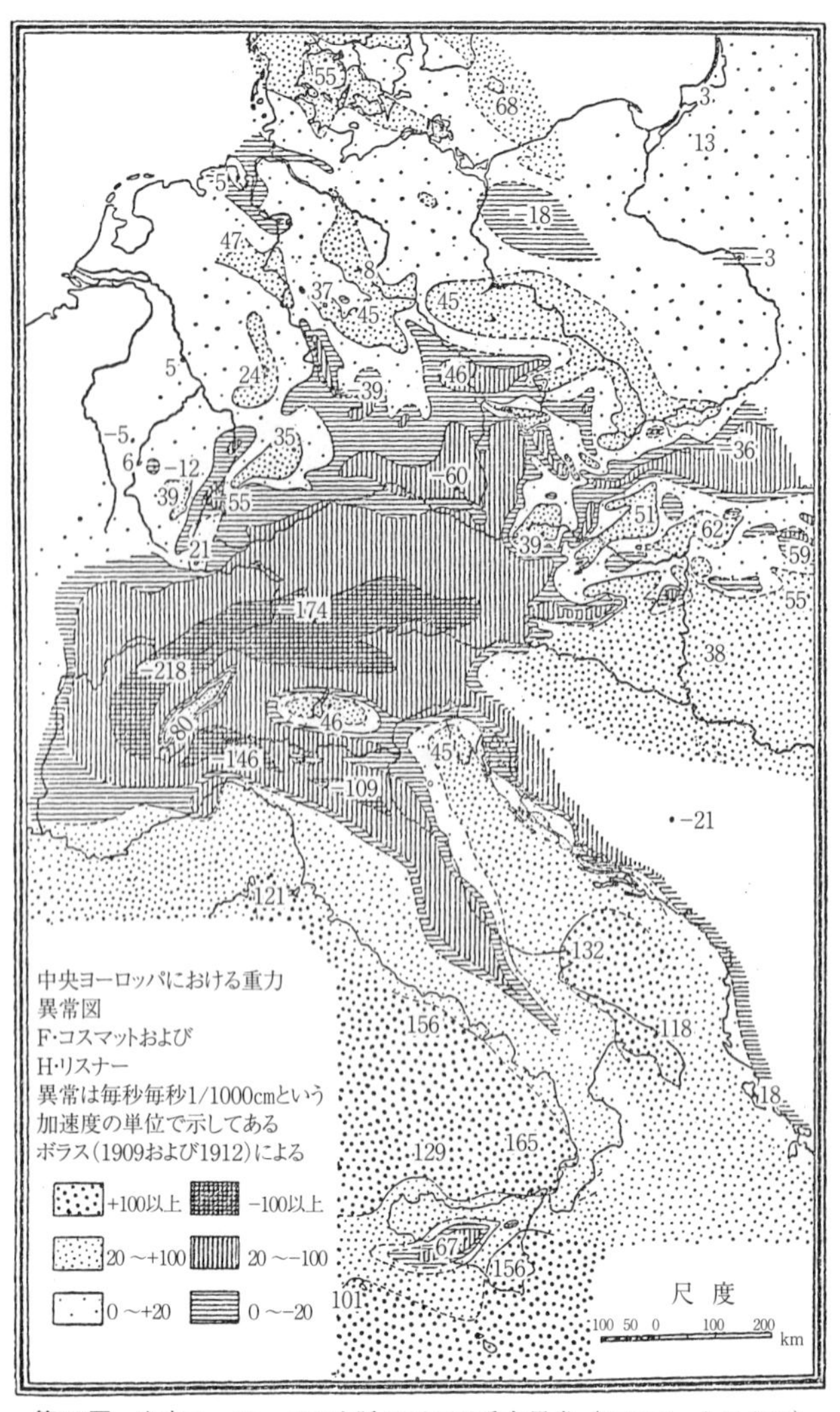

第40図　中央ヨーロッパの山脈の下での重力異常（コスマットによる）

補正の他に、海面上にある陸の質量の影響をとり去る。このように補正された値と、問題の点に対応した地理学的緯度に対する重力の標準値とを比較する。その差として得られる重力異常が図に示してある。この図は山脈の下に質量の欠損があることを示す。地殻均衡の過程によって、この質量欠損は山の質量を部分的に補償している。コスマットは次のように述べている。「ここでわれわれは多くの地球物理学者がすでに得たのと同じ結論に到達する。ハイムもすでに述べたように、このような質量欠損をひきおこしているのは圧縮による密度の増加がたりないためではなく、褶曲の結果として、上にある比較的軽い地殻がかたくなり、このようにして生じた出っぱりが塑性的な下層の中へ沈むからである。すなわち、褶曲山脈は上へ向けて成長するだけでなく、その重みのためにまた下へ向けても成長する。ハイムが述べているように、上へ向けての褶曲の下にはより大きい褶曲が下へ向けて出っぱっている」。したがって、この図からシアル性の地殻の下側がどのような形をしているかが想像できる。アルプスの下で重力異常がもっとも大きい負の値を示している。このことは、この部分のシアルがシマの中へもっとも深く出っぱっていることを意味する。

しかし、われわれにとって重要なことは、山脈に相対的な地下の褶曲質量のより正確な位置である。それを調べるには地図を参照するのがよい。その結果、負の重力質量が系統的に北東へずれていることがわかる。

この著しい事実は、地下の出っぱりが多少とも北東方向へ傾きまたひきずられていることを意味する。このことは、その下のシマに相対的にヨーロッパの大陸ブロックが南西へ向けて移動し、その間にシマへつき出した出っぱりが摩擦によってまげられたことを意味する。全世界に対してこれと似たような重力異常図が得られたとすれば、最近ブロックが厚くなった場所ではどこでも、下のシマに相対的な運動の方向が決められることになる。これは地殻の移動を決めるほとんど唯一の直接的な方法である。ヨーロッパは南西へ向けて移動し、一般的な地殻の西方移動に対応した西向きの成分と、赤道へ向けての地殻の移動に対応した南向きの成分をもっている。

次に下層に対する地殻の移動によって表面的な極移動が生じるかどうかという問題を調べてみよう。

明らかに、この問題は地殻の全体としての回転の問題であり、地殻の回転軸と地球全体の回転軸とが違っているという問題である。しかし、観測の示すところによれば、このような地殻の回転は全体として西向きにおこっている。すなわち、地球と同じ回転軸のまわりにおこっている。地球の表面の形を見れば、これとは違った回転軸のまわりの地殻の回転もまた探知できるはずである。したがって、観測はこの提案を確認しないことになる。理論的にはどうなのだろう？　理論的には、部分的な赤道へ向けての地殻の移動と全体としての西向きの移動とが可能であり、その両者ともに実験的にもその兆候がある。このような移動は離極力と潮汐及び歳差（さいさ）力によるものである。しかし、理論的には、地球の回転軸とたいへんに異なった軸のまわりでの全体的な地殻の回転はありそうにもない。したがって、全体的な地殻の回転によって極移動が生じるという多くの研究者によって提案された妥協案は、実験的及び理論的支持を欠くことになる。したがって、この提案が正しいとは私にはどうしても思われない。この解答がまちがっているとすれば、表面的な極移動を説明するには内部での軸の移動しかない。
「軸の移動」という言葉は、軸の全長にわたってそれをとりまく媒質の中での軸の移動を意味する。地球の中での軸の移動と空間に相対的な天文学的な軸の移動とが区別される。ここではまず第一のような意味での移動について議論しよう。

表面的な極移動が内部での軸の移動によって生じるかどうかという問題に対しては、すぐ後で示すように、理論的及び実験的なアプローチをすることができる。理論的側面について言えば、多くの研究者たちによって、必要とされる大きさの軸の移動が不可能であることがくり返し主張されている。このことを証明するために、たとえばランバートとシュバイダーは、アジアが緯度にして四五度移動したとしても、その結果生じる地球の慣性主軸の移動は一ないし二度にすぎないことを示した。このように著名な地球物理学者によるこのような計算と主張は地質学者たちに深い印象を与えた。地質学者たちはこのような計算の背後にある仮定をテストしたり評価したりすることができないからである。したがって、このような主張は驚くべき混乱をもたらした。この混乱をとり除くことは理論的地球物理学者のさし迫った義務であるように私には思われる。

ケルビン卿、ルズキ及びスキャパレリのようなすぐれた理論家の意見は、立ち止まって聞くに値するものである。ケルビン卿〔212〕は次のように述べている。「次のようなことがおこったことを認めてもよいし、また積極的にそれを主張してもよい。すなわち、相互に近いところにあった慣性能率最大の軸と回転軸とが、大昔には現在の地理的位置よりもずっと離れたところにあり、陸地や海が隆起したというような突然の変化をともなうことなく、一〇、二〇、三〇、四〇度あるいはそれ以上の角度だけ移動したということを」。ルズキ〔15〕は同様に次のように述べている。「ある地質時代における気候帯の分布から、その頃の自転軸が現在のそれとひどく違った場所にあったと古生物学者たちが確信している場合には、地球物理学者たちは何も言うことはない。ただその仮定を受けいれるだけである」。

小さいけれどもよく知られた仕事の中で、スキャパレリは、この問題をさらにこまかく論じている。W・ケッペン〔200〕はスキャパレリの考え方をまとめている。スキャパレリは、完全に固体の地球、完全に流体の地球及び力のある限度までは固体のようにふるまい、その限度をこえると流体のようにふるまう物質の三つについて調べた。第二及び第三の場合には、極の無制限の移動が可能である。

他の科学者たちは軸の内部での移動をなぜ決然として拒否しているのだろう？　答は簡単である。これらの過程の中で、扁平な地球の赤道部分の出っぱりの位置が不変であると、彼らは誤って仮定しているからである。内部での軸の移動が不可能であるという考えは、すべてこの基礎のない、それどころかまちがった仮定から出発している。

このまちがった仮定をすると、地球の慣性主軸したがってその回転軸もまた一定不変であることは、計算をしてみなくても明らかなことである。地球の赤道半径は極半径よりも二一キロメートル長い。したがって、赤道の出っぱりは地球の赤道のまわりの巨大な質量をあらわし、したがってまた巨大な慣性能率をあらわす。したがって最大の地質学的変化すら、この地球の形の扁平さにともなう出っぱりに比べてはまるで小さい質量分布の変化をおこすにすぎない。したがって、この出っぱりが不変であれば、地球の慣性主軸がほとんど変化しないであろうことは、計算をしなくても明らかである。また回転軸は常に慣性主軸の付近にある。

地球が完全にかたくて、その赤道の出っぱりの位置が不変であると考えることは不可能であると私は思う。地殻均衡がおこっており、また大陸が移動していることを考えると、地球がいくらかの流体性をもっていることは明らかである。そして、もしそうだとすれば、赤道の出っぱりもまたその位置を変えるにちがいない。われわれはただランバートとシュバイダーによってつけられた考えの道をたどるだけでよい。すなわち、ある地質学的過程の結果として、（出っぱりの位置を保ったまま）慣性極がxという小さい量だけ移動したとしよう。回転極はそのあとをたどる。その結果、地球は以前のそれとは少し違った軸のまわりに回転する。赤道の出っぱりが新しい位置をとる。地球は粘性的であるから、出っぱりの移動はゆっくりと進む。移動が完結せず、最終点の少し前で止まるというようなこともありうる。あとの可能性についてはわれわれは何も知らない。第一近似としては、時間が長くかかるにしても、完全な移動がおこると仮定してよいだろう。しかし、移動が終了すると、地質的変化がおこった直後と同じ状態になる。前と同様に地質的な力が働き、慣性主軸を同じ方向にxだけずらす。このようなことがひき続いておこる。一度にxだけ移動するかわりに、ひき続いた移動がおこる。移動の速度は最初の変位xと、地球の粘性とによって決まる。地質学的な力がなくなるまで、移動は止まらない。たとえば、中緯度のどこかでmという質量がつけ加わったために変化がおこったとしよう。この質量の増加が赤道へ移るまで、あるいはむしろ赤道がその質量増加点へ移るまで、極の移動が続く。

もちろん、この問題には完全な数学的とり扱いが必要である。しかし、ここで述べた初歩的な考察から、地球の赤道の出っぱりが不変であるという考えがまちがっており、問題の完全な誤解を招くことが明らかになったと私は考える。地質学的時間の経過につれて、ゆっくりとしたしかし大変に大きい内部での軸の移動がおこることは、ほとんど疑いない。しかし、できるだけ早い機会に、ある有効な出発点から出発してこの問題の理論的研究をすることが望ましい。しかし、この場合にも、赤道の出っぱりが不変であると考えると、問題のとり扱いはそれほど簡単ではないだろう。

しかし、すでに述べたように、実験的な方法によってもまたある結論に到達することが可能である。確かに、軸の移動によって表面での極移動がおこるかどうかを決める現在の方法は間接的であり、それほど信頼できるものではない。しかし、この問題についてある判断を下すことのできる方法が一致して軸の移動の実在を示していることは注目に値する。

まず第一に第40図を思い出してほしい。そこでは下層に対してヨーロッパが南西に移動したことが示されている。北東に保たれたヨーロッパの山脈のシアルは、主として第三紀の間に下へ押しやられた。このことから、第三紀のはじめにはすでに、ヨーロッパの地殻の南西へ向けての移動が始まっていたと考えられる。しかし、第三紀の間に、ヨーロッパの緯度は約四〇度も増加した。北極はヨーロッパのより近くへきた。しかしそれと同時にヨーロッパは下層に対して相対的に赤道へ向けて移動した。内部での軸の移動がおこって初めて、このようなことが可能である。内部での軸の移動量は地球の表面に対する計算値よりも大きかった。この結論を逃れるただ一つの道は、ヨーロッパにおける負の重力異常の北東へ向けての移動が最初に始まったのは第四紀からであり、第三紀の間中それが山脈の南東にあったと考えることである。この可能性もないわけではないが、それはほとんど不可能だと私は思う*。

＊アルプスの構造に関する彼の偉大な著作〔18及び215〕の中で、シュタウブは次のように書いている。「ヨーロッパとアフリカはともに北へ向けて移動した。二畳紀の頃から、ヨーロッパがアフリカから離れ去った。しかし、第三紀の中頃には、巨人はついに小さいヨーロッパをとらえた。そしてその頃まで二つの大陸の間にあった以前の海底を押し出して、全ヨーロッパにまたがる巨大な山脈をつくり、さらにそれを北へ押した。移動の量はアフリカに対しては緯度約五〇度であり、ヨーロッパに対しては三五ないし四〇度であった」。ヨーロッパの緯度変化を大陸移動として記述したことが混乱を招いた。この結果は基礎づけを欠いており、またおそらく過程のまちがったモデルである。ここには二つの考えが含まれている。1．下層に対して、アフリカとヨーロッパが上に示した量だけ移動した。ヨーロッパの地殻が北へ向けて移動したという考

えは、重力異常の分布図と矛盾する。2．内部的な軸の移動はおこらなかった。系統的な海進サイクルから考えて、これはありそうにもない。この例及び他の多くの例は、問題のこの段階では、概念の正確な定義がいかに重要であるかを示している。

もう一つの実験的テストが可能である。それは海進のサイクルである。

ライビッシュ、クライヒガウワー、センパー、ハイル、ケッペンその他の著者たちは、内部での軸の移動と系統的な海進との関係について論じている。地球は楕円形をしており、したがって新しい軸の位置へ移る場合に時間の遅れがある。一方海の方はただちに反応する。第41図はこのことを説明するためのものである。赤道の出っぱりの新しい位置に対して海がただちに反応するのに対して、地球は反応しない。したがって移動する極の前面にある象限では海退がおこって乾いた陸地があらわれる。これに対して、後面にある象限では海進がおこる。赤道半径は極半径よりも二一キロメートル長い。したがって、内部での軸の移動にともなって、石炭紀から第四紀へ至る角度にして六〇度の極移動がおこったとすれば、スピッツベルゲンは海面から約二〇キロメートル上にあらわれ、中央アフリカは同じ量だけ海面下に沈んだはずである。ただし、この場合地球の形は不変であった

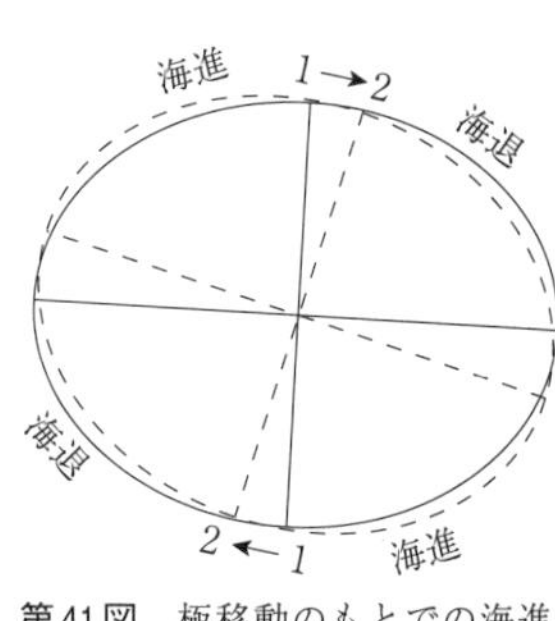

第41図　極移動のもとでの海進及び海退

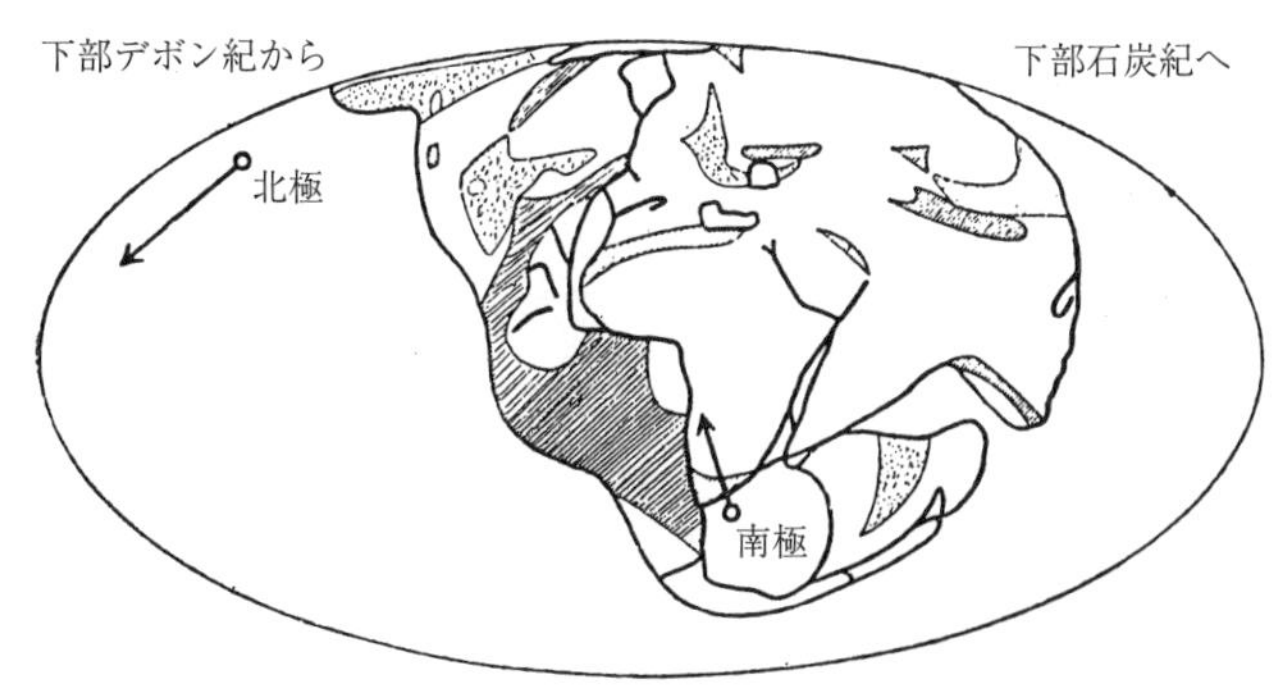

第42図　下部デボン紀から下部石炭紀へかけての極移動と海進（点点）および海退（斜線）

とする。軸の大きい移動が流れによっておこったとすれば、上で述べたようなことはおこり得ない。しかし海面の再調節には一〇〇メートル程度の遅れは避け難く、このために海進のサイクルがあらわれるであろう。

　まにあわせのものではあるが、それに関する実験的データを用いて、私は海進サイクルの問題に答える二つの方法を試みてみた。前もって言えば、二つの方法ともに極移動には内部での軸の移動がともなっていることを確認しているようにみえる。

　第一のテストは、デボン紀と二畳紀の間の海進の変化をそれにともなった極移動と比較することである。厳密に言えば、この場合真の極移動を使うべきである。しかし、ここではアフリカを基準とした相対的な極移動が絶対的な極移動とそれほど違わないと考えた。各時代における海進のおこった場所と範囲が不正確にしか知られていないために、結論にはかなりの不確かさをともなう。

　下部デボン紀及び下部石炭紀に対してコスマットある

いはL・ワーゲンによって描かれたふつうの古地理学的表現を用いて、石炭紀の頃の再構成図の上に侵入した海の海岸線を書きこんだ。第42図に示したように、これによってこの期間に水の浸入した部分及び退いた部分が明らかになる。これらの地域とこの期間に海面上あるいは海面下にあった地域とを混同しないようにしよう。この期間には、南極は南極大陸から南アフリカへ向けて移動した。* したがって南アメリカは移動する極の前面の象限へくる。一方北極は北アメリカから離れ去るように移動した。したがって、この場合に、極の前面で海退が、極の後面で海進がおこるという一般的な規則が確認される。

＊これらの図は、私の以前のそしてやや間にあわせの極の位置にもとづいている。ケッペンとウェゲナーの著書〔151〕におさめられたより完全なデータから決めた位置は、これとは少し異なっている。しかしその差はわれわれの議論に影響するほど大きくはない。したがって、これらの図を書き替えなかった。

これに続く下部石炭紀から上部二畳紀へかけては、極の移動方向はまったく違っていた。南極は南アフリカからオーストラリアへ向けて、また北極は再び北アメリカへ向けて移動した。第43図はこの期間に海が退いた地域と海面下に没した地域とをあらわす。したがってこの場合にもまた一般的な規則が確かめられる。北及び南アメリカでは事情がまったく逆であったことを考えると、これは驚くべき結果である。

これらの結果はデボン紀から二畳紀へかけての極移動が内部での軸の移動と関係していたこと

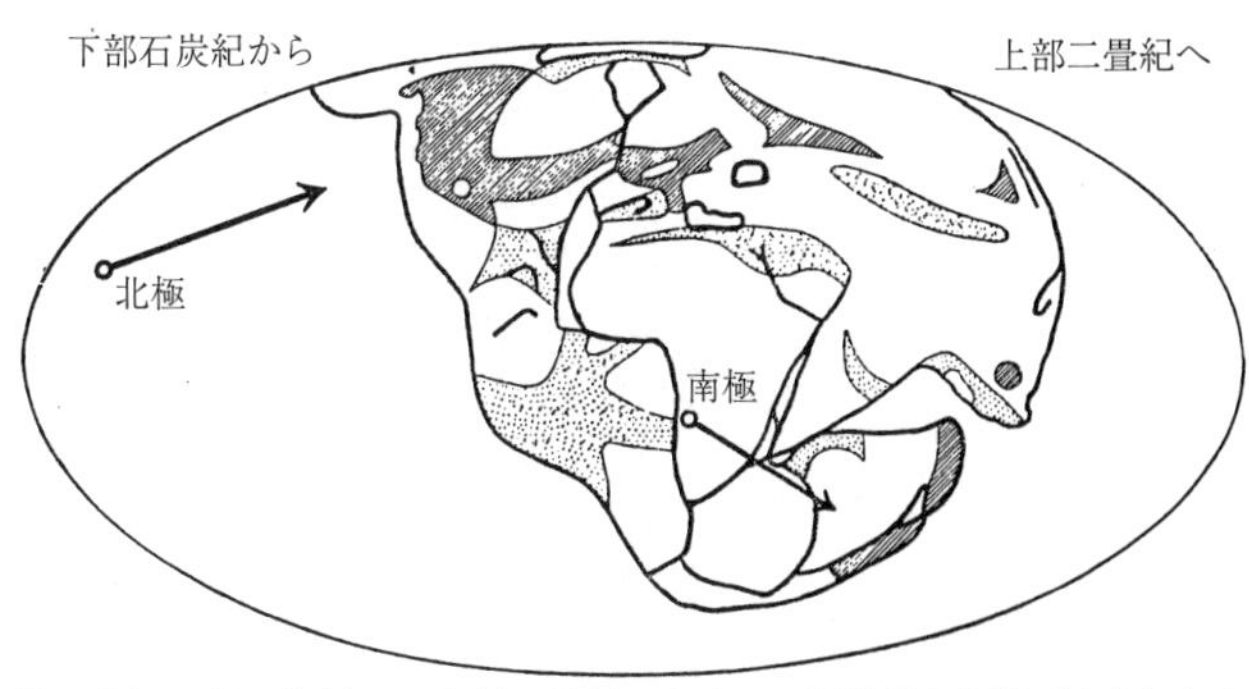

第43図　下部石炭紀から上部二畳紀へかけての極移動と海進（点点）および海退（斜線）

を示している。

もちろん、隠しだてせずに言えば、この方法を地球の歴史の他の期間に適用すると、必ずしも一致した結果が得られない。もちろん、次の時代における極移動量はたいへんに小さかった。その理由だけでも、その期間がこの種のテストに適していないことがわかる。しかし、極移動が大きくまた速かった第三紀に対しても、これまでのところ私ははっきりした結果を得ていない。おそらく、この場合にはこれまで使ってきたような相対的な極移動のデータを使うことができず、研究の基礎をバランスのとれた（絶対的な）極移動のデータにおかねばならない。しかし、最大の困難は、第三紀の各時代に海進のおこった地域が不完全にしかわかっていない、あるいはまったくわかっていない点にある。この期間での変化が速かっただけに、これは致命的なことである。はっきりした結果が得られない理由がここにあると私は考える。

第二のテストは次のようなものである。ある限られた期間内での地球の全表面を考えるかわりに、研究のゆき届いた地球表面上のある部分を考え、地球の全歴史（われわれの場合には石炭紀以後）を通じてこの部分がどういう変化をしたかを研究する。すなわち、それの緯度変化と海進サイクルとを比較する。

「極の前面では海退が、後面では海進が」という規則が一般に成り立つとすれば、その場所の緯度の増加には海退がともない、減少には海進がともなうはずである。この考えをテストするために、もっともよく知られた大陸であるヨーロッパをとりあげることにする。緯度変化に関しては、ケッペンとウェゲナー〔151〕によって得られたライプツィヒの緯度（すべて北緯）を使う。

石炭紀　〇度、二畳紀　一三度、三畳紀　二〇度、ジュラ紀　一九度、白亜紀　一八度、

始新世　一五度、中新世　三九度、第四紀のはじめ　五三度、現在　五一度

したがって緯度は石炭紀から三畳紀へかけて増加し、その後始新世まで減少し、さらに第四紀まで増加している。ライプツィヒの緯度がもっとも高かったのは第四紀の中頃である。

一方、地質学者によれば、石炭紀からジュラ紀のはじめ頃まで、ヨーロッパでは一般に海退が盛んであった。その後大きい海進が始まり、ジュラ紀と白亜紀の海ができ、始新世のはじめ頃までヨーロッパの大部分が水の下にあった。その後著しい海退が始まって、ヨーロッパ全体が乾いた陸地となった。第四紀以後の、最後のわずかな緯度の減少に対応する海進までがあったようである。ともかく、上で述べた一般則があてはまることがわかる。ヨーロッパがもっともよく調べられた大陸であることを考えると、この結果は特別の重みをもっている。したがってこのテスト

もまた、極移動が地球の内部での軸の移動と関係していることを示している。

最後に、地球の回転軸が天文学的な移動をしたか、また現在しつつあるかどうかという問題に軽く触れておこう。それは恒星システムに相対的な変化がおこったかどうかという問題でもある。

天文学的研究から、現在このような変化がおこっていることが知られている。ずっと前から歳差運動が知られていた。軌道面に対する地軸の傾き、すなわち黄道の傾斜角を一定に保ったまま、極は黄道の極のまわりに二万六〇〇〇年の周期で一回転する。それに重なった章動は小さく、ここでは考えなくてよい。しかし、摂動論の計算によれば、この他に黄道の傾斜角もまた約四万年の周期で振幅数度の準周期的な変化をする。振幅は小さいにもかかわらず、この振動はそれにともなった近日点及び軌道の扁平率の変化とともに、第四紀における氷期及び間氷期の交代に決定的な影響を与えた。

このような黄道傾斜角の変化は地球の全歴史を通じておこり、第四紀におこったのと同様な気候変化をもたらしたと考えられる。たとえば、二畳石炭紀の氷河では、氷の前進と後退とがくり返しておこったことが最近になって確かめられており、将来の研究によってそのことがますます明らかになるだろう。第四紀にそうであったのと同様に、黄道傾斜角の周期的な変化はこの前進と後退に対して圧倒的な影響をもっていたにちがいない。堆積物の見かけ上の周期的な変化もまたこの黄道傾斜角の変化と関係しているという意見がすでに提出されている。

しかし、地球の全歴史を通じて、黄道傾斜角がそのまわりに変化した平均値がかなり変化したかどうかという問題に関しては、天文学における摂動論の計算は何らの情報を与えない。それには二つの理由がある。第一に、摂動論の計算には太陽系の全惑星の質量が含まれる。しかもそれは不正確にしか知られていない。この結果計算の結果を地質時代（最近の第四紀を除く）にまでさかのぼらせることがたいへん困難となる。第二に、地球はこの計算で仮定されるような固体ではなく、流動性を示し、大陸移動、地殻の移動及びおそらくは内部での地軸の移動をともなう。これらのすべては計算結果にかなりの影響を及ぼすはずである。しかし、現在では計算中にそれらの影響が考慮されていない。したがって黄道傾斜角についてそれ以上の情報が得られないのである。

しかし、これと関連して興味のある、地質時代における気候のある特徴が注目される。二畳石炭紀には南極地域はゴンドワナ大陸の中にあり、少なくとも現在のそれと同程度に大きい内陸氷がそこに存在していた。この後の相続く地質時代（三畳、ジュラ、白亜紀から第三紀の初期まで）には、地球上のどこにも内陸氷の跡が残っていない。この期間のどの時代にも、極のうちの少なくも一つは陸あるいは陸の近くにあった。したがって内陸氷床ができる機会に不足はなかったはずである。それと同時に、動植物界の極へ向けての驚くべき広範な前進がおこった。第三紀まで、北極には新しい氷床ができなかった。北極での氷床が最大の広がりに達したのは第四紀である。極気候におけるこのような変化は次のような仮定によってもっともよく説明される。すなわち、そのまわりに黄道傾斜角の四万年周期の変化がおこる平均値は、地球の全歴史を通じてかなり著しく変化する。そして、内陸氷があった時期には黄道傾斜角が小さく、氷がなく生物が大前進をした時期には傾斜角が大きかった。

このような黄道傾斜角の変化が地球気候に及ぼす影響を理解するのは困難ではない。基本的にはこの黄道傾斜角によって気温の年変化がおこるのである。もし傾斜角がゼロであれば、地軸は太陽の軌道面に垂直で、軌道の小さい扁平率と相まって、年変化はほとんどゼロになる。その結果地球上のいたるところで、一年を通じて気温がほとんど一定になる。それは現在赤道でだけおこっていることである。極地域の（たいへん低い）平均温度が年間を通じてそこにいすわる。冬の温度は現在よりも高いけれども、気温は常に氷点以下となる。夏と冬の区別がなくなる。年間を通じて成長期というものがないために植物の生命が問題外となる。したがって植物界が極から退き、地上動物もまたそのあとをたどる。年間を通じて降雨はすべて雪の形をとる。また夏がないために氷がとけない。その結果雪が蓄積し、全陸地が内陸氷でおおわれる。

これに対して、黄道傾斜角が現在のそれよりも大きい場合には、極における気温の年変化が大きくなる。極における夏がより暖かくなり、極を含む全地域に、植物したがってまた動物が住みつくようになる。もっとも暖かい月の平均気温が摂氏一〇度をこえる場合には、丈の高い木もまたそこで成長するようになる。それはちょうど、シベリアで多くの木が厳しい冬を生きぬくのと同じである。夏の降雨は雨となって落ち、一方冬の降雨は雪となって落ちる。夏の間の熱によって雪がとけるために、年平均気温が低い場合にも、内陸氷ができない。これもまたシベリアにおけるのと同じである。さらに、夏の間のより強い太陽放射が冬の間の放射による熱の損失によって帳消しにならないために、ごくわずかではあるが、極地域での年平均気温が上がる。この場合、放射のバランスに関する限り、太陽が地平線よりほんの少し下にあれば、それがずっと下にあるのと同じであることに注意しよう。動植物界によって与えられるこのような期間の気候条件に関する証拠は、極と赤道間の気候差が小さくなったという印象を与えるだろう。

地球の全歴史を通じての極気候のこのような変化に対する古気候学的証拠はさらに広い範囲の研究を要するものである。このような変化に対して他の原因が見つかるというようなこともおこるかもしれない。しかし、現在のところ、それらは真の振動であり、また黄道傾斜角の変化によってもっともよく説明されるように私には思われる。したがって、それらは、よく知られた天文学的な軸変化の他に、天文学的計算にもれた他の変化がおこったことを示す証拠となる。

第九章　移動の原動力

これまでの章に示された相対的な大陸移動の決定及び証明は、純粋に経験的なものであり、これらの過程の成因に関するなんらかの仮説を必要としないものである。そこで用いたデータは測地学、地球物理学、地質学、生物学及び古気候学に関するものであり、方法は帰納的であった。帰納法は多くの場合において自然科学が用いざるを得ない方法である。たとえば、落下物体及び惑星の運動に関する法則も、最初には単なる帰納すなわち観察によって得られたものである。その後でニュートンが現われて、万有引力に関する一つの公式からそれらの法則を導き出した。これは自然科学においてくり返しくり返し使われるふつうの方法である。

大陸移動説におけるニュートンはまだ現われていない。ニュートンがまだ現われていないことを気にする必要はない。大陸移動説はまだ若く、しばしば疑いの念をもってみられてさえいる。その確実さが一般に認められていない法則に関して時を費やしまたわずらわされることを躊躇するからといって、理論家を非難することはできない。大陸移動の原動力の問題が完全に解決されるには、まだ長い時を要するかもしれない。なぜなら、問題を解決するためには、いりくんでいて、どれが原因でどれが結果かわからないような複雑な現象を解きほぐす必要があるからである。原動力に関する問題は、大陸移動、地殻の移動、極移動及び内部及び天文学的な軸の移動の問題とともに、一つの統一的な問題を形成している。

これまでのところ、問題の一つの側面が解決され、他のいくつかの問題についての推測が提案されているという程度である。

移動を引きおこす力の問題の中で、最初にもっとも興味深いのは、われわれが以前に地殻の移動と呼んだ運動である。すなわち、下層に相対的な大陸ブロックの移動の問題である。これらが興味深いのは、少なくとも大部分の場合において、それが大陸ブロックには働くけれども、その下にある物質にはより少ない程度しか働かずあるいはまったく働かない移動力の直接の効果と考えられるからである。

すでに述べたように、二つのタイプの変位が存在するという証拠となる多くの事実がある。現在の世界地図を見れば、大陸ブロックの西へ向けての移動はただちに明らかとなる。より以前の運動に関する限り、「極からの逃走」は現在の移動した極の位置からうかがい知ることはできない。問題の時期における極の位置を地図の上に書きこんでみて初めて、このような力の存在が明らかになる。極地域における大陸ブロックの分裂及びそれらを赤道へ向けて動かした圧縮力によって、一般的な極からの移動が示されている。たとえば、二畳石炭紀に南極がアフリカへ向けて移動し、これにともなってその頃の赤道に沿った石炭紀の頃の褶曲過程が働いた。そしてゴンドワナ大陸が分裂し分散した。同様にして以前には太平洋にあった北極が現在の北極地域にある陸塊へ向けて移動したために、その頃の北極に沿った第三紀の褶曲（アルプスからヒマラヤへ）ができた。その後で北半球の大陸が分裂しまた分散した。

現在われわれがそれについての正確な知識をもち合わせている原動力は離極力である。この力は下層の上にある大陸を赤道へ向けて移動させる。すでに一九一三年に、そのような力の存在についてエトベス〔199〕が触れている。しかし、彼の論文は気づかれないままでいた。この問題に関する議論の中で、彼は次のように述べている。「子午面内の鉛直線はまがっており、極の側がくぼんでいる。そして浮かんだ物体（大陸ブロック）の重心は、それが押しのけた液体の重心よりもより高いところにある。その結果浮かんだ物体は異なった向きに働く二つの力を受ける。この二つの力の合力は赤道へ向いており、極からは遠ざかる向きにある。その結果大陸は赤道へ向けて移動する。そしてプルコボ観測所で推測されているような緯度の永年的な変化がおこる」。

この短い目だたない論文に気づかないままに、W・ケッペン〔200〕は離極力の本性と大陸移動の問題におけるその重要性を認識した。定量的ではないが、この力について彼は次のように述べている。

「あるレベルにおける面の扁平率は深さとともに減少する。それらの面はお互いに平行にならず、相互に少しばかり傾いている。ただし、赤道と極は例外であり、そこではこれらの面は地球の半径に垂直である。図（第44図）では極（P）と赤道（A）とを含む子午面が示してある。点線は重力の方向あるいはO点における鉛直線の方向を示すものであり、この曲線は極の側がへこ

P
O
C
A

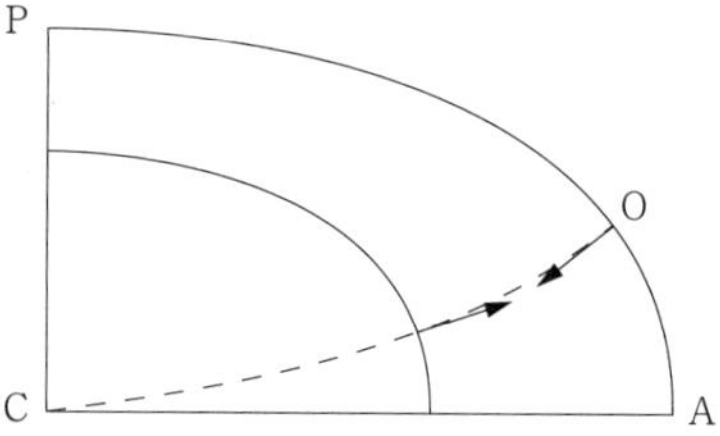

第44図　二つの表面およびまがった鉛直線

んでいる。Cは地球の中心をあらわす」。

「浮かんだ物質に働く浮力の着力点は、押しのけられた媒質の重心に働く。しかし、物体自身に働く重力はそれ自身の重心に働く。二つの力の方向はそれらの点における表面に垂直である。したがって力のベクトルは逆向きではなく、その結果小さい合力が残る。浮力の中心が重心よりも下にある場合には、その合力は赤道へ向けて働く。ブロックの重心は表面よりもはるかに下にあるから、二つの力は表面における垂線に平行とはならず、それに対して少し傾いている。ブロックに働く重力よりも浮力の方がより大きく傾いている。重心が浮力の中心よりも高いところにある浮かんだ物体に対しては、常にこの規則が成り立つ。重心が浮力の中心よりも低いところにある場合には、合力は極へ向けて働く。アルキメデスの原理が厳密に成り立つのは、二つの中心が一致する回転地球に対してだけである」。

離極力に関する最初の計算をおこなったのはP・S・エプシュタイン〔201〕である。緯度ϕのところにおける離極力K_{ϕ}が次の式であらわされることを彼は示した。

$$K_{\phi} = -\frac{3}{2}(md\omega^{2}\sin 2\phi)$$

ただし、mは大陸ブロックの質量、dは海底とブロックの表面との間の高さの差（あるいはブロックの重心と押しのけられたシマのそれの高さの差）の半分、ωは地球の角速度をあらわす。

エプシュタインはこの公式を用いて、大陸ブロックの大陸速度vからシマ球の粘性係数μを求めた。ただし、この場合K＝$\mu v/M$という式を使う。Mは粘性層の厚さを示す。彼は次の式を得た。

$$\mu=\rho\frac{sdM\omega^2}{v}$$

ただし、ρはブロックの比重、sはその厚さをあらわす。$\rho=2.9$, $s=50\text{km}$, $d=2.5\text{km}$, $M=1600\text{km}$, $\omega=2\pi/86164$, $v=33\text{m}$／年という値を用いて、彼は$\mu=2.9\times10^{16}\text{g/cms}$を得た。これは室温におけるスチールの粘性係数の三倍にあたる。vは一年あたり一メートルとするのがよりもっともらしい。この値を使うとμの値は上の値の三三倍、すなわち約10^{18}となる。このことから、エプシュタインは次のような結論を得ている。

「われわれの得た結果をまとめて、次のように言うことができるだろう。すなわち地球の回転による遠心力は、ウェゲナーによって提案された大きさの離極力を与える」。しかし、エプシュタインは、赤道における褶曲山脈はこの力によってできたものではないと考えた。なぜならそれは極と赤道との間の一〇ないし二〇メートルの高さの差にもとづくものであり、数キロメートルの高さに山脈を積み上げたり、シアル物質を深い部分へ同程度に沈ませたりするには、離極力ではとてもたりないからである。離極力でつくれる山の高さはせいぜい一〇ないし二〇メートルである。

エプシュタインとほとんど同時にW・D・ランバート〔202〕は離極力の値を数学的に導き出して、ほとんど同じ結果を得た。彼は緯度四五度における力の大きさが重力のそれの三〇〇万分の一であることを示した。力の大きさがこの緯度で最大に達するために、それは傾いた角度をなして存在する長方形の大陸を回転させる働きをする。赤道と緯度四五度との間では、このような大陸は長軸を東西に向けるようになる。これに対して、緯度四五度と極との間では、それが子午線に平行になる。ランバートは次のように述べている。「これらのすべてはたいへん仮想的である。それは浮かんだ大陸とそれを支えるマグマの仮説にもとづいている。このマグマはもちろん粘性流体であり、しかも古典理論にしたがった粘性流体であると考える。この古典理論では、どのように粘性の大きい液体でも、十分な時間さえ与えられれば、どのような小さい力に対しても降伏する。すでに見たように、重力の特別な性質によってこの微小な力が生じる。そして、地質学者たちはこの力が働くのに十分な長い時をわれわれに与えてくれる。しかし、液体の粘性の性質が、古典理論で仮定されたものとは違っているかもしれない。その結果、どのように長い時間をかけても、その力がある限界値よりも小さい場合には、液体が流れないかもしれない。粘性の問題は厄介な問題である。なぜなら古典理論は観測された事実をうまく説明しないし、われわれの現在の知識はわれわれが独断的であることを許さないからである。赤道へ向けての原動力は存在する。しかし、地質学的期間を通じて、大陸の位置と形にそれがかなりの影響を及ぼしたかどうかという問題は、地質学者だけが決定すべき問題である」。

シュバイダーもまた離極力の計算をおこなった〔40〕。緯度四五度に対して、彼は毎秒約二〇〇〇分の一センチメートルという速度を得た。これに対応した力はブロックの重さの約二〇〇万分の一である。彼は次のように述べている。

「この力が移動をおこすのに十分な大きさであるかどうかは断定し難い。ともかく、それでもって西方への移動を説明はできないだろう。速度があまりにも小さくて、地球の自転に対して目にたつほどの西方移動をおこすとは思われないからである」。

仮定された移動速度（一年に三三メートル）があまりにも大きく、したがってそれから得られるシマの粘性があまりにも小さいことを理由として、シュバイダーはエプシュタインの計算結果を受けいれるのを保留した。しかし、より小さい速度を仮定すれば、望みどおりの大きい粘性が得られる。彼は述べている。「エプシュタインの仮定した10^{16}のかわりに10^{19}という粘性係数を仮定し、さらにエプシュタインの公式がここでも適用できると仮定すると、緯度四五度におけるブロックの速度は一年に約二〇センチメートルとなる。しかし、離極力の作用のもとで、大陸が赤道へ向けて移動するという可能性は残っている」。

最後に、ワーブル〔204〕とベルナー〔203〕は、おそらくもっとも正確であると思われる離極力の新しい計算をおこなった。彼らの得た緯度四五度における最大値はブロックの目方の八〇万分の一であった。彼らは次のように述べている。「したがって移動力と大陸の重さとの比はたいへんに小さい。それは山脈をつくり出すことができなかっただろうし、現在も赤道で山脈をつくり出すことはできないだろう」。

「しかし、ここで考えた静的な効果の他に動的な効果を考えると、問題は違ったものになる」。「シマの抵抗は大陸の移動を妨げない。そして二つの大陸が赤道あるいは他の緯度で衝突する場合には、それによって失われた運動のエネルギーは何らかの形で回収される」。

離極力と呼ばれる力を発見した最初の人はクライヒガウワーであるようにみえる。彼の書いた「地質学における赤道の問題」〔5〕と題する本の第二版の四一ページに、彼はすでに一九〇〇年に他の場所に発表した離極力に関する考察をのせている。第一版ではこれが欠けている。

M・メラー〔205〕もまた、すでに一九二〇年に展開した離極力に関する考察を、一九二二年に発表した論文の中に収めている。

この種の文献は他にあるかもしれない。ここであげたのは、たまたま私が見る機会のあった文献だけである。

こういうわけで、ワーブル及びベルナーとともに、離極力の大きさが大陸ブロックの重さの約八〇万分の一であるとすると、それは潮汐力の水平成分よりも約一五倍大きい。そして潮汐力がたえずその向きを変えるのに対して、離極力の方は何百万年もその向きを変えず、また同じ大きさである。地質学的時間の間に、離極力がスチールのそれに似た大きさの地球の粘性にうち勝つのはこのためである。

最近レイリが離極力に関する興味深い実験をおこなった。J・レッツマンにならって、ここで彼の実験について述べることにしよう。それは講義の際にみせるすぐれたデモンストレーションとして役立つだろう。水を入れた円筒形の器を回転台の上にのせ、正確にその中心をとる。水が器とともにならめかに回転すると、その表面は放物線の形になる（第45ａ図）。水の表面にうきを浮かせる。このうきは中心にくぎを打ちつけた平たいコルクである（第45ｂ図）。くぎの長さはできるだけ長い方がよい。しかし、どの場合にもうきはくぎを上に向けたままでひっくり返らないものとする。くぎを最初は上向きに、次に下向きにして、回転している水の表面にうきをおく。くぎを上向きにした場合には、うきは中央部へ移動する。しかし、くぎを下向きにした場合には、それは脇の方へ動く。くぎを上向きにしたり下向きにしたりして、この実験を数回くり返してみるのがよい。実験のたびごとに運動の向きが変わって、実験の効果はすばらしいものである。

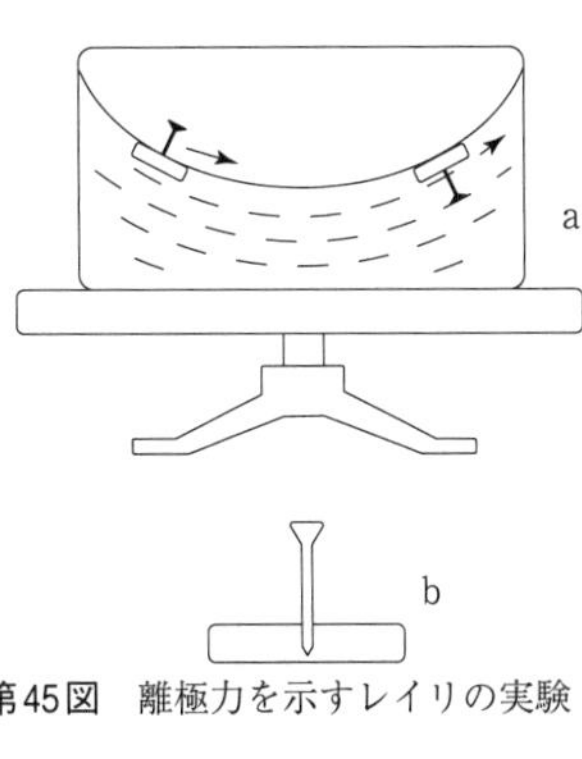

第45図　離極力を示すレイリの実験

この実験の説明はたいへん単純である。すなわち、うきの重心とそれが押しのけた水の重心とは一致せず、くぎを上向きにした場合にはうきの重心の方が上に、下向きにした場合には下にある。その表面の曲率からも明らかなように、水の中では半径方向の圧力勾配がある。その圧力勾配と遠心力との間につり合いが保たれている。うきの重心が押しのけた水の重心と正確に一致する場合には、移動力は生じない。うきの外側の側面と内側の側面に働く圧力の差が遠心力と正確にバランスして、うきがいつも同じ状態に保たれているからである。しかし、くぎを上向きにするとうきの重心が水面に垂直に上方へ移動する。それと同時に、うきの重心は軸の方へ移動する。遠心力は小さくなり、余分の圧力勾配がうきを中心へ移動させる。これとは逆に、くぎを下向きにすると、うきはへりへ向けて移動する。うきの重心がそれの押しのけた水の重心よりも軸から遠いところにきて、遠心力が圧力勾配にうち勝つからである。

ちょっと考えると、この実験は離極力とは逆のことを示しているようにみえる。大陸の重心はそれが押しのけた物質の重心よりも上にあるから、上向きのくぎをもったうきに対応するからである。しかし、このように逆のことがおこるのは、「流体」の曲率が逆向きなためである。地球の表面が上に出っぱっているために、大陸の重心はそれが押しのけたシマの重心よりも軸から遠いところにくるのである。一方上で述べた実験では、軸により近いところへくる。

上の説明から、離極力がシマを横切って大陸ブロックを移動させるのに十分であることがわかる。しかし、大陸が極から逃げ去ることと関係して、大褶曲山脈ができることを示すのには十分でない。もちろん、ベルナーが正しくも指摘したように、上に述べたようなことが成り立つのは、離極力のために、静止した大陸ブロックに働く水平向きの静圧力の場合に限られる。たとえば、マグマの粘性力にうち勝つ大きさの離極力の作用のもとで、大きい大陸ブロックが一様な速さで赤道へ向けて移動する場合には、まったく違ったことがおこる。このような運動の間中、大陸ブロックはブレーキとして働く抵抗力をうける。ブロックはやがて静止するにちがいない。その時運動エネルギーがなくなる。もちろん、この効果を過大に考えてはならない。運動エネルギーは質量に速度の二乗をかけたものの半分である。移動している質量は大きいけれども、二乗すべき速度は小さい。したがって、これでもって山脈の生成を説明することはできない。したがって、ふつうの離極力でもって造山運動を説明することはできない。

奇妙な推理をして、ある地質学者たちはこのことが大陸移動説に対する反証であると考えている。これはまったく非論理的なことである。山脈の存在は疑うことのできないものである。もしそれが離極力よりも大きい力を要求するとすれば、山脈の存在は、地球の歴史におけるある時点で、離極力よりもより大きい変位力が生じたことを意味する。もし離極力によって大陸移動が生じたとすれば、造山運動をおこした未知の力はよりたやすく大陸を移動させたことだろう。

大陸を西方へ移動させる力についての議論はより簡単にしておこう。たとえばＥ・Ｈ・Ｌ・シュヴァルツ、ウェットシュタインその他の人たちは、下層に対して地殻を西向きに移動させる原動力は潮汐摩擦であると主張している。これらの潮汐波は、太陽及び月の潮汐力によってかたい地球の内部につくり出されたものである。月はかつて現在よりもより速く回転しており、地球の潮汐摩擦によってこの回転にブレーキがかかったと考えられている。しかし、潮汐摩擦による天体の減速は主としてその外側の層に働き、地殻全体あるいは個々の大陸ブロックの速度を落とす。ここでの問題はこのような潮汐が実際に存在するかどうかということである。シュバイダーによれば、水平振り子によって見出される固体地球の潮汐変形は弾性的であり、上で述べたものとは異なった性質のものである。したがってこれを用いて西方移動を説明することはできない。しかし、W・D・ランバート〔221〕は次のような意見をもっている。「しかし、観測によって確かめることはできないけれども、自由振動が潮汐力から何の影響もうけないとは考えられない」。潮汐力に対して地球が完全に弾性的であるといえないのは明らかである。したがって、弾性的で測定できる潮汐のほかに潮汐的な流れが存在するに違いない。この流れの周期がマグマの粘性にうち勝つには短かすぎるために、それは測定にかからない。しかし地質学的時間が経過する間には、潮汐摩擦の影響が蓄積してやがて目だつほどの地殻の移動を生じるかもしれない。固体地球に生じる測定可能な毎日の潮汐が完全に弾性的であるとは言いきれないだろうというのが私の考えである。

違った道をたどって、シュバイダーは大陸の西方移動をひきおこすかもしれない力を求めた。その力もまた結局は太陽と月の引力にもとづくものである〔40〕。それは地軸の歳差理論に関係している。シュバイダーは次のように述べている。「太陽と月との引力の影響下での地球の回転軸の歳差理論では、地球の各部分が大きい相互の変位をしない」と仮定している。大陸が移動したと考えた場合の空間における地軸の移動を計算することはより困難である。この場合には、大陸の回転軸と地球全体のそれとを区別しなければならない。私の計算によれば、緯度マイナス三〇度及びプラス四〇度の間及び西経〇及び四〇度の間にある大陸の回転軸の歳差は地球全体の回転軸の歳差よりも約二二〇倍大きい。この大陸は地球全体の回転軸とは違った軸のまわりに回転するだろう。その結果子午線方向だけでなく西へ向けて働く力も生じる。それが大陸を西へ移動させる。一方子午線方向に働く力の向きは一日の間に変わり、したがって問題にならない。これらの力は離極力よりもはるかに大きい。この力は赤道で最大で、北緯及び南緯三六度のところでゼロである。そのうちに私はこの問題のより詳しい記述をしたいと思う。この理論の結果として、大陸の西方移動が可能になるかもしれない」。これもまたさしあたっての記述であり、約束された最終結果はまだ出版されていない。しかし、もっとも明らかに認められる大陸の一般的な運動、すなわちその西方移動が、粘性的な地球に働く太陽と月の潮汐力によって説明されるかもしれない。

しかし、シュバイダーによれば、重力の測定から導き出された、地球の形の回転楕円形からのずれによって、シマの中に流れが生じ、それによって大陸移動がおこるかもしれない。「少なくとも大昔には、シマの中にこのような流れがあったかもしれない。地球表面での重力分布に関する彼の最近の仕事の中で、ヘルマートは地球が三軸楕円体であり、赤道が楕円形をしていると結論した。この楕円の軸の長さの差は二三〇メートルである。楕円の長軸は西経一七度（大西洋）にあり、短軸は東経七三度（インド洋）にある。測地学における不朽の仕事であるラプラスとクレローの理論によれば、地球は流体と考えられ、固体地球（地殻を除く）の内部での圧力は静水圧と仮定される。この観点からは、ヘルマートの結果は理解し難いものである。扁平率と角速度を考慮した場合、静水圧状態にある地球は三軸楕円体ではあり得ない。回転楕円体からのはずれはあるいは大陸に原因するものかもしれない。しかしそうではない。大陸が浮かんでいると仮定し、また先に述べた二〇〇キロメートルという厚さを仮定して、私はある計算をおこなった。この場合、シアルとシマの密度差は〇・〇三四（水のそれは一）と考えた。その結果、大陸と海洋の分布によって、地球の数学的な形と回転楕円体との間にある違いを見出した。しかし、その違いはヘルマートによって見出されたものよりも小さかった。さらに、赤道の楕円はヘルマートのそれとたいへん違ったものになる。すなわち、長軸がインド洋にある。したがって、地球の大部分が静水圧状態にはないことがわかる」。

「私の計算によれば、大西洋の下の二〇〇キロメートルの厚さのシマの密度がインド洋の下のそれよりも〇・〇一だけ大きいと考えることによって、ヘルマートの結果が説明される。このような状態は永久には続き得ない。シマが流れて、回転楕円体の形の平衡状態を回復する。密度差が小さいために、流れらしいものはほとんど生じない。しかし、ずっと昔には、赤道の扁平率、シマの密度差及びそれによって生じた流れはかなりの大きさだったかもしれない」。

ヘルマートの結果から導き出される力が大西洋の開けたことを説明するのに役立つことは明らかである。なぜなら地球のこの部分はアーチ状をしており、ここから質量が両側へ流れ出すからである。*

＊しかし、地球が本当に三軸楕円体であるかどうかについては、最近疑いの念がいだかれている。重力測定のあまり好ましくない組み合わせによっても、これと似た結果が生じることをハイスカーネンが示した〔219〕。

これまでに述べたことの延長と考えられるもう一つのことを考えておこう。地球の表面がそのつり合いの形から上へもり上がるのは赤道だけに限らない。地球上のどこでそういうことがおってもよい。海進と極移動との関係について論じた第八章で、移動する極の前面では地球の表面が高くなり、後面では低くなるだろうということについて述べた。また地質学的事実もこのことを確認しているようにみえる。ここでもまた、ヘルマートによって得られた赤道の長軸と短軸との差、あるいはその二倍程度の値が得られる。極移動がさらに速い時には、地球の表面は極の前面で水準面から上へ数百メートルほどつき出し、また後面では数百メートル下へ下がる。極移動のおこる子午面内での最大の勾配（地球の一象限あたり約一キロメートル）が存在するのは、それと赤道との交点においてであり、それと同程度の大きさの勾配が二つの極に存在する。このために力が生じて、高い場所から低い場所へ向けて大陸が移動する。この力の大きさはふつう離極力よりもずっと大きい。大陸ブロックに働く離極力は、一象限あたり一〇ないし二〇メートルの勾配に対応するものである。離極力とは違って、これらの力は大陸ブロックに働くだけでなく、その下にあるシマにも働く。シマはより流動的であり、固体地殻の下でその平衡を回復する。しかし、勾配が存在する限り、その力は大陸ブロックに働く。海進及び海退はこのような勾配の存在の証拠となる。この力は大陸を移動させまたそれを褶曲させる。ただし、その運動はその下にあるより流動的な物質の運動より小さいかもしれない。極移動による地球の形は、褶曲に必要なエネルギーを供給するのに適当な力の源を与えるようにみえる。

先にも述べたように、もっとも大きい二つの褶曲システム、すなわち石炭紀及び第三紀の赤道における褶曲は、他の理由によって、極移動が特に速くて大きかったまさにその時代に生じたものである。このことは上に述べた解釈がもっともらしいものであることを示している。

最近、シュビンナー〔69〕及び特にキルシュ〔70〕のような何人かの著者が、シマにおける対流の考えを用いている。大陸ブロックの下のシマはそれの含むより多量のラジウムによって暖められ、一方海洋地域は冷却するとジョリーは考えた。彼の考えにしたがって、キルシュは地殻の下での対流を考えた。対流は大陸の下の境界へ向けて上がってくる。そして大陸の下側に沿って水平に流れて海洋地域へゆき、下へおりてゆく。そして深い部分へもぐった後でもう一度大陸の下へ戻ってくる。彼によれば、その結果生じた摩擦によって、シマはその上にある大陸のカバーを引き裂いてばらばらにする。すでに述べたように、ここで仮定したような比較的大きいシマの流動性は、現在では多くの人によって否定されている。しかし、地球の表面を考える場合には、ゴンドワナ大陸及び現在の北アメリカ、ヨーロッパ及びアジア大陸を一つにした巨大な大陸ブロックの分裂が、このようなシマ内での対流によって生じたとしてもまちがいではない。この考えはまた大西洋が開けたことに対してももっともらしい説明を与える。したがって地球の表面でおこる現象がこの解釈を否定しているとは思われない。理論的根拠にもとづいてこの考えに支持が与えられれば、地球の表面を形づくる上で対流がある役割を果たしたと考えてよいだろう。現在のところ、その理論的背景を調べることはできない。

すでに十分に詳しく説明した離極力を除いては、大陸移動をひきおこしまたひきおこしつつある原動力に関しての議論は、まだ幼年期にある。これまでに述べたわれわれの議論はそのことを明らかにしている。

しかし、一つのことだけは確かである。それは、大陸を移動させた力が大褶曲山脈をつくり出した力と同じものであるということである。大陸移動、断層及び圧縮、地震、火山、海進のサイクル及び極移動は、疑いもなく大きいスケールで相互に関係している。地球の歴史のある時代に、それらがそろって強まったことは、この考えが正しいことを示している。しかし、何が原因であり何が結果であるかは、将来の研究だけが明らかにすることである。

第十章　シアルに関する補助的な観察

大陸移動説を支持するおもな証拠についてはこれまでの章ですでに述べた。したがってこの章及び次の章では、大陸移動説が確実であるとして、それと密接に関係しておりしたがっていくらかの議論が必要な数多くの現象や問題について論じることにしよう。これから後の説明では、決定的な解答を得るというよりもむしろ、問題を提出し議論のための刺激を与えることに重きをおくことにする。

最初にシアルについて考える。大陸ブロックの形をして、シアルは現在部分的に地球の表面をおおっている。

第46図は世界の大陸ブロックの地図である。陸棚までも大陸に含ませてあるために、多くの場所でその外形はよく知られた海岸線からかなりずれている。これから後の議論では、世界地図に関するふつうの考えから自由になって、全大陸ブロックの外形にある程度親しむことが重要である。ふつう、二〇〇メートルの深さの等深線がもっともよく陸棚のへりをあらわす。しかしある場所では、深さ五〇〇メートルにも達するブロックに属する部分がある。

すでに述べたように、これらの大陸ブロックをつくる物質は主として花崗岩である。しかし、

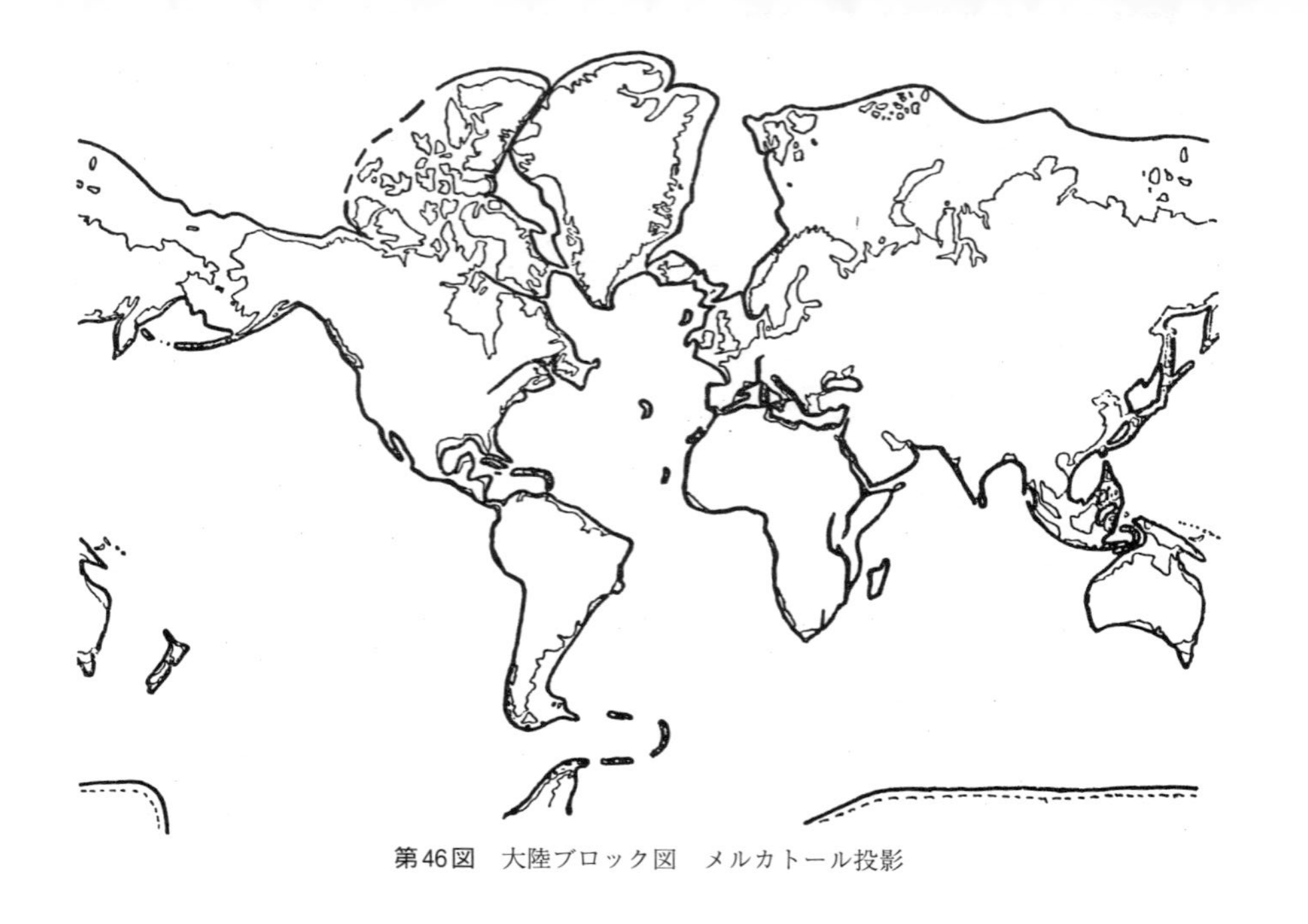

第46図　大陸ブロック図　メルカトール投影

ブロックの表面には、花崗岩ではなくて堆積物がある。したがってまず、これらの堆積物がブロックの構造においてどういう役割を演じるかについてはっきりとした理解をもつ必要がある。堆積物の最大の厚さは約一〇キロメートルとしてよいだろう。これはアパラチアの古生代の堆積物に対してアメリカの地質学者が得た値である。厚さの下限はゼロである。多くの場所で、堆積物におおわれないで基盤がむき出しになっているからである。クラークは大陸ブロックの平均の厚さが二・四キロメートルであるとした。しかし、現在ではブロック全体の厚さが約六〇キロメートルで、花崗岩層の厚さは約三〇キロメートルと考えられている。したがって、堆積物のカバーは風化によってつくり出された表面層にすぎない。さらに、堆積物を完全に除きさると、地殻均衡を回復するために、ブロックは以前の高さへ戻り、地球の表面地形はほとんど変わらないままでいる。

第46図に示された地図の太い線がシアルとシマの境界を意味するものと誤解しないでほしい。次の章で述べるように、海底の多くの場所は今でもシアルの残骸でおおわれたままでいる。したがって「大陸ブロック」という場合には、ほとんど破壊されていないシアルのカバーを意味するものとする。これに対して海洋のシアルは、表面の分裂及びより深い層での物質の分離あるいは移動の結果として生じたブロックのかけらをあらわす。したがって、シアルのカバーという一般的な考え方とシアル・ブロックというより特別な考え方とを区別する必要がある。後者だけがこの図に示されている。

地質時代を通じてこれらのシアル・ブロックがうけたもっとも基本的な変化は、交代する海進と海退である。それらは世界の海の水の体積がそれをおさめることのできる海盆の体積よりも少し大きく、その結果として大陸ブロックの低い部分が水の下にくる、という偶然の事情によって生じるものである。もし世界の海面が五〇〇メートル低ければ、地質学において重要な役割を演じる海進や海退は低いへりの部分に限られたであろう。この図からただちに現在の海進がわかる。ブロックの表面のレベルがほんの少し変わっただけで、海の水の浸入をうける部分の面積が大きく変わる。

一般的に言って、ここでの海面の変化は高さにして数百メートルをこえない。過去に侵入してきた海の深さは現在と同程度に浅かった。ここで次の問題が生じる。これらのよく知られた水面の変化と地殻均衡の原理あるいは地殻の静水圧的つり合いとは相互に矛盾しないだろうか？　考えられる答は次のようなものであろう。なんらかの影響によって大陸ブロックをその静水圧的つり合いのレベル以下にまで下げると、その結果生じる質量欠損によってある力が生じ、もとのつり合いの位置へ戻そうとする。レベルの変化がある範囲内にある場合には、重力異常は現在地球上の各地で観測され、地殻均衡からの地域的な小さいはずれと考えられている範囲内にとどまるだろう。地殻均衡的な運動を生じる程度に力が強くなるためには、レベルの変化がある限界以上に大きくなる必要がある。したがって、上に述べた数百メートルという高さはこの限界値をあらわすものかもしれない。もちろんそれを絶対的なものと考えないでほしい。

地球の歴史における海進サイクルの原因の説明は、将来の地質学及び地球物理学的研究の中でもっとも重要でまたもっとも困難なものの一つである。部分的な解決へ向けての着手がすでになされてはいるけれども、現在のところまだ問題は解決されていない。現在のところもっとも困難な問題は、地質学的研究が信頼できずまた不完全であることである。多くの古い地質時代に対する多くの地図が書かれてはいるけれども、それらは不完全で、海進のサイクルの時と場所とをたどることができない。したがって、これらのデータにもとづいて、説明として提案された仮説をテストすることができないのである。しかし、海進サイクルの全体を一つの原因に帰着することはできないという程度のことは、現在でも言えるだろう。少なくとも問題に関係した一つの因子としてあげることのできる原因が数多くあるからである。したがって、確かに問題は本質的に複雑である。しかしそうは言っても、将来の研究によってただ一つの原因がつきとめられるのかもしれないのである。

現在のところ、私の知る限りでは、次のような原因があげられる。

一、巨大な内陸氷の生成あるいは融解によってつくり出された水が、海にある水の全量にある変化を与えるかもしれない。そしてその結果ある程度の海進がおこるかもしれない。このような海進サイクルは全地球上で同様な経過をたどり、また地殻均衡的調節をともなわないはずである。計算してみれば簡単にわかるように、第四紀あるいは二畳石炭紀のそれのような大きい氷冠がつくられると、海面が約五〇ないし一〇〇メートル低下する。*

＊七三ページで述べたボルン〔43〕を参照せよ。

二、シアルのカバーの水平方向への圧縮（造山力）あるいは伸長（表面では断層ができ、深い部分では物質が後退する）によってもまた、地殻の均衡をともなわない、シアルの表面の隆起や沈降がおこる。第一の場合にはシアルのカバーが厚くなり、第二の場合には薄くなる。たとえば、アルプスは褶曲によって海面以上に押し上げられ、またエーゲ海は多くの断層をともなって沈み、島だけが残った（第47図参照）。この場合には、局所的にはかなりの重力異常が生じるけれども、基本的にこの過程は地殻の均衡を乱さない。少なくとも問題に関係した隆起あるいは沈降の量に対応した地殻均衡の乱れは生じない。さらに、それはまたそれが影響した地域の水平的な拡がりに対応した変化を生じ、地域的というよりもむしろ局所的な特徴を示す。

三、特に地球の扁平率に影響するような他の原因もまた、地球の運動の天文学的変化をひきおこす。このような変化に対して海洋は時間的遅れなく対応する。しかし粘性の大きい地球の反応には時間的遅れをともなう。扁平率が増すと赤道で海進が極で海退がおこる。扁平率が減ると逆のことがおこる。他の原因の中では、このような扁平率の変化は、最近観測から確かめられた地球の角速度の変化（その解釈はまだなされていない）や黄道傾斜角の変化にともなう。傾斜角が大きくなると、潮汐力の働きで地球の形をその軸の方向にひきのばすからである。傾斜角が小さくなるとこれと逆の変化がおこり、赤道半径が増加する。すなわち、傾斜角が増加すると極で海進が

第47図　下層の伸長によって生じたシアルの広範囲な分裂

おこり、減少すると海退がおこる。赤道ではこれと逆のことがおこる。
四、地質学的に決定された極移動が全地球に対する地軸の移動を意味するものだとすると、すでに前章で論じたように、これは十分な海進海退の原因となりうる。すでに説明したように、このような効果が存在するらしい証拠がある。すなわち、移動する極の前面では海退が、また後面では海進がおこる。これが海進のおもな原因ではないかとさえ思われる。しかし、すでに述べたように、考慮すべき他の原因があり、その数がふえてさえいる。

二で論じた現象、すなわち伸長によって割れ目が生じ圧縮によって褶曲が生じるという現象は、海進や海退の他に大陸ブロックがうけるもう一つのおもな事件をひきおこす。それは構造地質学における長い間の研究題目であった。ここではこれに関係した興味深いいくつかの点だけをあげておこう。水平方向のかなりの圧縮によって褶曲山脈がつくられたことは、ずっと前から知られていた。しかし、現在でもなお、まったく異なった過程によって褶曲山脈を説明しようとする何人かの人たちは、この問題を論じ続けている。しかし、彼らはこの問題に関しては少数派であるから、ここではそれについてはこれ以上論じないことにする。重要なことは、古い褶

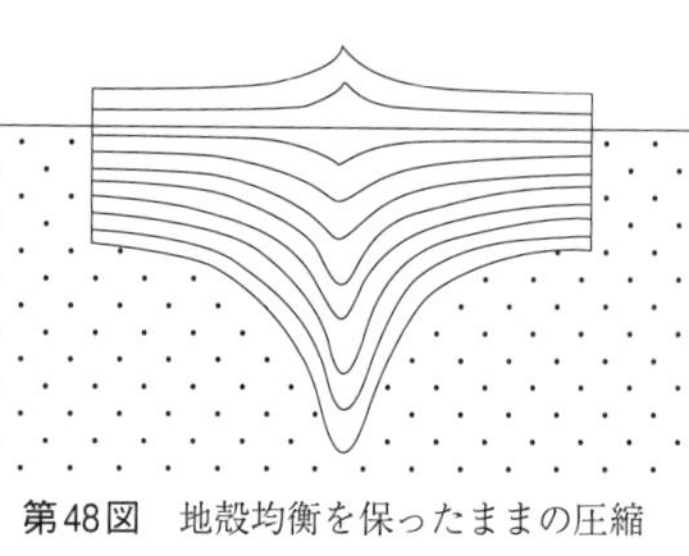

第48図　地殻均衡を保ったままの圧縮

曲山脈にもまた新しいものにも、これらの山脈がただ単に地殻の上に置かれただけという場合に見出されるはずの大きい重力異常が存在しないということである。完全な地殻均衡からのかなりのはずれをともなう山脈がないわけではない。そしてこの問題は他の観点からは興味深いものである。しかし、それらは小さいものであって、第一近似としては次のように言うことができる。山脈の褶曲は基本的には地殻均衡を保ったままでおこなわれる。第48図はこのことの説明図である。シマの上に浮かんだ大陸ブロックが圧縮されると、シマの表面より上にある部分と下にある部分との比はいつも同じに保たれる。シマから五キロメートルつき出たシアルのカバーの厚さを三〇あるいは六〇キロメートルであると仮定する場合には、この比は一対六あるいは一対一二となる。したがって、圧縮によって下へつき出た部分は上へつき出た部分の六ないし一二倍となる。したがって山脈は圧縮された質量のほんの小さい部分であるにすぎない。理想的な圧縮の場合には、圧縮の前にすでに海面上にあった部分だけが山脈となる。こまかい部分を無視すると、このレベルより下にあった部分は、圧縮の前にもまた後にもずっと下にある。したがって、ブロックの上部五キロメートルが堆積物の「皮」でできている場合には、全山脈が堆積物だけからできることになる。この部分が侵食によってとり除かれた後で初めて、基盤の岩石の中心部が隆起して地殻均衡が回復される。そしてやがて、堆積物のカバーが完全にとり除かれると、ほとんど同じ高さの幅広い山脈が隆起する。ヒマラヤとそれに隣り合った山脈は、上に述べた第一の段階にある例である。これらの堆積物の褶曲の侵食は広い範囲にわたっており、氷河の大部分は堆石の下にある。そのもっともよい例がバルトロ氷河である。これはカラコルム山脈の中で最大のものであり、その幅は一・五ないし四キロメートルで、長さは六五キロメートルある。そして一五よりも少なくない数の中心部の堆石をもっている。山脈の中心部は基盤岩からなり、しかしそのかたわらにはまだ堆積物の帯があるという第二段階は、アルプスによって代表される。基盤岩の侵食はより小さいから、アルプスの氷河の堆石は数少ない。そしてそれがアルプスの美しさのおもな原因となっている。ノールウェーの山脈は第三の、そして最後の段階をあらわす。ここでの堆積物のカバーはその大部分がとりさられており、基盤の隆起は完全におこなわれている。山脈からは堆積物がなくなっており、地殻均衡が保たれている。

しばしば山脈の平行な褶曲が雁行していることがある。このような褶曲をたどると、それが遅かれ早かれ山脈の端から出て、やがて見えなくなっていることがわかる。内側の次の鎖がへりをつくり、ある距離だけ進んだところでやがてそれもまた消えている。このようなことがおこるのは、二つのブロックが正確に向かい合って運動しないで、あるずれの運動をし、しかもその共通の垂線に平行な成分をもっている時である。一般に、二つのブロックの相互運動のいろいろなタイプがどのような結果をひきおこすかが第49図に示してある。ここでは、左側のブロックが静止

水平ずれ
断層
斜めの
割れ目
エシェロン
（雁行）褶曲
ふつうの
割れ目
固定
ふつう、
あるいは
おしかぶ
せ褶曲
運動

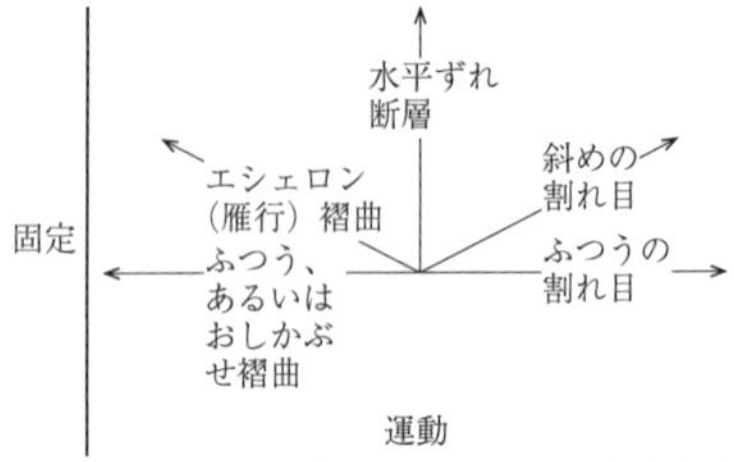

第49図　違った方向へのブロック運動の結果として生じる褶曲あるいは割れ目

しており、右側のブロックだけが動くものとする。その運動がブロック間の境界に垂直である場合には、雁行した褶曲はできないで、できる褶曲は特に大きくなる（おしかぶせ褶曲）。それが境界に斜めの角度をなして運動する場合に、雁行した褶曲ができる。運動の方向がブロックのへりに平行であればあるほど、褶曲はより密でより低度である。完全に平行な場合には、すべり面と水平ずれ断層ができる。最後に、運動がブロックの境界から離れ去るような成分をもつ場合には、斜めあるいは垂直の割れ目ができる。それは最初地溝断層としてあらわれる。正褶曲と雁行褶曲との比は、テーブルクロスを用いてよく説明される。おもりでその一方の端を固定し、これでもって固定したブロックを代表させる。そして他の部分をそれへ向けて押せばよい。

このような一般的な考察からも、雁行褶曲が正褶曲よりもよりしばしばできることがわかる。前者が一般の場合をあらわし、後者が特別の場合をあらわすからである。褶曲山脈の一般的な配列はこれとよく対応している。ここで特にこの点を強調する理由は、地質学者たちは山脈から山脈へ、褶曲から褶曲へと直接に連続した褶曲山脈だけを同類と考えがちだからである。上に述べたことからも明らかなように、実際にはそうはなっていない。

第49図に示したように、褶曲と割れ目は、ブロックの相互移動という同じ原因からきた二つの異なった結果である。それらは雁行褶曲から水平ずれ断層まで、連続に移り変わっている。したがって、割れ目と断層のおこる過程を同じ表題のもとで論じてもよい。

このような断層のもっともすぐれた例は東アフリカの地溝である。それは北へ向けて紅海、アカバ湾及びヨルダン谷を経てタウルス褶曲山脈へと走る一つの大きい断層システムに属している（第50図）。最近の研究によれば、これらの断層は南へものびてケイプ地方へ至っている。しかし、そのもっともみごとな例は東アフリカにある。ニューメイル－ウーリッヒ〔183〕はそれを次のように記述している。

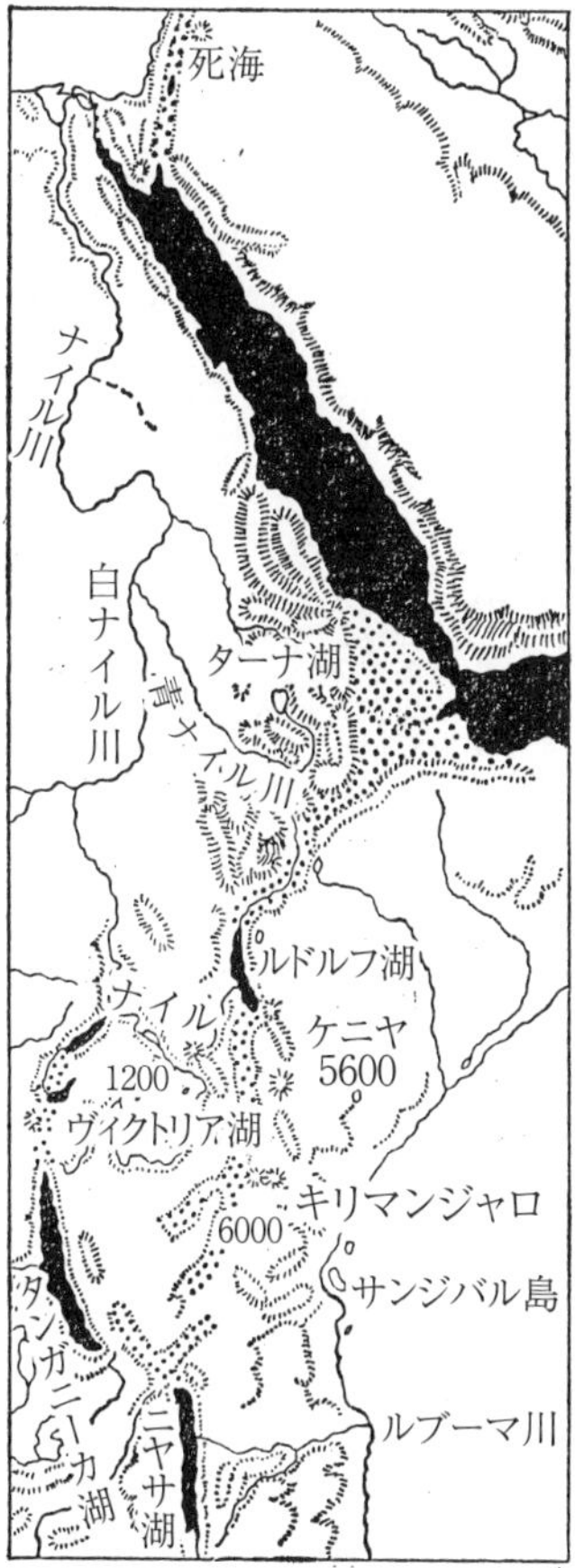

リフト・バレー（割れ目の谷間）
水の下にある谷の部分

第50図　東アフリカのリフト・バレー（スパンによる）

ザンベジ川の河口から、幅五〇ないし八〇キロメートルのこのタイプの地溝が北へ向けて走り、シーレ川及びニヤサ湖を経て、向きを北西に転じやがて見えなくなっている。そこから、それと接近してまたそれと平行して、タンガニーカ湖の地溝が始まっている。その大きさはタンガニーカ湖の深さが一・七ないし二・七キロメートルであることからもうかがわれる。しかし壁のような絶壁の高さは二・〇ないし二・四キロメートル、時には三・〇キロメートルに達している。それを北へ延長した部分では、地溝はラッシシ川、キーヴ湖、エドワード湖及びアルバート湖を含んでいる。彼は次のように述べている。「あたかも地球のこの部分が爆発して断層のへりの部分が上向きに運動したかのように、谷のへりの部分は高い峰となっている。高原のへりがこのように上へ向けて出っぱった形になっていることと、タンガニーカ湖の絶壁のすぐ東にナイル川の水源があるという事実との間には密接な関係がある。ただし、タンガニーカ湖それ自身はコンゴ川へそそいでいる」。第三の著しい地溝はヴィクトリア湖の東に始まり、ルドルフ湖を経て北へのび、アビシニアの近くでまがって北東へのび、そこから一方は紅海へ、また他方はアデン湾へのびている。海岸地域及び旧ドイツ領の東アフリカの内部では、これらの断層は階段断層の形をしている。断層の東側が落ちこんでいる。

特に興味深いのは、第50図に谷の床と同じ点で示された大きい三角形である。それはアビシニアとソマリ半島（アンコーベル、ベルベラ及びマッサワの間）によってつくられた部分である。この比較的平らな低地は主として最近の火山の溶岩から成る。大部分の研究者はそれが割れ目の床の拡がったものであると考えている。このような考えが生じたのは、紅海の両側の海岸線が、他の部分では平行であるにもかかわらず、この部分の出っぱりによってその平行性が乱されているためである。この三角の部分を切り出すと、アラビアの向かい合った隅がそのすき間を完全にふさぐ。すでに述べたように、ここではアビシニアの山脈の下側からきたシアルが問題である。それは一方向きに北方へ拡がり、ブロックの端の部分へ出てきている。多分割れ目はすでに玄武岩によって満たされていた。その結果上昇してきたシアルがこの物質の上の部分をも一緒に運んできた。ともかく、この部分の海面からの高さは溶岩のカバーの下にシアルがあることを暗示している。ただしこの地域がかなりの正の重力異常を示さないとしての話である。

東アフリカそれ自身の骨組をつくっているこれらの断層の発生は地質学的には最近のものであろう。いくつかの場所で、それは最近の玄武岩質溶岩と交叉している。ある場所では、それは鮮新世の淡水性の地層と交叉している。したがってそれは第三紀の終わり以前のものではありえない。一方、更新世には、それはすでに存在していたようである。そのことは隆起した湖岸から結論される。それは割れ目の床の上にあって出口をもっていなかった湖のもっとも高い水面を示す。タンガニーカ湖の場合には、いわゆる「残存動物群」もまた、それが長い間存在していたことを示す。これらの動物群はかつては海棲であったものが、その後淡水に適応した。しかし、断層地域にしばしばおこる地震と活発な火山活動は、割れ目の過程が今もなお進行していることを示している。

割れ目の谷（地溝）の力学について言えば、それが二つのブロックの完全な分離の初期の段階をあらわすという新しい解釈が考えられる。それは最近のまだ不完全にしかおこっていない割れ目かもしれないし、あるいは割れ目をつくる力の強さが弱くなったために死んでしまった以前の割れ目なのかもしれない。われわれの考えでは、完全な分離はだいたい次のように進行する。第一に、上部のよりもろい層の中で割れ目が口を開く。より下の塑性層はただのびるだけである。垂直の壁は岩石のより大きい圧縮強度を要するから、割れ目と同時に、あるいはそれのかわりに、斜めのすべり面があらわれる。そしてブロックの二つのへりの部分が割れ目へ落ちこむ。その場合に局所的な地震が数多くおこるだろう。割れ目が開くのと同じ速度で進行するために、地溝の深さはある程度以上深くならない。地溝の床は同じ岩石系に属する断層ブロックからなり、より高いレベルでは溝から側方へ向けて露頭ができる。この段階では、地溝断層は均衡状態にはない。E・コールシュッター〔184〕によれば、最近の東アフリカ地溝の数多くが、実際均衡状態にはない。すなわち、補償されない質量欠損が生じ、それに対応した重力異常が観測される。やがて、均衡を回復するために、割れ目の両側のへりが隆起する。このために、その長さの方向に沿って割れ目が背斜状態に入ったような印象を与える。上部ラインの割れ目の谷の両側にあるシュヴァルツヴァルト及びヴォージュ山脈は、このへりの山脈のよく知られた例である。最後に割れ目がたいへん深くなって、その下により塑性的なシアルの下層だけが存在するようになると、そのシアル及びその下に存在する粘性的なシマが隆起し、以前の質量欠損が補償され、地溝が全体として地殻均衡の状態に達する。割れ目がさらに開けると、シアル・ブロックの下の塑性的な層が拡大して、床が完全におおわれる。床の表面はよりもろい上層のかけらでおおわれる。最後に、割れ目がさらに開けると、シマの窓があらわれる。巨大な紅海地溝の場合には、発展がほぼ最終段階に達して、トリウルジ及びヘッカーが見出したように、均衡状態がすでに実現している。

シアルの上層が下層よりもよりもろいという事実は、もう一つの著しい事実を説明する。それはブロックのなめらかな接合を妨げるようなシアルの質量が間に入った場合にも、もともと接合していたブロックの端がぴったりと合うという事実である。たとえば、マダガスカルの東海岸とインドの西海岸とは、ともに片麻岩台地の直接的な割れ目になっている。そのためにこの二つの部分がかつて直接につながっていたという結論が避け難いものになる。しかしセイシェル諸島の弧状の陸棚がその間にあり、それは明らかにシアルからなる。実際この諸島は花崗岩質である。そしてわれわれの再構成では、それを割れ目の部分へ動かさなければならない。しかし、私には次の考えの方がよりもっともらしく思われる。すなわち、われわれの再構成において二つのブロックの下にあったシアルのより下のより塑性的な物質が、割れ目の過程の間に浮かび上がってきたのかもしれない。もちろんこの場合、その表面により小さい表面のかけらがのっかっていてもよい。同じような考えが大西洋中央海嶺その他の多くの地域に適用される。このことを念頭におくことは重要である。もしそうでなければ、複雑な形のシアルが間にある場合に、多くの地域で分離したブロックの外形がほとんど正確に一致するという事実の説明ができない。
　分離した大陸ブロックのへりがそのへりに平行に走る一連の階段断層をなして海底へおちこんでいる理由もまた、このようなより下の塑性的なシアル層が浮き上がったことと関係づけられるかもしれない。それはまた、研究できるただ一つの部分である上の面に沿った「背斜的たわみ」に似たものにもなる。すなわち、その表面は出っぱりとなる。しかし、この問題をこれ以上は追究しないことにする。

　内陸氷床が上にのっかっている場合には、塑性的な大陸ブロックのへりの部分では、特別な種類の力が働く。もろくないケーキに圧力を加えると、その厚さが小さくなって半径方向に膨張し、端の部分に半径方向へ向いた割れ目ができる。これはフィヨルドの形成に対する説明となる。フィヨルドは以前に氷河をもっていた地域の海岸線にはどこでも、驚くべき一様さでみられるものである。このような地域としては、スカンジナビア、グリーンランド、ラブラドル、北緯四八度よりも北の北アメリカの太平洋岸、南緯四二度よりも南の南アメリカの太平洋岸、ニュージーランドの南島がある。総合的なしかしまだ過小に評価されている断層形成に関する論文の中で、グレゴリー〔185〕はこの説明を与えている。フィヨルドは現在でもなおしばしば侵食谷として解釈されている。しかし、私自身のグリーンランド及びノールウェーにおける観察によれば、この解釈はまちがっている。

　数多くの音響測深によって、大西洋に面した大陸のへりの部分で、一つの著しい現象が見つかった。それは海面下へ延長した川の谷である。たとえば、セントローレンス川の谷は大陸棚を横切って海まで続いている。ハドソン川のそれもまた一四五〇メートルの深さまでたどられている。ヨーロッパ側では、ターホ川の河口及び特にアドゥール川の河口の北一七キロメートルにあるフォセ・ドゥ・キャップ・ブレトンで、同様なことが見つかっている。しかし、もっともみごとな例は南大西洋にある海面下のコンゴ峡谷である。それは二〇〇〇メートルの深さまでたどられている。ふつうの解釈によれば、これらの峡谷は海面上でつくられた侵食谷が沈降してできたものである。私にはこの解釈はあたっていないように思われる。第一に、水路がたいへんに深く、また第二に広く分布していて、測深を十分数多くおこなえば、どの大陸のへりにもそれが見出される。第三に、ある選ばれたグループの河口だけがこの現象を示し、その他の川ではこういうことがない。それを川によって使用された大陸へりの割れ目だと考える方がよりもっともらしい。さらに、セントローレンス川の場合には、川床の割れ目に似た性質が地質学的に証明されている。またフォセ・ドゥ・キャップ・ブレトンはビスケー湾の開いた本の形をした海底の割れ目の内側の端であり、その位置から考えて割れ目の説明がもっともらしく思われる。

しかし、大陸のへりの部分におけるもっとも興味深い現象は島弧である。アジア大陸の東岸ではこれが特に著しい（第51図）。太平洋におけるその分布は大スケールのシステムをなしている。特にニュージーランドを以前のオーストラリア島弧であると考えると、西太平洋の海岸はすべて島弧によってへりどられており、一方東海岸にはそれがない。北アメリカでは、北緯五〇度と五

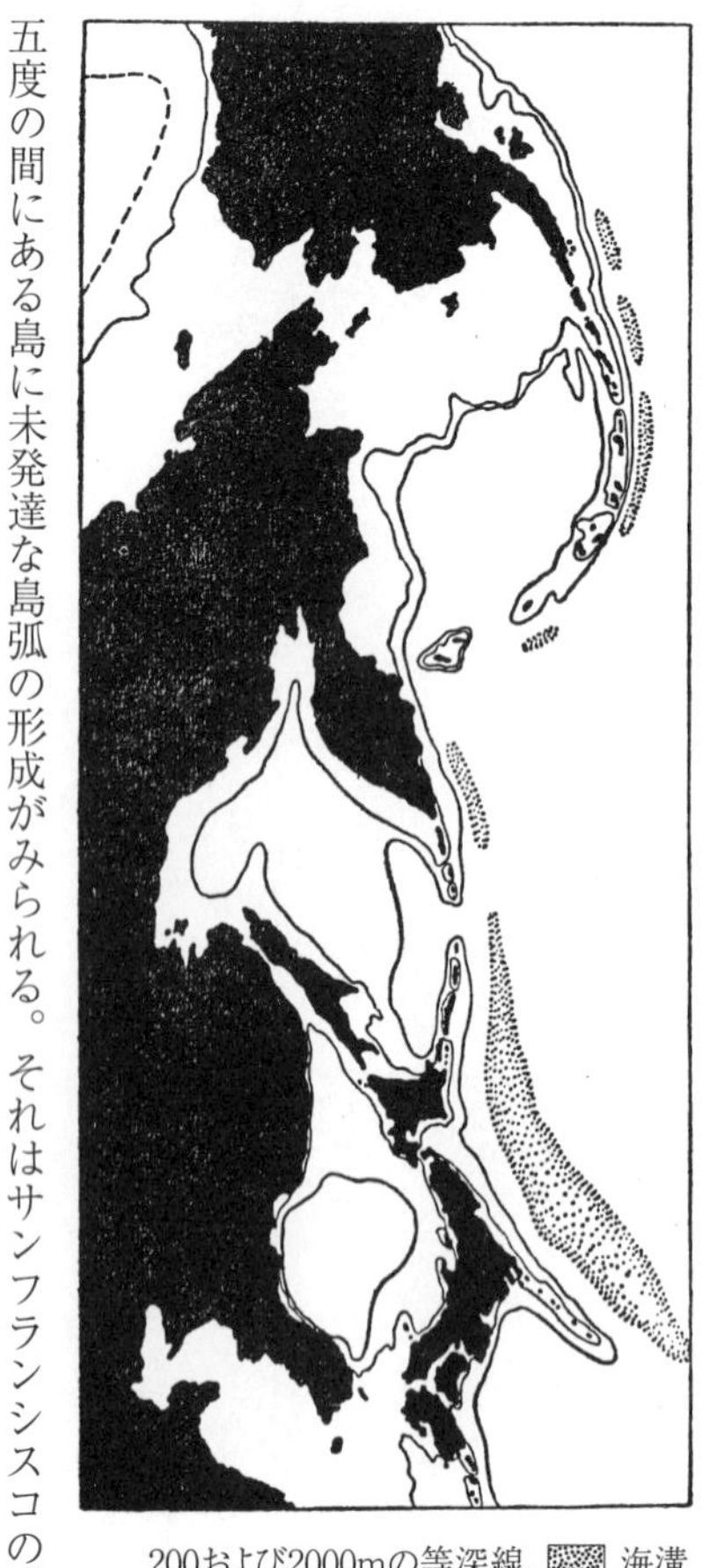

200および2000mの等深線、▒ 海溝

第51図　北東アジアの島弧

五度の間にある島に未発達な島弧の形成がみられる。それはサンフランシスコの近くの海岸の出っぱりとカリフォルニアの海岸山脈の隔離である。南では、西南極大陸に対する島弧と思われるものが一つ、あるいは二つある。しかし、島弧は西太平洋の大陸塊の移動をあらわす。移動の方向は西ないし北西、あるいは更新世における極の位置を考えると西向きである。この方向はまた太平洋の長軸（南アメリカ－日本）とも一致し、さらにまた古い太平洋の島のおもな線（ハワイ諸島、マーシャル諸島、ソシエテ諸島その他）とも一致する。トンガ海溝を含む海溝はこの移動の方向に垂直で島弧に平行な割れ目として配列している。これらのすべてが相互に因果関係にあることは

明らかである。

これと似た島弧が西インドにもあり、またティエラ・デル・フエゴとグレイアム・ランドの間の南シェトランド弧もまた自由な島弧であろう。しかしそのあらわれ方は少し異なっている。

島弧は驚くべき仕方で雁行している。アリューシャンは鎖をつくっている。しかしそのはるか東にあるアラスカはもはやへりの鎖ではなく、内陸の鎖の延長である。それらはカムチャツカで終わっており、そこからより内陸の鎖であるカムチャツカ鎖が出発し、もっとも外の鎖として千島列島をもっている。これがまた日本で終わり、サハリン―日本鎖にその道をゆずっている。それまでそれはより内部の鎖であった。日本の南でもこの配列がたどられ、ついにスンダ群島で事情が混乱している。アンティルもまたまったく同様な雁行をしている。明らかに、島弧のこの雁行は以前の大陸のへりの山脈の雁行の直接の結果であり、すでに述べた雁行褶曲の一般的な規則にまで話がさかのぼる。島弧の驚くばかりに一様な長さは、構造地質的にはへりの山脈の外形にもあらわれている。長さは以下のごとくである。アリューシャン　二九〇〇キロメートル、カムチャツカ―千島　二六〇〇、サハリン―日本　三〇〇〇、朝鮮―琉球　二五〇〇、台湾―ボルネオ　二五〇〇、ニューギニア―ニュージーランド　以前には二七〇〇。*

*しかし、西インドの弧は相違を示す。小アンティル諸島―南ハイチ―ジャマイカ―モスキート・バンク　二六〇〇、ハイチ―南キューバ―ミステリオサ・バンク　一九〇〇、キューバ　一一〇〇キロメートル。

藤原〔195〕はこのエシェロン（雁行）の問題、特に日本の火山帯のエシェロンの問題をとりあげ、北太平洋が反時計まわりに回転したと考えることによってそれを説明しようと試みた。ただし、この場合アジア・ブロックは固定していたものと考える。すべての運動は相対的であるから、太平洋の海底を固定して、そのまわりの陸塊を時計まわりに回転させてもよい。このことは興味深い。なぜなら、地質学的に最近の頃まで、北極は太平洋にあった。したがって、このような過去における陸塊の回転は西方移動に対応するからである。実際、私は、東アジアのへりの鎖のエシェロン構造は、極がまだ太平洋にあった当時に大陸ブロックがこのような移動をしたために生じたものであると考える。

島弧の地質構造が驚くべき一致点をもっていることについてはすでに述べた。すなわち、それらのくぼんだ側には一連の火山がある。それはこのような曲線を形づくる際に生じた圧力がもたらした一つの結果であろう。またその圧力がシマを噴出させたのであろう。一方、とがった側には第三紀の堆積物がある。それは対応した大陸の海岸線にはほとんど欠けている。このことは島弧の分離がおこったのが最近のことであり、堆積物が堆積した当時には、島弧が大陸のへりであったことを示している。これらの第三紀の堆積物はかなりの乱れを示している。それは曲率によってつくり出された応力の結果であり、またこの応力が割れ目と垂直の断層をつくったのであろう。強い力の働きのもとで、フォッサ・マグナの部分で本州が分裂した。他の場合には、一般に伸長には沈降がともなっているにもかかわらず、この場合には島弧の外の端が隆起したようにみえる。これは島弧の傾斜運動を意味するものかもしれない。大陸ブロックの一般的な西方移動によって端の部分が運ばれ、また深い部分がシマによって束縛されていたために、このような傾斜変化がおこったのかもしれない。ふつう島弧の外側にみられる海溝はこの同じ過程と関係したものかもしれない。大陸と島弧の間の新しく露出したシマの表面には海溝があらわれず、それは常に島弧の外側、すなわち古い海底の境界にあらわれることがすでに注目されている。海溝は割れ目であり、その一方の側にはたいへん冷たい古い海底があり、それは深いところまでかたくなっている。また一方の側には島弧のシアル物質がある。シアルとシマとの境界におけるこのようなへりの割れ目の形成は、すでに述べたような傾斜運動を考えると、その理解が可能となる。

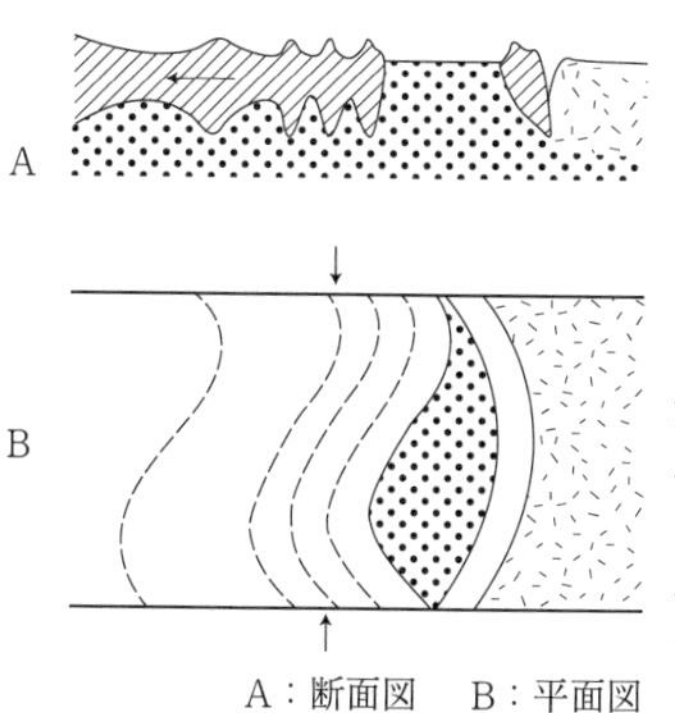

A：断面図　B：平面図
シマの特に冷却した部分

第52図　島弧の成因

第51図においてもまた、島弧の背後の大陸のへりのふくれあがった外形が注目される。特に海岸線のかわりに二〇〇メートルの深さの線を考えると、この大陸のへりは常にSを鏡に映したような形になる。一方へりの外にある島弧は単純にでっぱった曲線となる。第52B図はこのことを示している。この現象は第51図の二つの島弧のすべてに同様にあらわれている。またそれは東オーストラリアの大陸のへり及びニューギニア及びニュージーランドの南島の枝から成る以前の島弧にもみられる。この

ようなでっぱった海岸線は海岸、したがってまた海岸山脈の走向に平行な圧縮力を示す。それらは大スケールの水平褶曲と考えられる。東アジア全体が北東から南西へ向けての巨大な圧縮力をうけたことによってこのような結果が生じたのであろう。東アジアの波うった海岸線をひきのばすと、現在九一〇〇キロメートルであるインドシナとベーリング海峡間の距離は一万一一〇〇キロメートルにまで増加する。

われわれの解釈では、島弧特に東アジアの島弧は、大陸塊が西向きに移動した時に大陸から分離して古い海底の部分にとどまったへりの鎖である。その古い海底部分は深いところまでかたくなっていた。島弧と大陸のへりの間に、開けた窓のように、まだ液体の状態にある海底部分が露出した。

この考えは、これとはまったく違った仮定から出発したF・フォン・リヒトホーフェンの考えとはかなり違ったものである。彼は太平洋で生じた地殻の中のひっぱりの応力によって島弧ができたと考えた。彼によれば、島弧とそれに隣り合った大陸の幅広い地域は大スケールの断層システムである。後に述べた地域もまたその弧状の海岸線と高さによって特徴づけられる。島弧と大陸の海岸線の間の地域は、西側での傾斜運動によって海面下に沈んだ第一の「陸の階段」であり、その東側は島弧としてあらわれた。さらに二つのこのような階段が大陸部分でみられるはずであるとフォン・リヒトホーフェンは考えた。しかし、これらの沈降の程度はより小さい。これらの断層の規則的な弓形は困難な問題を提供する。しかし、アスファルトその他の物質でこのようなカーブした割れ目が見られることを理由にして、この反対論を退けることができる。

　この理論は全地球的な規模で働いた「アーチをつくる圧力」のドグマを考慮のすえにうち破った最初の試みであり、またひっぱりの応力を最初に提案したという点で歴史的な役割を果たした。しかしこの理論が現在のデータに忠実でないことを示すのは容易である。測深のデータの不足のために不完全ではあるが、深さを示す図は、島弧と大陸ブロックとの間のつながりが断たれたことを示す決定的な証拠となる。

　大陸ブロックの運動が東アジアにおけるようにへりに直角ではなくてそれに平行な場合には、水平ずれ断層によってへりの山脈がとりさられ、それとおもなブロックとの間にシマの窓があらわれない。これは第49図に示した大陸ブロックの内部での現象と基本的には同じものであり、ただそれを適当にもよう替えして大陸のへりの部分へ移し替えただけである。ブロックがシマへ向けて運動する場合には、その運動の向きに応じておしかぶせ褶曲あるいは階段褶曲のいずれかの形をしたへりの褶曲が生じる。ブロックが海底から離れ去るように運動すると、へりの鎖が分離する。運動がずれタイプである場合には、水平ずれ断層が生じて、へりの鎖が横すべりする。この場合にもまた、へりの鎖は固化した海底にくっついたままである。第26図に示したドレーク海峡の海深図には、グレイアム・ランドの北の端のところでこの過程が特によく示されている。同様にして、以前にはスマトラの前面に横たわる島々の南東へ向けての延長であったスンダ群島のもっとも南の部分であるスンバ－ティモール－セラム－ブルもまた、ジャワを通りすぎて横にす

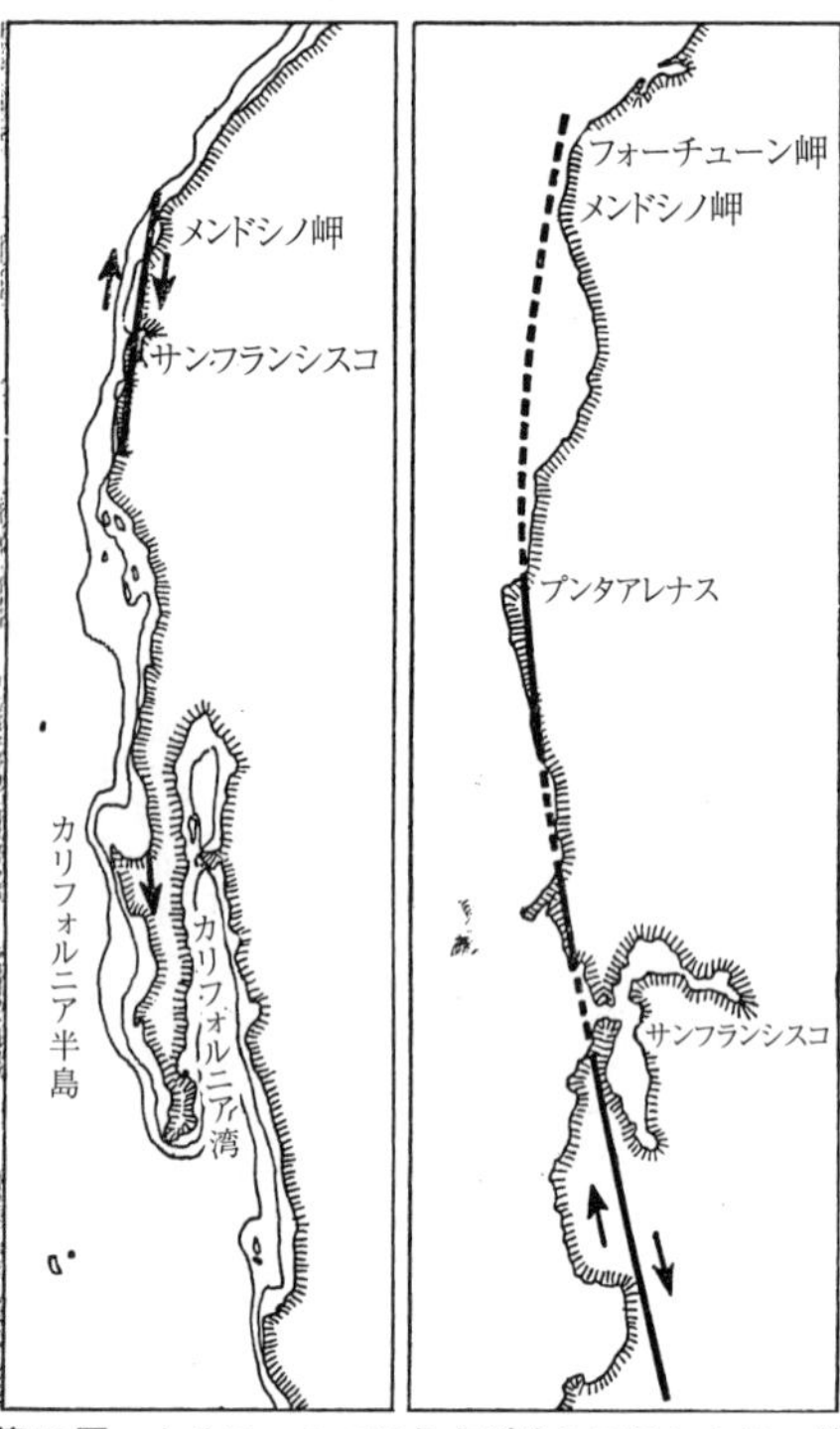

第53図　カリフォルニアおよびサンフランシスコ地震にともなった断層

べり、やがて前進してくるオーストラリア－ニューギニア・ブロックにとらえられたものである。

もう一つの例はカリフォルニアである。バハ・カリフォルニア半島はその側面への突出部で移動のようすを見せており（第53図）、それは陸塊の南から南東へ向けての前進的なつっこみを暗示する。シマの抵抗によって半島の先端はかなとこのように厚くなっている。そしてカリフォルニア湾の切りとられた地域と比較してみれば明らかなように、半島は全体として短縮したようにみえる。ウィテッチ〔187〕によれば、北部が隆起して一〇〇メートル以上になったのは最近のことであるという。これは強い圧縮の確かな証拠である。等高線を見ると、この先端部がかつてその下のメキシコの海岸の峡路にあったことがわかる。地質図を見ると、これら二つの地域に「後カンブリア紀」の貫入岩があることがわかる。もちろん、それらが同じものであることはまだ証明されていない。

しかし、半島の短縮以外に、それが北へ向けてすべったという兆候がある。あるいはより正しく言えば、下層に対して本土が南へ向けて移動する間に、半島がじっとしていたために、それに隣り合った海岸山脈が北へ向けて移動した。このように考えると、サンフランシスコの近くの海岸線が大スケールでふくれあがっていることが説明される。それは圧縮の結果として生じたものにちがいない。この考えは、一九〇六年四月一八日におこったあのいまわしいサンフランシスコ地震断層から得られた結果とよく調和する。そのことが第53図に示してある。この図はルズキ〔15〕及びタムス〔188〕のデータにもとづくものである。この地震は、東の部分が突然南へ向けて移動し、また西の部分が北へ向けて移動したことによって生じたものである。期待されるように、測量のデータは、このような移動の大きさが割れ目からの距離とともに小さくなり、遠く離れたところでは認められなくなることを示している。もちろん、割れ目ができる前にも、地殻はゆっくりとした連続的な運動をしていた。アンドリュー・C・ローソン〔189〕は、一八九一年から一九〇六年へかけての運動の向きと割れ目の向きとを比較した。第54図に示した「ポイント・アリーナ・グループ」での観測によれば、問題の一五年間にのちほど割れ目ができた部分の地表は、AからBまで〇・七メートル移動した。そこで断層ができて、西の半分は二・四三メートルジャンプしてC点へ移り、東の部分は二・二三メートルジャンプしてD点へ移った。AからBへ

第55図　インドシナにおける海深図

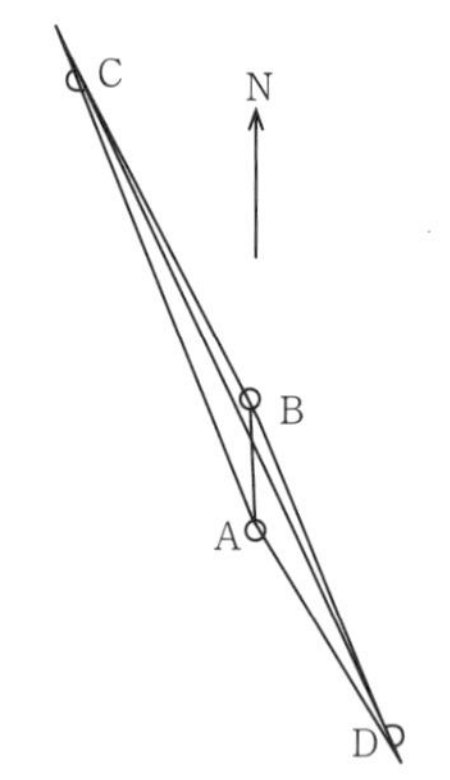

第54図　割れ目を横切った部分の表面の動き（ローソンによる）

かけての連続的な運動は北アメリカ大陸の本土に対するものと考えられる。この場合西の大陸へりの部分は太平洋のシマにくっついていたために北方にとどまった。断層は不連続的な応力の解放を示す。しかし大陸ブロックは全体としては移動しなかった。

これと関係して、もう一つ興味深い地殻の部分がある。それはインドシナの大陸のへりの部分（第55図）である。もちろん、この部分についてはまだあまりよく知られていない。ここで興味深いのは、スマトラの北の深い海盆である。マラッカ（マレー）半島のねじれは北スマトラの分裂に対応する。しかし、マレー半島をまっすぐのばしてみても、この島の北にある窓に似た深い部分からの露出をカバーすることができない。窓の西にあるアンダマン諸島がこのことを示している。あるいは次のようにも考えられる。すなわち、ヒマラヤの巨大な圧縮によってインドシナがその長さに沿ってひっぱりの状態におかれた。このひっぱりの力によってスマトラがその北の端で分裂し、鎖の北の部分（アラカン）が、ロープの端のように北へひっぱられて圧縮された。この大スケールの水平ずれ断層の両側ですべり面が生じたにちがいない。興味深いことに、もっとも外側のへりの鎖であるアンダマン及びニコバル諸島はシマに固定してとどまり、第二の鎖がこのように著しい移動をした。

最後によく知られた「太平洋」及び「大西洋」タイプの海岸の違いについて簡単に述べておこう。大西洋タイプの海岸は大地の中の断層によって代表され、太平洋タイプの海岸はそれの前面にあるへりの鎖と海溝の存在によって特徴づけられる。大西洋グループの中に、東アフリカとマダガスカル、インド、西及び南オーストラリア、東南極大陸を加えるべきかもしれない。太平洋グループの中にはインドシナとスンダ群島の西岸、オーストラリアとニューギニアの東岸、ニュージーランド及び西南極大陸が含まれる。西インドにアンティルを加えたものもまた太平洋型である。マイスナー〔190〕が明らかにしたように、このような構造地質的相違に加えて、重力場の強さもまた違ったタイプを示す。大西洋の海岸は地殻均衡状態にある。すなわち浮かんだ大陸ブロックがつり合いの状態にある。しかし、太平洋の海岸は地殻均衡からのずれを示す。よく知られているように、大西洋の海岸には地震や火山がないのに対して、太平洋の海岸にはこれら両者が存在する。ベッケが注意をうながしたように、大西洋タイプの海岸が火山をもつ場所では、溶岩は太平洋タイプの溶岩と系統的な鉱物学的相違を示す。それらはより密度が大きく、より鉄分に富んでおり、したがってより深い部分でできたようにみえる。

われわれの考えでは、「大西洋」の海岸は、大陸ブロックの分裂によって、中生代より後、部分的にはずっと後につくられたものである。したがって、その前面にある海底は比較的新しく露出した部分であり、相対的にはより液体に近いものである。この理由によって、大西洋の海岸が地殻均衡の状態にあるのであろう。さらに、シマの流動性がより大きいために、移動の際にも大陸のへりの部分へあまり抵抗をうけなかった。その結果褶曲もまた圧縮もおこらず、へりの鎖も火山もできなかった。またシマの流動性が十分に高くて、不連続をともなわない純粋塑性的な流れによって運動がおこるために、地震もおこらない。誇張して言えば、この部分の大陸は液体の水に浮かんだ固体の氷山のようなものである。

シアルの地殻を通じてシマが受け身の立場で噴出することによって火山活動がおこることを示す多くの証拠がある。島弧がそのもっともよい例である。そこではくぼんだ内側の部分に圧力が生じ、とがった外側の部分に張力が生じる。実際、すでに述べたように地質構造は驚くばかりの一様性を示す。内側には常に一連の火山があり、外側にはそれがない。そのかわりに割れ目や断層がある。このどこにでも見られる火山の配列はたいへん著しいものであり、それは火山の性質に関して重要な意味をもっていると私は考える。フォン・ロジンスキー〔191〕は次のように述べている。「アンティルでは、火山性の内帯と二つの外帯を区別できる。そのうちでは、もっとも外側のものがより最近の地層であり、その高さも低い（ジュース）。高度に火山性の内帯と火山に乏しい外帯のコントラストはモルッカ（ブラウワー）及びオセアニア（アールト）でも認められる。カルパチアあるいはバリスカン後背地などで見られる応力帯の内側の火山帯の配列との間の類似は明らかである」。ヴェスヴィオ、エトナ及びストロンボリの位置はこの規則にしたがっている。ティエラ・デル・フエゴからグレイアム・ランドへ至る南シェトランド島弧の中では、玄武岩質で火山活動がもっとも激しいのは、南サンドウィッチ群島の強くカーブした中央の海嶺である。すでに述べたように、スンダ群島には特に注目すべきことがある。もっとも南にある島の鎖の中で、一回まがった北のものだけが火山をもっており、南のものは火山をもたない。南のものは外側の鎖であり張力が働いている。さらにまた、オーストラリア大陸の陸棚との衝突のために、反対方向にまがっている。しかし、ウェタルの近くのある場所で、北側の鎖もまた少しくぼんでいる。これは南の鎖（ティモールの北東の端）がこの部分へつっこんだためである。そして、北側の鎖のまさにこの場所で、かつてあった火山活動がなくなっている。これは局所的な曲率がもとへ戻ったためである。ブラウワーはまた、火山活動がない場所あるいはなくなった場所でだけ、サンゴ礁が隆起しているという事実に注目した。このこともまたこれらの地域が圧縮をうけていることを示す。ちょっと考えると逆説的ではあるが、圧縮が始まった場所で火山活動が終わるということの事実のこじつけでない説明は、われわれのような考え方をして初めて可能なことである。

地質時代のはじめの頃には、シアルの地殻が全地球をおおっていたということも考えられる。

その厚さは現在の約三分の一で、「パンサラサ」(全地球的な海)によっておおわれていた。A・ペンクによれば、その海の平均の深さは二・六四キロメートルであり、海面上に露出していた地球表面はほとんどなかった。

この事実を裏書きする二つの因子がある。それは地球上での生命の発展と大陸ブロックの構造地質である。

シュタインマン〔192〕は次のように述べている。「淡水、乾いた陸地及び空中での生命が海から発展してきたものであることを疑うものは誰もいないだろう」。シルル紀の前には、空気を呼吸する動物はいなかった。もっとも古い地上植物の化石はゴットランドの中の上部シルル紀からである。ゴータン〔193〕によれば、下部デボン紀において知られているものも、主としてふつうの葉をもたないコケに似た植物である。「下部デボン紀でも、本当の広がった葉をもった植物の化石はまれである。ほとんどの植物は小さい、草性のものであり、がんじょうなものではなかった」。一方、上部デボン紀の植物群はすでに石炭紀のそれと似ている。「大きくて高度に発達しました葉脈をもった葉があらわれたために、さらにまた植物の支持したり同化したりする器官が分化したために……。下部デボン紀の植物群の特徴、すなわちその原始的な組織やその小ささは、陸上の植物群が水の中から出てきたものであることを示している。これはすでにポトニ、リグニアー、アーバーその他の人によって指摘されたことである。上部デボン紀に見られる進歩は陸上及び空中での新しい生活への適応を示すものと考えられる」。

一方、大陸ブロックにみられる褶曲をすべてひきのばすと、シアルの地殻は全地球をおおうのに十分であることがわかる。もちろん、現在では、ブロックに陸棚を加えたものは、表面の三分の一をおおっているだけである。しかし、石炭紀までさかのぼっても、かなりの増加がみられる。その頃は、地球の表面の約半分がおおわれていたようである。しかし、地球の歴史をさらにさかのぼると、褶曲の過程はさらに著しかった。E・カイザー〔34〕は次のように述べている。「もっとも古い太古代の岩石は、地球上のいたるところでひどく乱されておりまた褶曲している。アルゴンキア階から後になって初めて、褶曲したものにまじって、褶曲しない地層や弱く褶曲した地層がみられる。後アルゴンキア階になると、変形していない岩石の拡がりや数がだんだんと大きくなり、それに対応して地殻の褶曲した部分の拡がりがだんだん狭くなる。石炭二畳紀の圧縮についてはこのことが特に著しい。後古生代には、褶曲の過程はだんだんと弱くなる。しかし上部ジュラ紀及び白亜紀には再び強くなり、上部第三紀で新しい最高点に達する。しかし、この最近の大スケールの山脈に対しても、その圧縮は石炭紀の褶曲よりははるかに小さい」。

したがって、かつてシアルが全地球をおおっていたという考えは他の考え方と矛盾しない。この変形しやすくまた塑性的な地球のカバーは今は分裂しており、また圧縮力をうけている。その圧縮力の本性についてはすでに第九章で論じた。深海の生成と拡大はこの過程の一つの側面にすぎない。もう一つの側面が褶曲である。生物学もまた地球の全歴史を通じて海洋がつくられてきたという考え方を支持する。ウォルター〔194〕は次のように述べている。「一般的な生物学的根拠、現在の海の動物群の層序及び構造地質学的研究から、生物の故郷である海洋はその最初からこの地球上に存在したものではないことがわかる。現在の大陸のすべての部分が褶曲運動をうけ、地球の表面が根本的に変わった時に初めて、海洋がつくられたのである」。シマが最初に露出した時のシアルの割れ目は、現在の東アフリカにあるリフト・バレーと似たものだったろう。シアルの褶曲が進むにつれて、割れ目は広くなりまた大きくなった。それはちょうどちょうちんの褶曲と同じである。一方を開くと一方が圧縮される。おそらくは、もっとも古いと考えられる太平洋で、このようなシアルのカバーのとり去りが最初におこなわれたのであろう。ブラジル、アフリカ、インド及びオーストラリアに見られる片麻岩の古い褶曲が、太平洋が開けたことに対応したものかもしれない。

このようなシアルの圧縮によって、それが厚くなりまた成長した。一方海盆がより広くなった。したがって、大陸ブロックにおける溶岩のあふれ出しは、地球の歴史の進行とともにより弱まった。もちろんこれは地球全体に関係したことであり、局所的な変化は例外である。実際にもそうであったことが一般に認められている。第4図に示した三枚の再構成図がこのあとをもっともよく示している。

力の向きは変わったけれども、シアルの地殻の進化は一方的な過程であったという事実は重要である。これはひっぱりの応力が大陸ブロックの中にすでに存在する褶曲をなめらかにすることができず、それをひきちぎるだけだからである。圧縮とひっぱりの交代する過程はその効果をもとどおりにすることはできなかった。そして圧縮と分裂という一方的な結果を生じた。時がたつとともにシアルのカバーはその面積が小さくなり、その厚さが厚くなり、また分裂した。これらの過程は相互に補い合うものであり、また同じ原因から生じた結果である。第56図は、この考えにもとづいて書いた過去、現在及び未来に対する高度の頻度曲線である。地殻の平均の高さは同じで、それはもともとのシアルの表面を示す。

一方、ダーウィンの考えにしたがって、月の分離したあとに残ったものが太平洋の海盆であるという可能性もある。この過程によって地球のシアルの地殻の一部分がとりさられる。私の考えでは、この考えを確かめるただ一つの方法は、シアル・ブロックの圧縮と褶曲の程度を見つもることである。しかし、現在のところ、これをなしうる可能性はない。

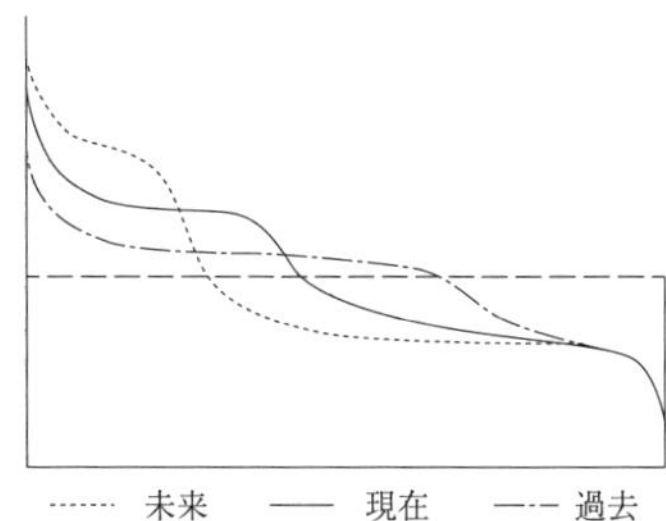

第56図　過去および将来の地球表面の高さの頻度曲線

第十一章　海底に関する補助的観察

地形学的に言えば、海洋地域は全体として大陸ブロックと比較されるべきものである。しかし、三つの大洋の深さは同じではない。グロールの海深図にもとづいてコッシナ〔29〕が計算したように、太平洋、インド洋及び大西洋の平均の深さはそれぞれ四〇二八、三八九七及び三三三二メートルである。この深さの関係を忠実に反映したものが海洋堆積物の分布（第57図）である。それについてはかつてクリュンメルが私に個人的に指摘したことがある。赤色粘土及び放散虫軟泥はいずれも深海性の堆積物であり、それらは太平洋及び東インド洋に限られている。一方大西洋及び西インド洋は「エピロフィック」な堆積物でおおわれている。それが石灰を余分に含んでいることは、海がより浅いことと関係している。このような深さの相違は偶然なものではなく、すでに述べた「大西洋」及び「太平洋」タイプの海岸の差と系統的に関係している。このことはインド洋によってもっともよく示されている。その特徴から考えて、インド洋の西半部は大西洋タイプであり、また東半部は太平洋タイプである。東半部は西半部よりも深さがより深い。このことは大陸移動説にとっても興味深いことである。地図を見てもすぐわかるように、もっとも深い海の海底がもっとも古く、最近にできた海底がもっとも浅い。したがって、第57図は驚く

第57図　海底堆積物の分布（クリュンメル〔30〕による）

べき仕方で移動の跡を物語っているといってもよい。

このような深さの違いの原因については、現在のところまだ確定した考え方がない。それは物理的状態の違いによるものかもしれないし、また物質の違いによるものかもしれない。物理的に言えば、海底の新旧は温度及び密度によって区別される。物質の密度を二・九とし、花崗岩の体積膨張率を 26.9×10^{-6} とすると、温度が摂氏一〇〇度上がると密度が二・八九二になる。二つの海底での温度差が七〇キロメートルの深さまで一〇〇度であるとし、またそれらが相互に地殻均衡の状態にあるとすると、深さの差は一六〇メートルになる。もちろんより温度の高い海底がより高くなる。

一方、比較的新しく露出した海底の場合には、古い海底に比べて結晶質の固体のカバーがより薄いということも考えられる。この結果密度及び深さの差が生じるかもしれない。すべての海盆が同じようにしてできたと考えると、次のような第三の可能性が考えられる。すなわち、できた年代が違うために、物質組成が違っているのかもしれない。長い地質時代の間には、段階的な結晶化その他の原因によって、マグマの変化がおこるかもしれない。そのような変化がおこったらしい兆候もある。最後に、大陸ブロックの下の部分の流れ出しの残骸及びへりの部分からの砕屑物によって、シマの地域が違った程度におおわれているのかもしれない。

すでに述べたように、海底をつくる物質についてのわれわれの考えは、現在のところたいへん流動的である。したがって、この問題に関係して述べられたすべての意見をあげることはできない。したがってここでは、もっともよく調べられた地域である大西洋に議論を限ることにしよう。ここにはまた大陸移動説からみて興味深い大西洋中央海嶺がある。

長い間知られていたように、しばしば広い範囲にわたって深海底の深さが驚くべき一様さを示すことがある。海底電線を敷設するためにおこなった密接した測深によって、このようなたいへん平たい海洋地域の存在が気づかれた。クリュンメル〔30〕が述べているように、太平洋では、ミッドウェイからグアムへ至る一五四〇キロメートルにわたって、一〇〇個の測深データがすべて五五一〇から六二七七メートルへ至る深さを示している。この測線上のある八〇キロメートルの部分にわたって、一四個の測深データがとられた。その平均の深さは五九三八メートルであり、それからの最大のはずれはプラス三六及びマイナス三八メートルであった。他のある部分では、五五〇キロメートルにわたって三七個のデータがとられ、その平均の深さは五七九〇メートルであった。また最大のはずれはプラス一〇三及びマイナス一一二メートルであった。最近では

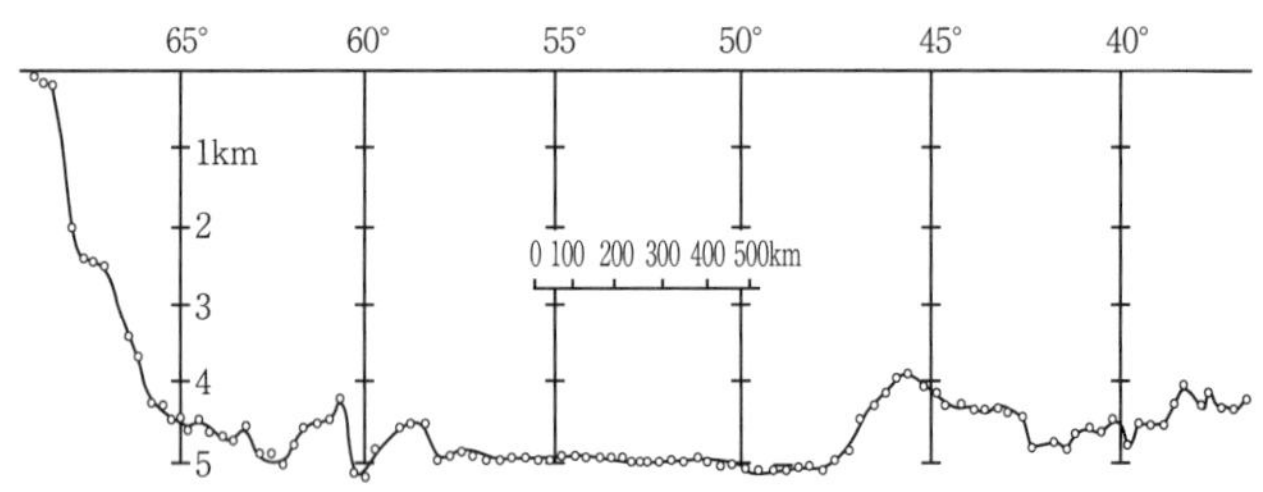

第58図　北大西洋を横切っておこなわれたアメリカの研究者による音響測深断面図の西の部分。陸棚を除く

このように密接した測深のデータが、航海中の船からのこだまの原理を利用した機械によってとられるようになった。大西洋地域に対しては、ドイツの「メテオール」探険隊がとった多くの深さのプロファイルがやがてデータを提供するようになるだろう。アメリカの研究者たちによって得られた北大西洋の最初の測深プロファイルのデータからとって、サルガッソ海盆の北の部分を横切る西の部分の断面図が第58図に示してある〔197〕。この図によれば、五八度から四七・五度の経度にわたる九三〇キロメートルの部分で、五一三二メートルという平均の深さからの最大のはずれはマイナス一二一及びプラス一〇八メートルである。他の断面では深さの一様性はさらに著しい。二八キロメートルごとにとった次々の八個の測定結果が、二七八〇から二七九〇ひろの間にある。この場合の測定精度は一〇ひろである。

このような一様性とは対照的に、ルートの他の部分はでこぼこしたプロファイルを示す。より浅くはあるけれども、これまた海底の一部である。

この結果から私は次のような結論を得た。すなわち、深さが驚くばかり一様なサルガッソ海地域では、シマの表面が露出している。それに対して表面がでこぼこした他の部分は、シアルのカバーに対応する。ただ、大陸ブロックに比べて、このカバーの厚さが変化に富んでおりまた一般により薄い。したがって、五〇〇〇メートルより深い海底の部分が露出したシマに対応するという仮定をたてると、第59図は大西洋の海底におけるシアルとシマの分布を示すことになる。*

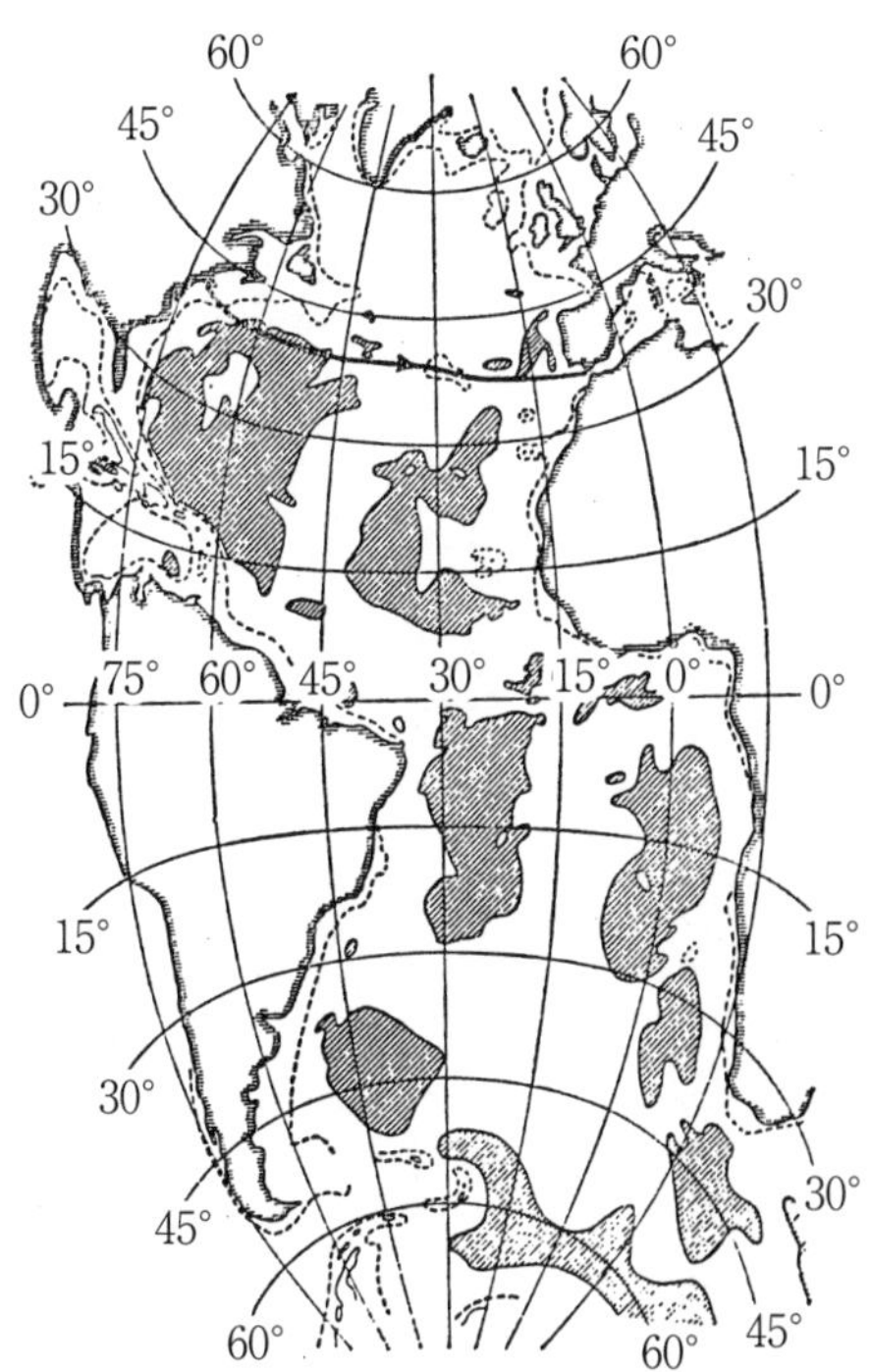

第59図　水深5000 mより浅い大西洋の海底部分

＊シアルとシマの二つの物質だけを考慮して、グーテンベルグは違った見解を述べている。それを彼は「流動理論」〔196〕と名づけ、大陸移動の考えに対するもう一つの考えとして提案している。彼は「シマの上にはただ一つのシアルのブロックだけが浮かんでおり、またシマは太平洋にだけ露出して

いる」と考えている。彼は大西洋とインド洋の海底は大陸ブロックであり、それが流動によって半分にまで平たくなったと考えている。しかし、これはおかしい考えである。仮に水の荷重を無視するとしても、この場合には大西洋とインド洋の深さは太平洋の半分でなければならない。さらに地殻均衡を考慮すると、水の荷重によって、この差はさらに大きくなる。したがって、グーテンベルグの考え方は、海底地形が全体として似ており、またそれが大陸ブロックと異なっているという事実と矛盾する。さらに、再構成にあたって、大陸がそれを隔てる現在の距離の半分だけお互いに向かい合って移動したとすると、地質学、生物学及び古気候学の要求と合わなくなる。最後に、大陸ブロックの端がぴったりと一致することが謎のままに残る。こまかい点については上を見よ。

ここで一つの困難が生じる。これらのシアルの質量が分離の間に崩壊した部分を示すものだとすると、この部分の幅が少し広すぎる。たとえば、第58図に示した大西洋を横切る最初の音響測深データを見てみよう。ここでの分散したかけらの幅は一三〇〇キロメートルと見積もられる。もちろん、南大西洋ではより小さい値が得られるだろう。上にあげた西側でのルートと違って、ここでは大西洋中央海嶺がより狭く、またその両側を海盆によって限られているからである。「メテオール」探険のデータが得られれば、より正確な見積もりができるだろう。ここでの断片的な中間地域の幅は約五〇〇から八〇〇キロメートルである。これはおかしい結果ではないが、少し大きすぎるように思われる。南アメリカとアフリカのブロックのへりの部分の接合はたいへんみごとであって、ほとんど直接の接合のようにみえる。再構成の試みられた他のいろいろな地域で、これと似た、しかしこれほどは著しくないタイプの困難が生じる。

現在のところ、この小さい不一致は、われわれがシアルとシマの二つの層だけを考慮したことから生じるもののように、私には思われる。実際には、事情はより複雑である。このように仮定するかわりに、最近の地球物理学的研究によってよりはっきりとしてきた他の仮定を使うことにしよう。その仮定によれば、三〇キロメートルの深さまでは、大陸ブロックは花崗岩質であり、これから六〇キロメートルの深さまでは玄武岩質であり、その下に超塩基性の岩（ダナイト）がある。このようにしてわれわれは、現在われわれに知られているすべてのデータを満足のゆくように説明することができる。大陸移動説で仮定されているように、花崗岩質の大陸台地は実際分裂した。ただし、ある程度以上深くてとけた部分、分離の際につくられたへりのかけらの部分は例外である。それらの部分は現在島の形をして大西洋中央海嶺上にある。花崗岩の下の玄武岩層が流体であると仮定すると、大西洋の割れ目が開けるにつれて、この層が上がってきて、そこから両側へ流れ出す。このようにして全海洋底がつくられ、またより深い部分にも流体的な部分が残っている。割れ目が広がるにつれて、やがてこの物質の流れ出しだけでは不十分になり、さらにより下のダナイトが玄武岩の中の窓の形をして露出する（第60図）。ブロックの分離が現在もなお進行している北海では、花崗岩の残骸は例外として、海底は主として玄武岩から成り、まだかなりの厚さである。しかし、巨大な太平洋地域では、それだけ多くのダナイトが露出しており、

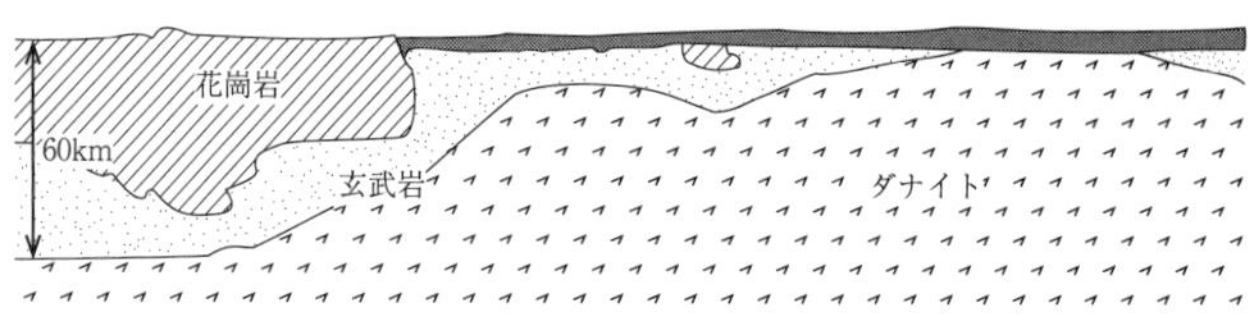

第60図　大陸ブロックおよび海底をよぎる理想的な断面図

より平たい部分にはまだ玄武岩のカバーがある。そしてところどころに花崗岩の残骸がある。

もちろん、このモデルもまた仮説的なものである。しかし、私の考えでは、地質学的、生物学的及び古気候学的証拠によって、大陸ブロックが直接に接合していたという大陸移動説のもともとの考えはこれを固守すべきものである。すでに示されたように、最近の地球物理学的研究はこの考えと矛盾しない。それとは反対に、この考えは、以下に述べるような事実にともなう困難を取り除く。その事実とは、そのへりの形が示すように、かつて直接に接合していたこれらのブロックの間に、大西洋中央海嶺によって示されるような不規則な形の海嶺があるということである。この問題についてはこれ以上論じない。ただグーテンベルグが言っているように、時として大陸ブロックは流れによって「引き出された」のかもしれない、ということだけをつけ加えておこう。ただいろいろな場所で、特にエーゲ海に対して、われわれはこの考え方を使ってきた。しかし、ここでもまた、厳密に言えば流れは深い部分に限られるべきであって、表面層は断層によって破壊される。

玄武岩あるいはダナイトのいずれが海底をつくる物質であるかという問題に関しては、現在の地球物理学者の間に意見の一致がない。したがって、こ

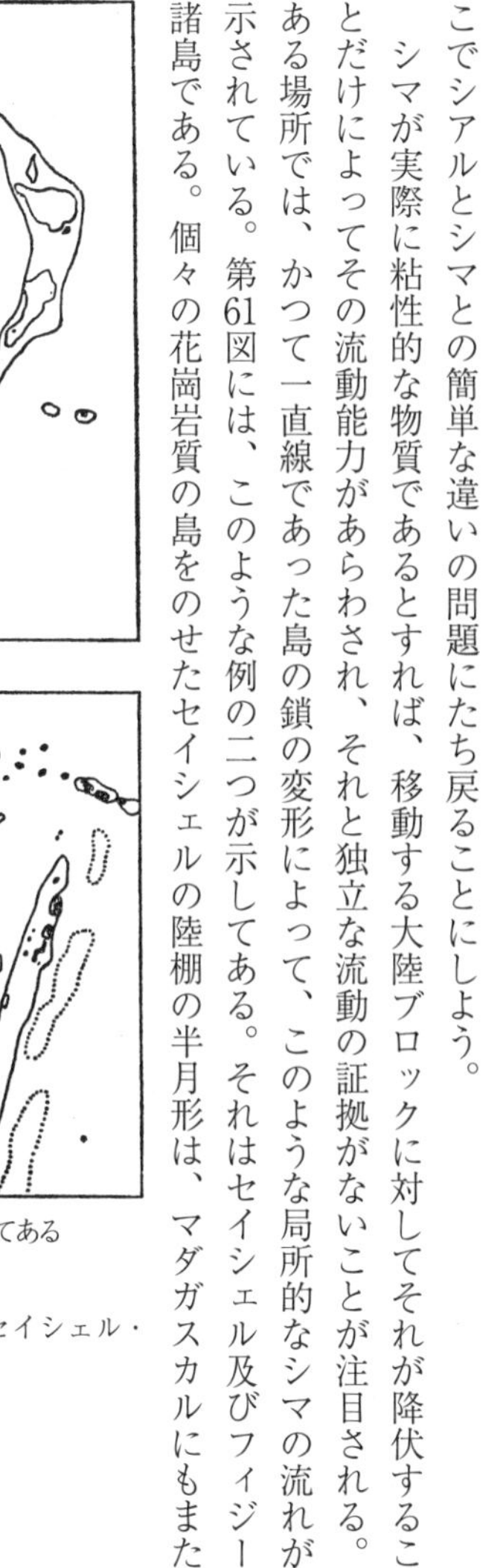

こでシアルとシマとの簡単な違いの問題にたち戻ることにしよう。
シマが実際に粘性的な物質であるとすれば、移動する大陸ブロックに対してそれが降伏することだけによってその流動能力があらわされ、それと独立な流動の証拠がないことが注目される。ある場所では、かつて一直線であった島の鎖の変形によって、このような局所的なシマの流れが示されている。第61図には、このような例の二つが示してある。それはセイシェル及びフィジー諸島である。個々の花崗岩質の島をのせたセイシェルの陸棚の半月形は、マダガスカルにもまた

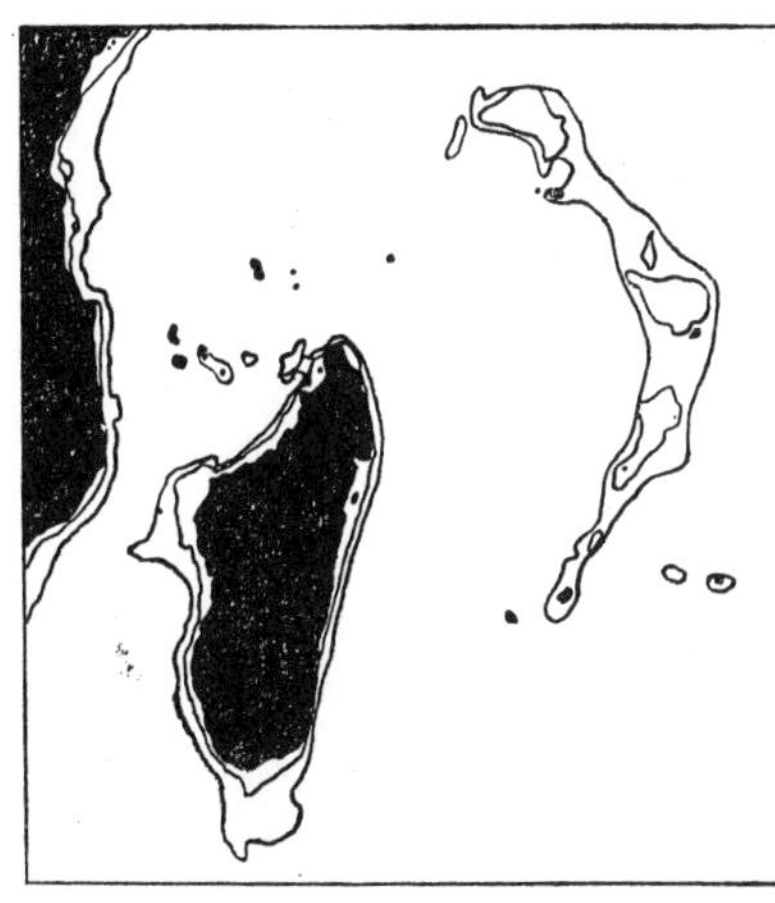

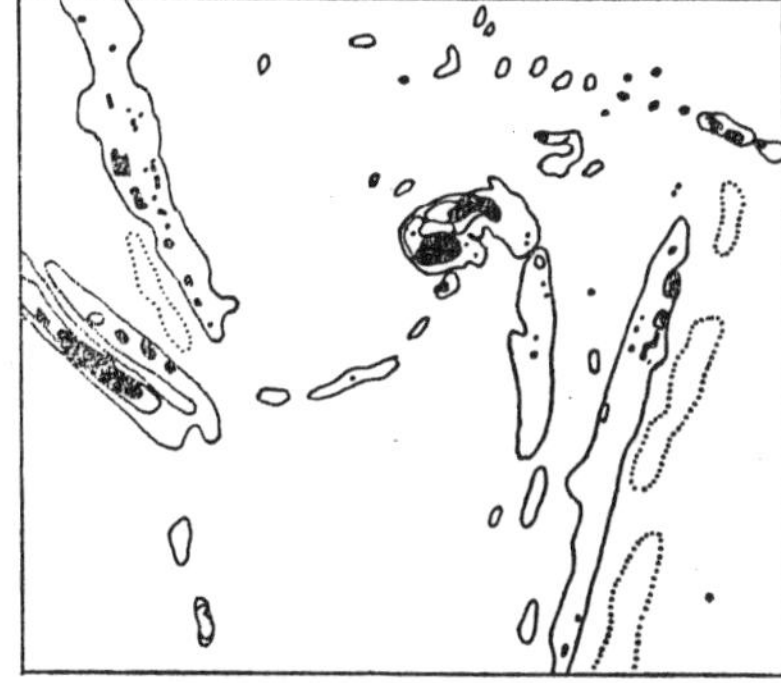

200および2000mの等深線が示してある
海溝は点線で示してある

第61図　上　マダガスカルおよびセイシェル・バンク
　　　　下　フィジー諸島

インドにも適合しない。その直線状の等深線は以前の直接の接合を示している。このことから次のような解釈が暗示される。すなわち、ここではとけたシアルの質量がブロックの下から上がってきて、シマの流れによって運ばれ、インドへ向かってかなり移動した。マダガスカルもまたたどったこのシマの流れは、インドの移動経路にしたがっている。セイロン島の分離からも暗示されるように、この流れは移動によってつくり出されたものか、あるいはこれとは逆に移動の原因となったものである。粘性流体を含む流体の運動はそれほど単純なものではないから、原因と結果を分離することができない。そしてこの問題に関するわれわれの知識は不完全である。したがって大陸移動説に向かってあらゆる相対運動の説明や証明を求めることはばかげたことである。われわれがこの問題を考慮するのは、ただ単にシマの中の流動現象を明らかにしたいためである。この流動現象はまがった陸棚の端において特に著しい。そのことはマダガスカルとインドを結ぶ中心線の両側で、シマの中の流れが小さくなっていることを意味する。また次のようなことも言える。すなわち、新しく露出したシマの部分では、流れが一番強い。またここからより古い海底が北西及び南東へ向けてよりゆっくりと移動した。第61図の下図によれば、フィジーでは二つの腕をもったらせん状の星雲を思わせる形が見られる。このことからせん状の流れが推測される。この流れの成因とオーストラリアが経験した運動方向の変化との間には関係があるように思われる。オーストラリアは南極大陸との最後の連絡をたち、またニュージーランドの島弧を後へ残して、北西へ移動し始めた。そのような運動は現在でもなお認められる。おそらくはこのらせん状の運動の前に、トンガ海嶺の傍に、それと平行してフィジーがつくられた。そしてこれら二つがオーストラリア－ニューギニア・ブロックの外側の島弧となった。東アジアの島弧と同じように、その外側の端は古い海底に固定しており、また内側の端は大陸ブロックから分離し始めた。ブロックの後退によって、内側の鎖が力をうけて渦まきの形になった。ニューヘブリディーズとソロモン諸島は、その途中でとり残された二つのエシェロン構造をした島弧かもしれない。* ビスマーク諸島の中のニューブリテンはニューギニアにくっついたままで、そのまわりに引っぱりまわされた。一方、大オーストラリア・ブロックの他の側では、フィジーの場合と同じようなシマの渦まき状の流れによって、スンダ群島のもっとも南にある二つの鎖がらせん形になった。

＊生物学的データにもとづいて、ヘドレーは、ニューギニアにニューカレドニアを加えたもの、ニューヘブリディーズ及びソロモン諸島が一体であるという結論に達した。

現在の観測からは、海溝* の本性についての決定的なモデルを得ることはできない。おそらくは違った成因のいくつかの例外を除いては、海溝は常に島弧の外側（出っぱった側）にある。それは島弧が古い海底と接している部分でもある。一方島弧の内側では新しい海底が窓のようにあらわれており、海溝は見あたらない。したがって、古い海底の冷却と固化とによって、古い海底だけが海溝をつくり出すことができるようにみえる。海溝をへりの割れ目とみなすべきかもしれない。その一方の側には島弧のシアルがあり、また他の側にはシマの海底がある。第62図に示した

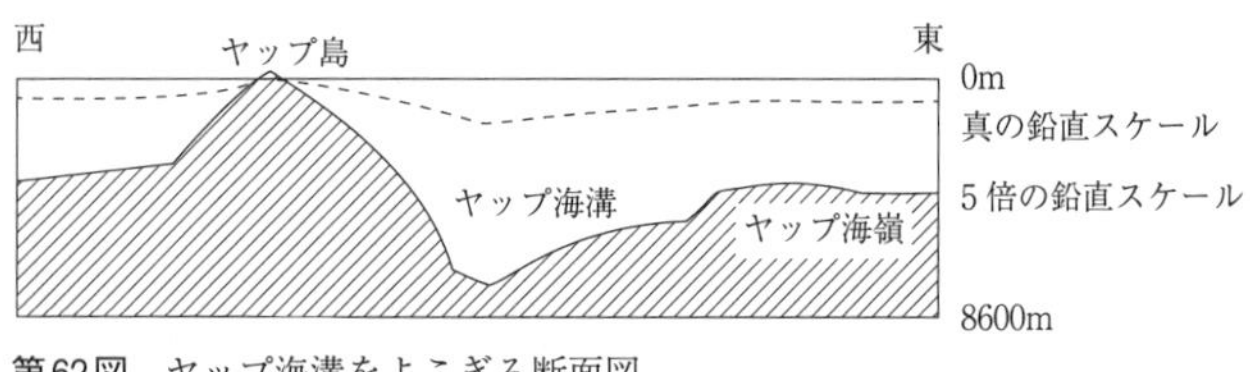

第62図　ヤップ海溝をよこぎる断面図
（G・ショットおよびP・パーレビッツによる）

プロファイルは誤解を招きやすい。重力によって平らにされているために、実際には海溝部分もまたたいへん平らである。

＊「深海の溝」という言葉はあまり適当ではない。それが大陸ブロックにみられるのと似た地溝断層を含む、というような感じを与えるからである。

ニューブリテンの南及び南東にある深い直角にまがった海溝は、ニューブリテンがまだニューギニアへくっついていた時にうけた北西方向への強力な力によるものであろう。深くうまった島のブロックはシマをかきわけて進んだ。シマはやがてその割れ目へ流れこんだ。しかしまだ完全にそれをふさいではいない。おそらくここが、海溝のもっとも正確な成因をたどれる場所であろう。

　チリの西にあるアタカマ海溝の成因については、もう一種類の説明が考えられる。ブロックの移動に対する抵抗によってこれらの山脈がつくられた時に、海面以下のすべての層は下向きに圧縮された。したがって、それに隣り合った海底もまたそれとともに引っぱりこまれた*。大陸をへりどるへこみについてはもっと他の説明も考えられる。すなわち、下へつっこんだ山脈の褶曲がとけ、ブロックの西方移動によって、このとけた物質が東の方へ取り除かれたためと考えるのである。われわれの考えでは、このようにしてとり去られた物質はアブロリョス・バンクのところでその一部分が表面にあらわれた。この結果として、それに隣り合ったシマとともに大陸縁辺部が沈降した。

＊アメリカの西方移動によってブロックのへりの前面にシマの山脈ができるはずだということを理由にして、アンペラー、Ａ・ペンクその他の人が反対論を展開している。しかし、すべての褶曲が地殻均衡のもとでつくられるはずであることを考えれば、この反対論は基礎のないものであることがわかる。それの重さから考えて、シマの移動は上向きにはおこらないで、下向き及び大陸ブロックの下へ向けて逆向きにおこるはずである。それはちょうど、浮かんだ物体を綱で引く場合に、水の流れがそれをよぎるのと同じである。

もちろん、この考えはもっとこまかいテストを必要とする。この場合に、重力測定の結果を参照することが重要である。ヘッカー〔198〕はトンガ海溝の上で大きい負の重力異常を見出している。しかし、トンガ台地の近くでは正の重力異常が存在する。最近ベニング・マイネス〔39〕が、数多くの海溝についてこのことを確かめた。彼の論文からとって、フィリピンからサンフランシスコへ至る重力のプロファイルを第63図に示した。この図にはまた海底のプロファイルも示されている。ここには四つの海溝が示されている。重力のプロファイルはどこでも同じである。すなわち、海溝の上では負、それに隣り合った台地では正の異常があらわれている。このことは、海溝ではその後のシマの流れによる地殻均衡がまだ完成していないことを示す。この間の事

第63図　フィリピンとサンフランシスコの間の重力異常の分布
（ベニング・マイネスによる）

情は、隆起しつつあるブロックが傾斜したと考えることによって説明されるだろう（第52図参照）。しかし、最後の結果を得るためには、より以上の研究が必要である。

付　録

この本の校正中に、第三章で主張した北アメリカとヨーロッパ間の距離の増加が確認された。このことを読者に伝えないわけにはいかない。一九二七年の十月及び十一月に北アメリカとヨーロッパでおこなわれた経度差の決定の結果をF・B・リッテル及びJ・C・ハモンドが発表している。彼らはそれを一九一三年から一四年へかけて得られたデータと比較している。

一九二七年現在のワシントンとパリとの経度差は

5時間17分36.665秒±0.0019秒

であった。しかし、一九一三年から一四年へかけては、それは

5時間17分36.653秒±0.0031秒

であった。一九一三年から一四年へかけての結果のうち、第一のものはアメリカの観測者による

ものであり、第二のものはフランスの観測者によるものである。

　これらのデータの比較から、この一三ないし一四年間に、ワシントンとパリとの経度差が

0.013秒±0.003秒

あるいはそれを長さにしてあらわすと、約

4.35m±1.0m

だけ増加したことがわかる。一年あたりの距離の増加量は約

0.32m±0.08m

であった。ここで得られた変化の方向と大きさとは、第三章で大陸移動説にもとづいて導き出した結果とよく一致している。

解説

鎌田浩毅（京都大学教授）

「動かざること山の如し」という有名な言葉がある。戦国時代に活躍した武田信玄の軍旗に記された句で、もとは古代中国の兵法書『孫子』の「不動如山」による。古来、山は永遠に動かず存在するものというイメージがあるが、巨大な山脈も長い時間をかけて地面が動くことでできたものである。

ちなみに地球科学には山をそびえ立たせる「造山運動」という用語がある。山も海も地殻変動によって形成されたからだ。したがって、本来「（ゆっくり）動くこと山の如し」だと筆者を初めとして全ての地球科学者は捉えている。

こうした大地の変動に興味を持った科学者がいる。ドイツの地球物理学者ウェゲナー（一八八〇～一九三〇）は、大陸でさえも止まっておらず絶えず動いていると考えた。そして現在の五大陸は過去には一つの巨大な大陸であり、あるとき分裂してできたと主張した。のちに「大陸移動説」と呼ばれる大胆なアイデアである。

ウェゲナーはこうした考えを二三二ページからなる著書『大陸と海洋の起源』（Die Entstehung

der Kontinente und Ozeane）として一九一五年に出版した。この年は現代地球科学の幕開けの年となったのである。

ところが、大陸が海の上を動くという説は、あまりにも斬新すぎたため、彼の生存中は学者たちに受け入れられなかった。そして彼が亡くなってから半世紀ほど過ぎて、劇的な復活を遂げた。

第二次世界大戦後、大陸移動説が事実である証拠が海底から次々と見つかり、「プレート・テクトニクス」理論として完成していった。いわゆる「地球科学の革命」である。そうした新しい科学を切り拓いたウェゲナーとはどのような人物であったかを、次に見ていこう。

ウェゲナーという人物

アルフレッド・ウェゲナー（Alfred Wegener、ドイツ語読みではアルフレート・ヴェーゲナー）は、一八八〇年一一月一日にベルリンで誕生した。アルフレッドの父はベルリン大学とハイデルベルク大学で天文学と気象学を学んだのち、ハンブルク大学やグラーツ大学の教授を務めた人物で、福音派の牧師でもあった。アルフレッドはその末子だった。

アルフレッドはベルリンの王立ギムナジウムを経て、ハイデルベルクとインスブルックとベルリンの大学で学んだ。卒業後はベルリンの市民啓蒙センター「ウラニア」に勤務し、一九一一年に気象学に関する著書を発表した。一九一二年には先に述べた大陸移動説を提唱し、その三年後に『大陸と海洋の起源』が刊行されるや否や大きな論争が巻き起こった。

ウェゲナーは大陸移動説に反論を受けるたびに、新しいデータと議論を加筆し精力的に改訂した。亡くなるまでに第四版まで刊行したことからも、いかに彼がこの大胆な仮説を世に出そうと努力したかがうかがわれる。

こうした執念が結果として半世紀後の大陸移動説の劇的な復活を導いた、と言っても過言ではない。ウェゲナーは死んでからのちに、地球科学を大きく変えたのである。

ウェゲナーは一生の間に四回、極北の地グリーンランドの探険に出かけた。大陸移動説の発表後の四回目となる最後の探険で、彼は行方不明となった。一九三〇年の一一月一日、五〇歳になった日にウェゲナーは笑顔で基地を出発し、それが最後となったとされている。亡くなった日付は確認されておらず、遺体は翌年の五月一二日に発見されたという。

彼の生前に評価されなかった大陸移動説は、一九六〇年代以降おびただしい数の地球科学データが得られて復活したが、これについてはのちほどくわしく述べよう。その前にどうやってウェゲナーがこの仮説を思いついたのかを探ってみたい。

大陸移動説のアイデア

世界地図を広げると、地球のでき方に関して様々なことが読みとれる。大西洋に目をやると南アメリカのブラジル東部の凸部が、アフリカのコンゴ西部の凹部と合わさるように見える。同様に、南アメリカ東部とアフリカ西部の海岸の出入りが、ジグソーパズルにでもなっているかのようだ。

ウェゲナーは大西洋をはさむ大陸の海岸線が似ているという事実に対して、実証科学的に着目した。「地形」がだいたい合うことだけでなく、地盤をつくる「地質」も連続することに気づいたのである。すなわち、二次元の平面上の類似性から三次元の地下構造へ視点が広がったのだ。たとえば、北アメリカ東部のアパラチア山脈が、大西洋を越えてスコットランドやスカンジナビア半島につながっていることを確認し、大陸移動説を導いていったのである。本書にはこう書かれている。

大西洋の両側の地質構造を比較すると、その両岸がかつて直接あるいはほとんど直接にくっついており、その間に開けた巨大な割れ目が大西洋である、という大陸移動説の主張の明らかな証拠が得られる。（中略）大陸縁辺部にはっきりとした輪郭が存在するために、ほとんど一義的にもとの状態を復元することができ、ごまかしを使う必要がない。したがって、これが大陸移動説の正しさを証明する独立な事実となりうる。（本書九七ページ）

これは当時得られていた地質学的な証拠から裏付けられた記述である。具体的には、アフリカと南アメリカに産する約二億年前より古い化石には類似するものがある（図1）。さらにウェゲナ

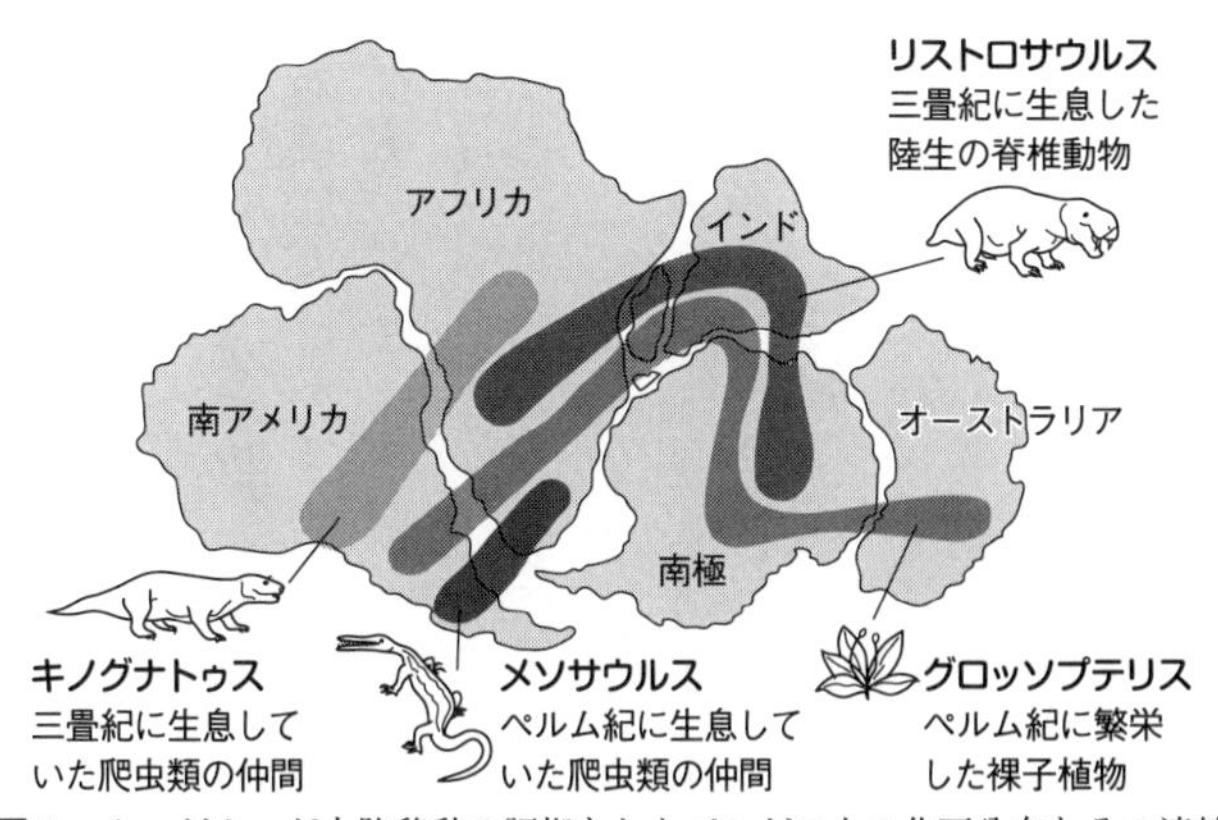

図1　ウェゲナーが大陸移動の証拠としたパンゲア上の化石分布とその連続性。鎌田浩毅著『地学ノススメ』（講談社ブルーバックス）による。

ーは、その時期以降の化石には類似性がないことも明らかにした。

つまり、二億年くらい前に、想像できないような大異変が起きたというわけである。そして、現在の大陸はかつて「超大陸」だったものが分裂した部分なのだとウェゲナーは確信した。

彼はその結論を、一九一二年一月六日に開かれた地質学会で、「地殻の大規模な特徴（大陸と海洋）の進化に関する地球物理学的基礎」というタイトルで講演した。また、その年末に大陸移動説に関する最初の論文を発表した。

さらにウェゲナーはマールブルク大学で行っている自らの講義で、大陸移動説を裏づける証拠を数多く提示した。聴講していた学生たちは新説に感動し、たちまち彼の支持者になったという。いつの世も新しい理論を受け入れるのは柔軟な思考力を持つ若者たちである。

のちに彼は自らの想定した超大陸をパンゲア（Pangea）と命名した。ちなみに、パンゲアは「全ての陸地」を意味する造語で、古代ギリシャ語で「全ての」を意味する形容詞pan（πᾶν）と大地を意味する名詞gaia（γαῖα）を合わせたものである。

なお、パンゲアの名称は『大陸と海洋の起源』の第三版のみに記述がある。実は、大陸移動説を最初に論文として公表した学術雑誌にも見当たらず、ウェゲナー自身はそれほど積極的に用いた名称ではなかったらしい。一方、地球科学者には五大陸に分裂した超大陸の名称として非常に便利なので、後世の教科書や論文には必ず載るようになった。

さて、一九一四年の夏に勃発した第一次世界大戦は、ウェゲナーの人生を大きく変えることになった。ドイツ帝国陸軍中尉として参戦した彼は、腕と首に大きな傷を負った。その結果、彼は前線を離れ、戦地での気象予報業務に従事した。

実は、戦時の負傷はウェゲナーにとって必ずしも不幸な事件ではなかった。療養期間に大陸移動の証拠を精力的に収集することに余念がなかったからである。その成果を一九一五年に『大陸と海洋の起源』の第一版として刊行した。

その後、本書の第二版は一九二〇年、第三版は一九二二年、さらに最終版である第四版が一九二九年に出版された。ウェゲナーは第二版以降に対して新しい事実を積極的に加筆した。単なる修正ではなく書き直しと言ってもよいくらいの大幅な改訂だった。ちなみに、本書の翻訳は最終版である第四版にもとづいている。

ウェゲナーの戦い

ウェゲナーのアイデアはあまりにも斬新であったため、到底受け入れられるものではなかった。というのは、当時の主要な学説と権威を真っ向から否定するものだったからだ。

大陸を隔てた化石の類似性を説明するものとして、当時の地質学者たちは、大陸どうしを連結する細長い陸地があったと考えていた。この考えは大西洋に橋をかけたという意味で「陸橋説」と呼ばれている。

現在から見るとかなり不自然な考え方だが、当時はそれが常識的な考え方だった。それに対してウェゲナーは、遠く離れた大陸が過去には一つだったと考えることで、類似性をよりシンプルに説明しようとした。

さらに彼は、大陸が海上をまるで海面を漂う氷山のように浮いているのではないかと考えた。まさしく革命的なアイデアと言ってもよい。実際、陸地は大陸地殻という軽い物質でできており、海底を構成する海洋地殻よりも密度が小さい。

確かに海は地球上の七割の面積を占めているので、この上で三割の面積をもつ軽い大陸が動きまわってもさほど不自然ではない。しかし「氷山のように浮いている」アイデアを、同時代の研究者は受け入れることができなかった。

たとえば、イギリスの地球物理学者ハロルド・ジェフリーズ（一八九一〜一九八九）は、大陸を移動させる原動力が見当たらないことに難癖を付けた。確かに当時の学問水準では、大陸移動の原動力が説明できなかった。

ウェゲナーが超大陸がかつて存在したことを示唆する地質学上の証拠を次々と提示したにもかかわらず、地球物理学者たちは大陸移動説を全面否定した。加えて、彼らは海底を構成する物質は非常に硬いものであると考えていた。したがって、硬い大陸が同じように堅固な海底の上を移動するアイデアは、到底承服できるものではなかったのである。

実は、大陸が漂う現象を理解するには、何千万年、何億年という地質学的な時間の長さを考慮しなければならない。すなわち、非常に長い時間をかければ、岩石のように硬い物質も、ゆっくりと流れることが可能となる。これは「レオロジー」という物質の変形と流動を扱う新しい学問だが、ウェゲナーの時代にはまだ十分ではなかった。

学界の権威として君臨していたジェフリーズらが認めないにもかかわらず、ウェゲナーは自説を曲げなかった。彼は次第に同業者から変人扱いされるようになり、大陸移動説を支持する学者が皆無になった。そして半世紀ものあいだ地球科学の表舞台から姿を消すこととなる。

ウェゲナー死後の研究

『大陸と海洋の起源』刊行から一三年が過ぎた一九二八年、イギリスの地質学者アーサー・ホームズ（一八九〇〜一九六五）が大陸移動の原動力についての新説を出した。大陸の下に横たわる膨大な部分、つまり「マントル」が対流することで大陸が移動するという考え方である。のちの「マントル対流説」の端緒となる画期的なアイデアだ。

その当時、大陸地殻は花崗岩(かこうがん)のような比較的軽い物質（SiとAlからなる「シアル」）からなり、その下部に玄武岩質の重い物質（SiとMgからなる「シマ」）があることはわかっていた。ホームズは、地球内部のゆっくりとした対流によって、シマの上で氷山のように浮遊するシアルが大陸移動を起こすと考えた。

さて、大陸移動説は我が国にも輸入され、物理学者の寺田寅彦（一八七八〜一九三五）などがきわめて好意的に受け入れた。彼は一九二七年と一九三四年の論文に、アジア大陸から分離した日本列島が移動して日本海を形成した議論を書き残している（「東京帝国大学地震研究所彙報」）。同じ頃に『大陸と海洋の起源』が次々と訳され、北田宏蔵が『大陸漂移説解義』（一九二六年）を、また仲瀬善太郎が『大陸移動説』（一九二八年）を刊行した。ちなみに、『大陸と海洋の起源』の英語版が一九二四年に刊行されたことを鑑(かんが)みても、西欧からはるかに離れた極東でさほど遅れることなく邦訳が刊行されたことは、当時の日本の科学レベルが決して低くなかったことを示している。

蘇る大陸移動説

学問の世界から消えた大陸移動説は、後に劇的に復活する。状況を変えたのは科学者ではなく戦争だった。第二次世界大戦の副産物として開発された高感度のソナーを用いて、海底の地形図が初めて描かれることになった。なおソナーとは船から連続的に音波を発生し、その反響を利用して物体を探知する装置である。

まず地震学者たちが、大西洋の底で延々と続く溶岩でできた山脈状の地形に注目した。海嶺(かいれい)と呼ばれている場所だが、何千キロメートルもの長距離にわたって特異な地震が発生していた。さらにくわしく調べると、海嶺から遠ざかるにしたがって、溶岩の年代が古くなることも判明した。

一九六三年、米国プリンストン大学教授のハリー・ヘス(一九〇六〜一九六九)は、アメリカ地質学会で画期的な発表を行った。海嶺に沿って地球内部から溶岩が噴出し、新しい海底を作っているという説を出した。噴出中心の海嶺から東西に新しく地盤が広がっていくという「海洋底拡大説」の提唱である。

そこには新しい学問「古地磁気学」の誕生エピソードがある。くわしく説明してみよう。

地磁気の縞模様

一九五〇年代から六〇年代にかけて行われた海洋底の調査で、地磁気のS極とN極が何十回も逆転していた証拠が見つかった。「地磁気の縞模様」と呼ばれる海底の地磁気が、不思議なことに中央海嶺を境として線対称の形をしていたのである(図2)。岩石が過去の磁場を記録している

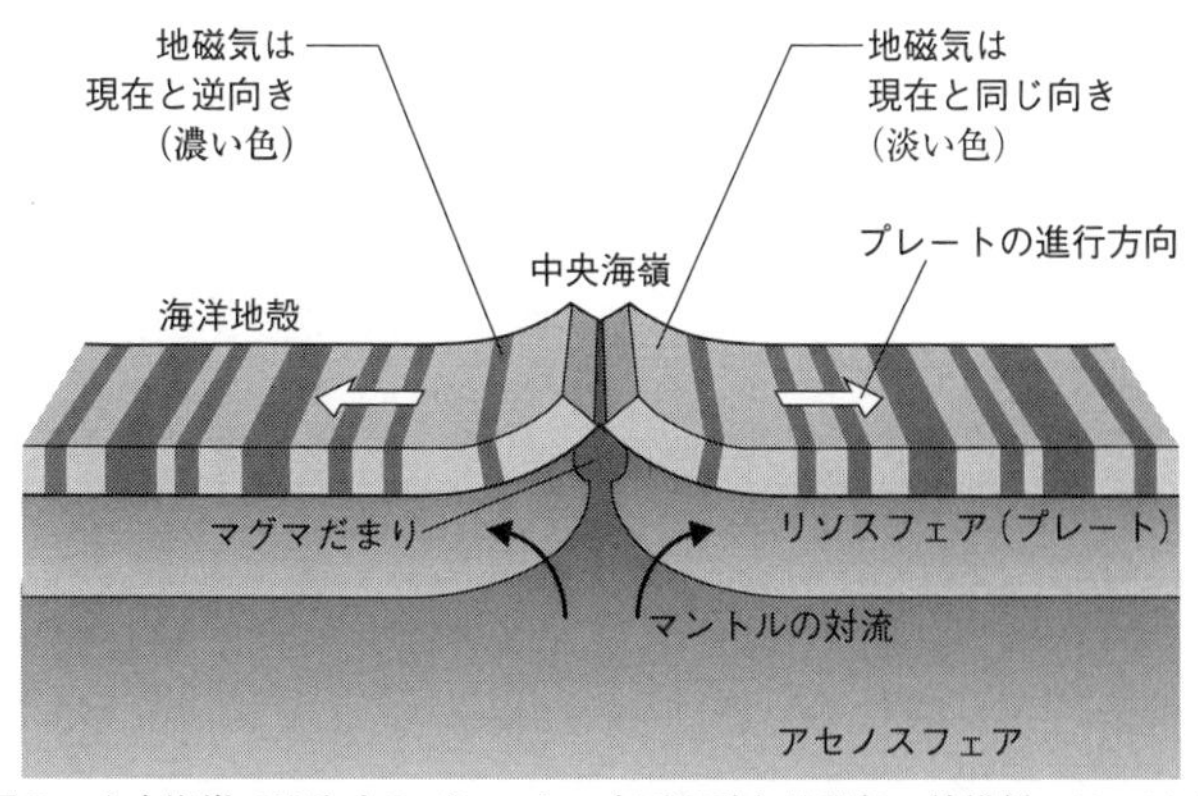

図2　中央海嶺で誕生するプレートの水平運動と地磁気の縞模様。鎌田浩毅著『地学ノススメ』（講談社ブルーバックス）による。

ことを利用した全く新しい研究成果である。

さらに、大陸上の岩石に記録された古地磁気極の移動を調べると、ヨーロッパ大陸と北アメリカ大陸がかつては一つで、二億年以上前から一億年ほどの時間をかけて東西方向に分裂したことが判明した。その結果、大西洋が誕生したというのである。

こうして海底に記録された地磁気の縞模様と、大陸に記録された古地磁気の極移動データから、海洋底が拡大して大陸が分裂したことが確実となった。その拡大中心が大西洋の中央で南北に連なる海嶺で、新たに岩板（プレート）が生産され左右へ押し出されていったのである。

ウェゲナーが思いついたように、北アメリカ大陸とヨーロッパ大陸は確かにつながっていた。今から二億五〇〇〇万年ほど前、噴火とともに大陸が割れはじめると、間に水が入って巨大な海になった。すなわち、海嶺の火山活動が、大陸移動の原動力だったのである。ヘスの唱えた海洋底拡大説の検証でもあった。

では、海底は無限に拡がっていくのだろうか。それに対してヘスは、海底の拡大と呼応するように海底は一方の端で消滅する、と考えた。具体的には、大陸縁辺部の近海で、海底そのものが沈み込んでゆくと彼は主張した。

その後、海底地形、地震、地磁気、熱流量などの膨大なデータが、ウェゲナーとヘスの仮説を次々と証明していった。

大陸移動説からプレート・テクトニクスへ

プレート（plate）の動きを用いて地球上の諸現象を統一的に説明する考え方を、「プレート・テクトニクス」と呼ぶ。なお、テクトニクス（tectonics）とは地球の動きを研究する学問という意味で、日本語では「変動学」と訳される。プレート・テクトニクスは「岩板の変動学」の意味で「地球変動学」と書かれることもある。

現在までの研究で、地球の表面は十枚ほどの広大なプレートで覆われていることが判明した（図3）。そして、プレート運動を用いて地表で起きている現象のほとんどが説明できるようになった。

水平方向に移動するプレートが、地震や火山噴火などダイナミックな現象を引き起こす原因だった。さらに何億年もかけてできた山脈形成など長期的な現象も、統一的に説明された。こうし

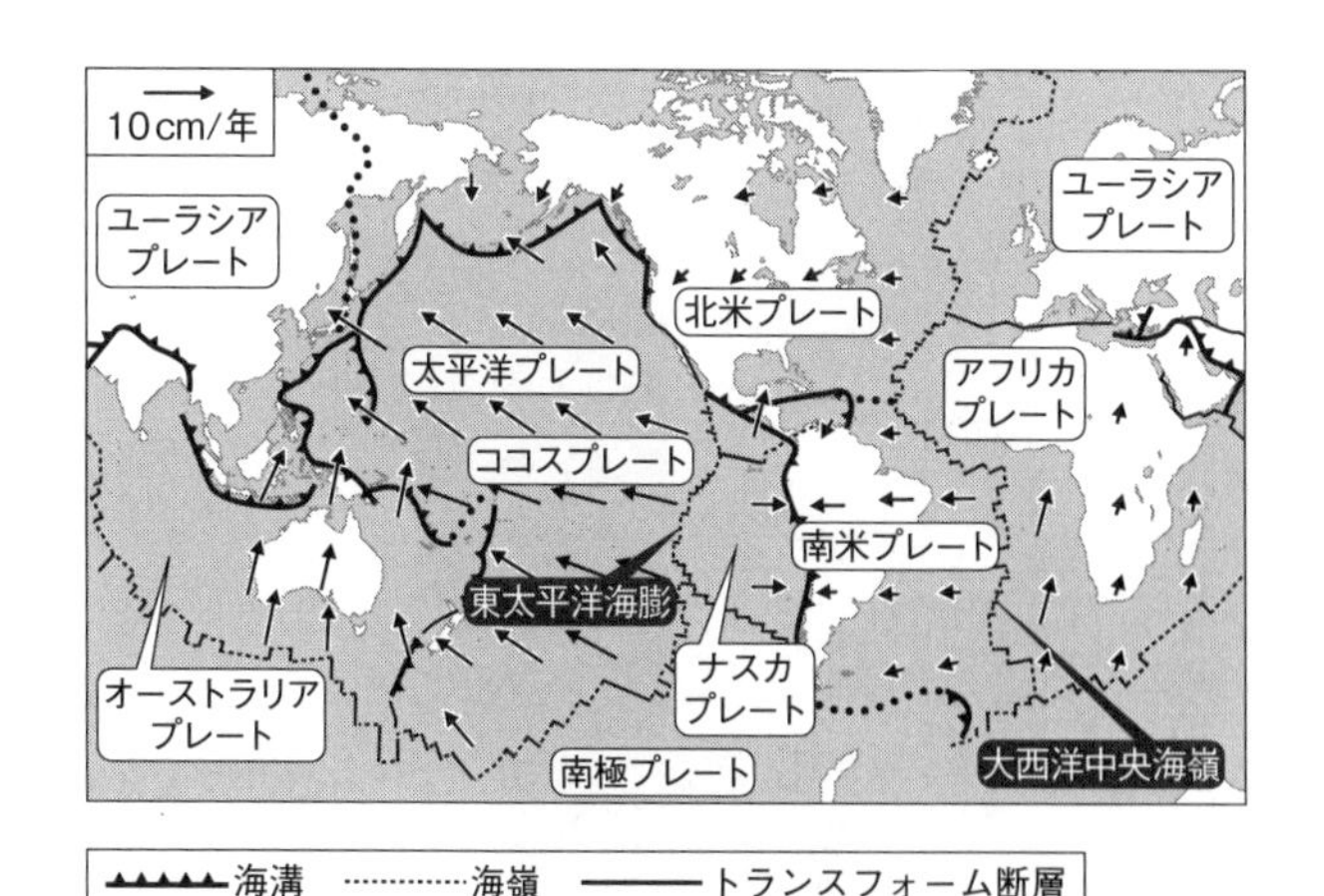

図3　地球を覆うプレートの配置と運動方向。鎌田浩毅著『地学ノススメ』（講談社ブルーバックス）による。

て地表がプレートによって絶えず更新される考え方を導入することで、複雑な地学現象をシンプルに解釈することが可能になった。

大量の事実の補強を受け、プレート「仮説」は次第にプレート・テクトニクス「理論」として確立していった。ヘスと同僚たちの研究により、「地球科学の革命」は留まるところを知らず進展した。

一九六〇年代後半に活躍した研究者として、後に述べるウィルソン・サイクルを提唱したツゾー・ウィルソン（一九〇八〜一九九三）がいる。その他、プレート・テクトニクスを定量化し、地球ダイナミクスの基本理論として確立したダン・マッケンジー（一九四二〜）、ウィリアム・モーガン（一九三五〜）、ザビエル・ルピション（一九三七〜）が大きな貢献をなした。なお、この三人は一九九〇年に日本国際賞を受賞した。

地球の見方が変わる

プレート・テクトニクスは地球上の諸現象を統一的に説明するだけでなく、地球の見方を根本的に変えた。それ以前の硬くて動かない物質という見方から、軟らかくて流動する物質へと、一八〇度転換したのである。

硬い岩板であるプレートは、下にある流動性の良い部分に乗ってすべるように動く。ここでプレートを作る「硬いリソスフェア」と、その下にある「軟らかいアセノスフェア」という考え方が導入された（図4）。軟らかい岩石の上を硬い岩石がすべることで、巨大な大陸すら移動したというモデルである。

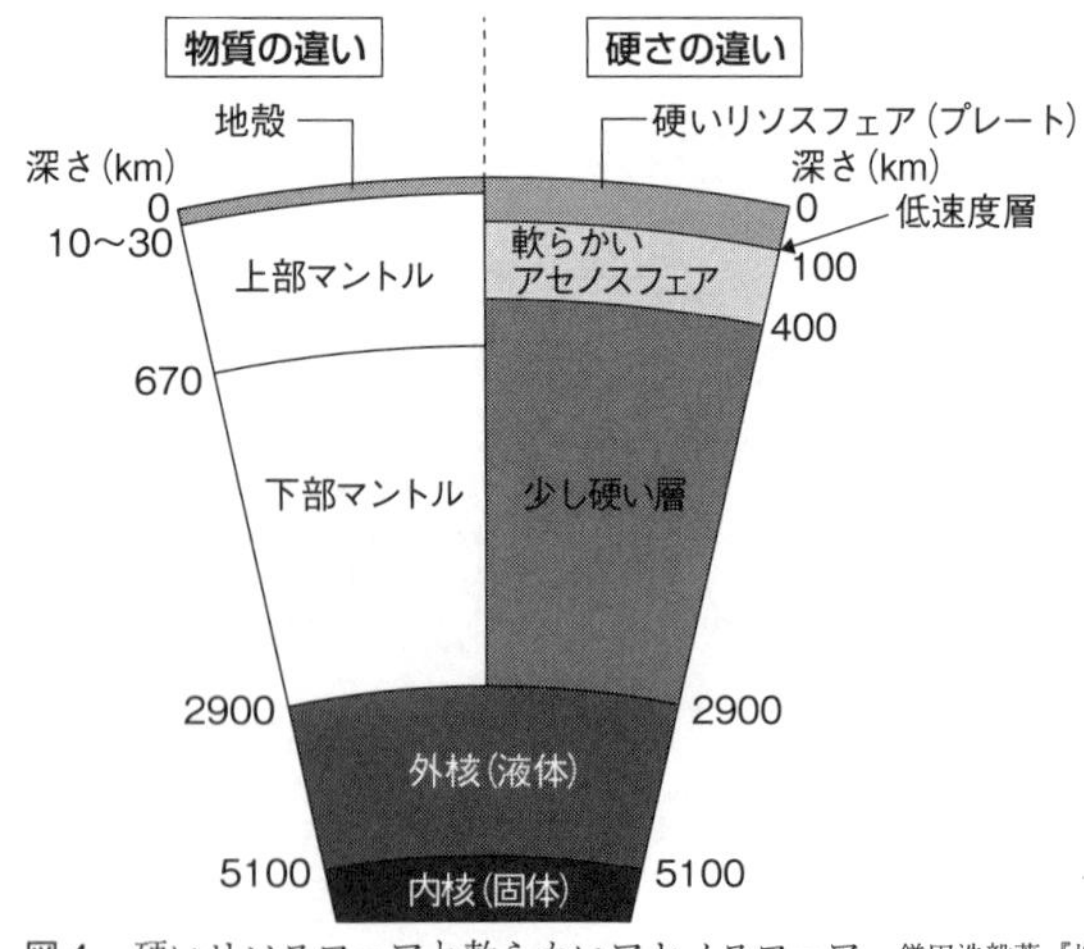

図4　硬いリソスフェアと軟らかいアセノスフェア。鎌田浩毅著『地球は火山がつくった』（岩波ジュニア新書）による。

プレート・テクトニクス以前は、物質の組成の違いだけで地球を見ていた。たとえば、地殻とマントルは、物質が異なるので名づけられた名前である。これは言わば「化学的」な見方で、止まった地球を見ていたことになる。

それに対して、リソスフェアとアセノスフェアは、運動によって区分された「物理的」な境界である。異なる概念を導入することで、地球を動きのあるものとして捉えるようになった。まさに地球の見方の「革命」であった。

プレートの原動力、テーブルクロス・モデル

一九七〇年代になるとプレート運動の力学が明らかになってきた。中央海嶺からプレートが押し出される力だけでなく、マントルに沈み込む所で下へ引っ張られる力がより重要であることが判明した。なお、大陸の下にプレートが沈み込む場所は「沈み込み帯」と呼ばれている(図5)。

すなわち、プレート運動の原動力としては、その誕生地点(中央海嶺)とともに、消滅する場所(沈み込み帯)が非常に重要なのである。これをテーブルにかけた布(テーブルクロス)にたとえて説明してみよう。

いま食器を上に載せたテーブルクロスを、片方の端で下へ引っ張るとする。プレートはテーブルをすべり落ちるテーブルクロス(海底)のように横に動き、沈み込み帯で消滅する。それに伴って、テーブル上の食器(大陸)が水平に移動する。これは「テーブルクロス・モデル」と呼ばれる原動力の説明である。

ちなみに、こうした原因がわからなかった時代のウェゲナーは、苦戦に苦戦を重ねていた。本

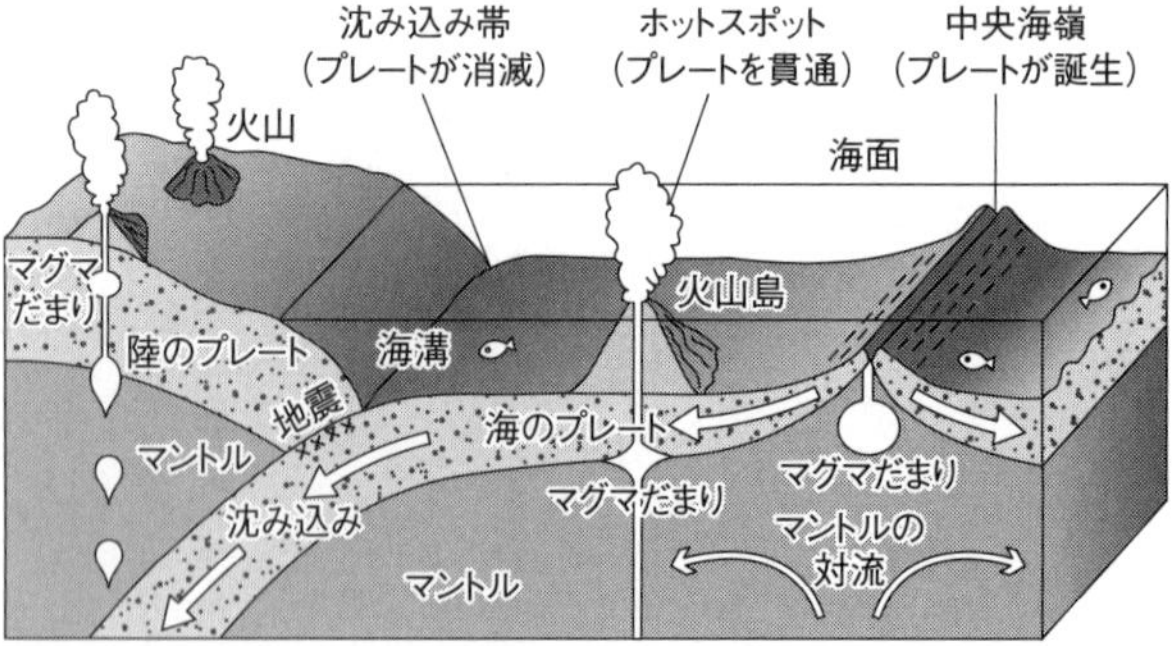

図５　プレートの誕生場所（中央海嶺）と消滅場所（沈み込み帯）。鎌田浩毅著『地球の歴史（上）』（中公新書）による。

書の第九章の冒頭には、こう書かれている。

> 大陸移動説におけるニュートンはまだ現われていない。ニュートンがまだ現われていないことを気にする必要はない。大陸移動説はまだ若く、しばしば疑いの念をもってみられてさえいる。その確実さが一般に認められていない法則に関して時を費やしまたわずらわされることを躊躇するからといって、理論家を非難することはできない。大陸移動の原動力の問題が完全に解決されるには、まだ長い時を要するかもしれない。なぜなら、問題を解決するためには、いりくんでいて、どれが原因でどれが結果かわからないような複雑な現象を解きほぐす必要があるからである。（本書二四九ページ）

六〇年以上の時を経て、プレート運動の描像が明らかとなった。時代を超えるウェゲナーの発想が蘇（よみがえ）った瞬間である。

プレート・テクトニクスから生まれる疑問

大陸移動をもたらした原動力の問題は、さらに深部の現象へ目を向けさせることになった。中央海嶺ではなぜ絶えず熱い物質が上がってくるのだろうか？　中央海嶺の下はどのようになっているのだろうか？

同じように、沈み込み帯についても様々な疑問が生じた。沈み込み帯の下に潜ったプレートは、どうなるのだろうか？　何億年もプレートが沈み込んだら、地球の中はプレートの残骸で溢(あふ)れてしまうのではないのか？

これらは地表でプレート運動が続くかぎり当然起きる問題である。しかしプレート・テクトニクスでは、プレート下の現象については考慮していない。こうした基本的な問いに答えるため、一九九〇年代に新しい地球の見方が登場した。ここには、それまで知られていなかった火山現象の発見が関わっている。

今から一億二〇〇〇万年ほど前、太平洋の中央部で巨大な火山活動が起きた。大量のマグマが噴出し、地球の環境を大きく変えるほどの影響を与えた。

地球上でカルデラをつくるような大規模な噴火は「巨大噴火」と呼ばれている。一方、一億二〇〇〇万年前の火山活動は、巨大噴火が一万個以上も一度に起きた規模の噴火で、「超巨大噴火」と呼ばれている。

その後も、世界中の各地で超巨大噴火の証拠が見つかった。残された堆積物を調べてみると活動の規模がわかってきた。直径一〇〇〇キロメートルもの高温物質の塊が、マントルの中を上昇し地殻を貫いてマグマを一気に噴出したのである。これは沈み込み帯で起きる火山活動をはるかに超える規模だった。

こうした高温物質からなる巨大な塊を「プルーム」と呼ぶ。英語で「もくもくと上がる煙」のことだが、熱気球が上昇するようにマントルから巨塊がゆっくりと立ち昇ったのである(図6)。

こうしたプルームがマントル内を一〇〇〇キロメートルも上下する「プルーム・テクトニクス」という考え方が、一九九四年に登場した。プレート・テクトニクスのプレートをプルームに置きかえた言葉であり、日本人研究者の丸山茂徳教授と深尾良夫教授が大きく貢献した。

プルームは上昇する塊の大きさから、マントルの下部から上昇したと考えられた。すなわち、プレート運動に関わる地殻とマントル上部だけではなく、マントル全体の動きが関係していたのである。プルーム・テクトニクスの考え方は、それまで地球表面の動きしか見ていなかった地球科学を大きく変えた。

地震を用いてプレートの残骸を見る

地球の中でたえず発生している地震を使うと、プルームの運動を見ることができる。岩石の中

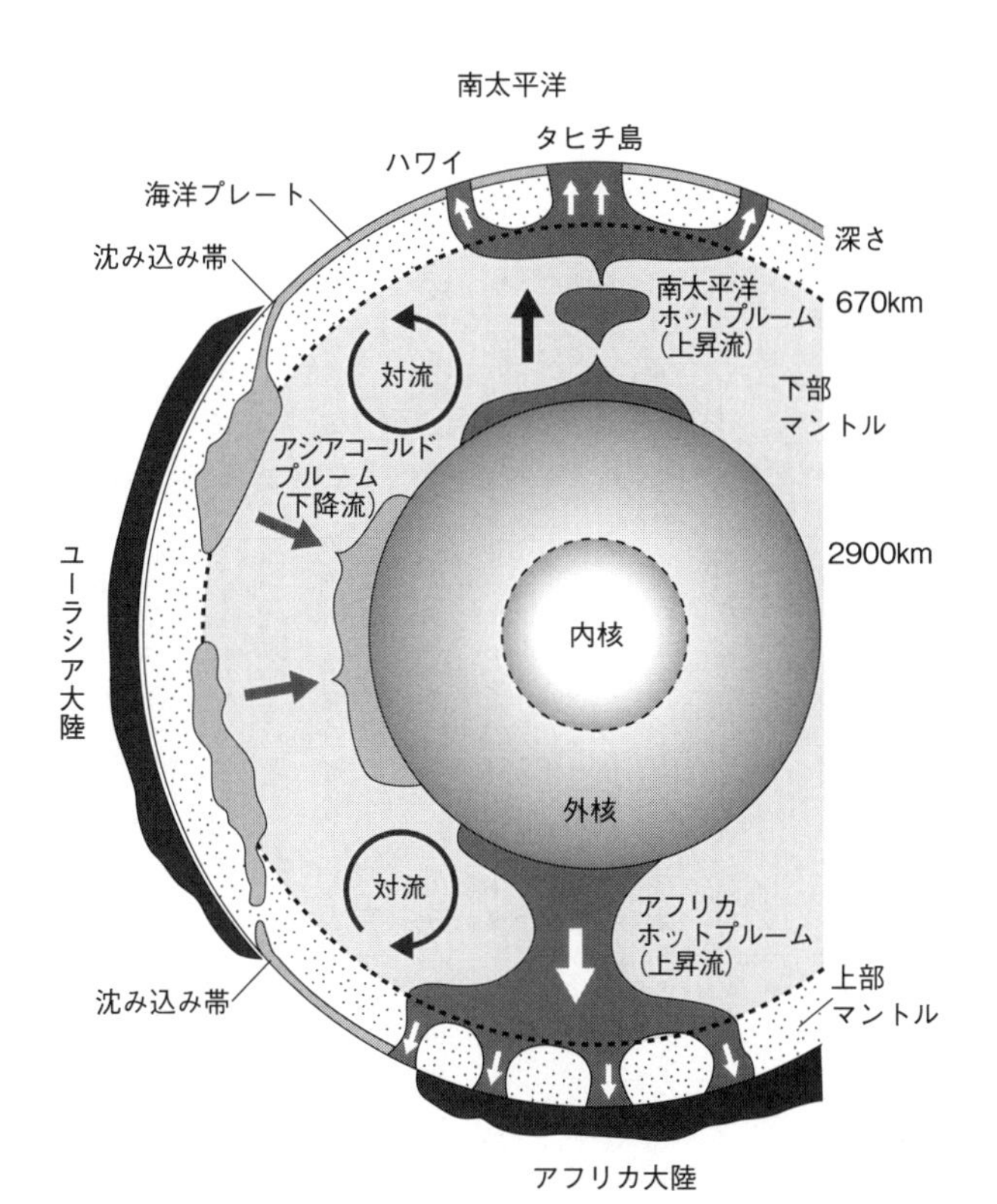

図6　ホットプルームの上昇とコールドプルームの下降。鎌田浩毅著『地球とは何か』(サイエンス・アイ新書)による。

を伝わる地震の波には、ある特有の性質がある。硬い岩石を通過するときには速く伝わり、軟らかい岩石を通るときには遅く伝わる。

硬い岩石では鉱物がぎっしりつまっているので、波がより速く伝わるイメージだ。逆に、この性質を利用すると、地下の岩石が硬いか軟らかいかを知ることができる。

同様に地球の中を駆けめぐる地震の波を観測すると、通ってきた波の速度の違いから物質の硬さと温度を推定できる。その原理は、医師が人体を輪切りにして映しだす断層撮影（ＣＴスキャン）と似ている。

こうした手法は地震波(じしんは)トモグラフィーと呼ばれ、一九八四年に画期的な成果が発表された。高速コンピュータを用いて世界中で起きている大量の地震データを解析した結果、驚くべき結果が見えてきた。

沈み込み帯の地下で上部マントルに入り込んだプレートは、深さ六七〇キロメートルあたりで停滞し、大量にたまっていたのである（図6）。ここは上部マントルと下部マントルの境である。換言すれば、沈み込んだプレートは下部マントルの中には沈み込めないという現象が見えたのだ。

これには物理的な理由がある。上部マントルと下部マントルには密度差があり、上部マントルは下部マントルより密度がかなり小さい。そして沈み込んだプレートの残骸の密度は、上部マントルよりやや大きく、下部マントルより小さい。このためプレートの残骸は下部マントルの中に潜ることができず、両者の境で漂うことになったのである。

コールドプルームとホットプルーム

プレートの残骸はしばらくの間、この付近に滞留している。しかし、残骸がある量以上に増えると、下部マントルの中をゆっくり下降しはじめる（図6）。プレートの残骸が長期間にわたりこの深さに漂っていると、物質が変化して下部マントルより密度が少し大きい物質になる。その結果、プレートの残骸は下部マントルの中を下降しはじめるのである。

その後、下部マントルの底に達するとプレートの残骸は停止する。ここはマントルと核の境である。マントルの直下にある核は金属でできている。核はプレートの残骸よりも密度がはるかに大きいので、核の中までは入り込めない。

下部マントルの中をゆっくり下降するプレートの残骸は、下降流と呼ばれる。周囲よりも冷たく密度の大きい下降流は、「コールドプルーム」と名づけられた。沈み込み帯の下では、コールドプルームが断続的に下部マントルへ落ち込んでいる。

さて、コールドプルームがゆっくり下降すると、それにあおられるように熱いプルームがマントルの中を上がりはじめる（図6）。下降流に対して上昇流が誕生するのだが、軽くて熱いので「ホットプルーム」と名づけられている。コールドプルームとホットプルームの存在は、地震波トモグラフィーによって初めて観察できるようになった。

さらに、プルーム運動がどのように始まるかも想像されている。最初に沈み込んだプレートの残骸が、コールドプルームを引きおこしたと考えられている。その後、コールドプルームがホットプルームを誘発させた結果、マントルの循環が始まった。このように対になるコールドプルームとホットプルームによる大循環が、プルーム・テクトニクスの基本にある。

超大陸の分裂

ホットプルームの活動は、超大陸の分裂にも関係している。パンゲアを分裂させた原因が、二億五〇〇〇万年前に活動したホットプルームだったのである。パンゲアが地球の表面を広く覆っていたとき、莫大な熱量を持つホットプルームが下からゆっくりと上昇してきた。

地表に超大陸がある場合、こうした熱はこもりやすくなる。言わば、超大陸という毛布に覆われて中が保温されている状態だ。さらにホットプルームが上昇すると、超大陸の底はその熱によって少しずつ溶けはじめる。

ホットプルームは軽い物質からなるので、超大陸には下から持ちあげられる浮力が働く。これらの作用によって、超大陸をつくる地殻はしだいに薄くなる。

最後に、ホットプルームの膨大な熱を放出するため大陸の一部が割れはじめた。そしてパンゲアが分裂した場所を調べてみると、超巨大噴火を起こした「巨大火成岩石区」と呼ばれる地域と一致することがわかった（図7）。ホットプルームの活動が大陸の分裂を促していた証拠である。

超大陸が分裂しはじめると、その隙間に水が浸入し海洋となった。引き続き海底にはマグマが噴出しプレートが生産され、中央海嶺が形成された。こうしてウェゲナーが提唱した大陸移動説は、地球深部のダイナミックな描像を得るまで進展した。

ちなみに、本書の「原著序文」には、こうした未来を見通したかのようなウェゲナーの記述がある。

この問題の最終的な解決は地球物理学からくると私は考える。科学のこの分野だけが十分に精密な方法を提供するからである。(本書六ページ)

定性的な状況証拠を地質学から固めて、最終的には定量的な証拠を地球物理学で確定する。プレート・テクトニクスという地球科学の革命は、一〇〇年にわたるこうしたプロセスを経て現代の常識になった。その後もプルー

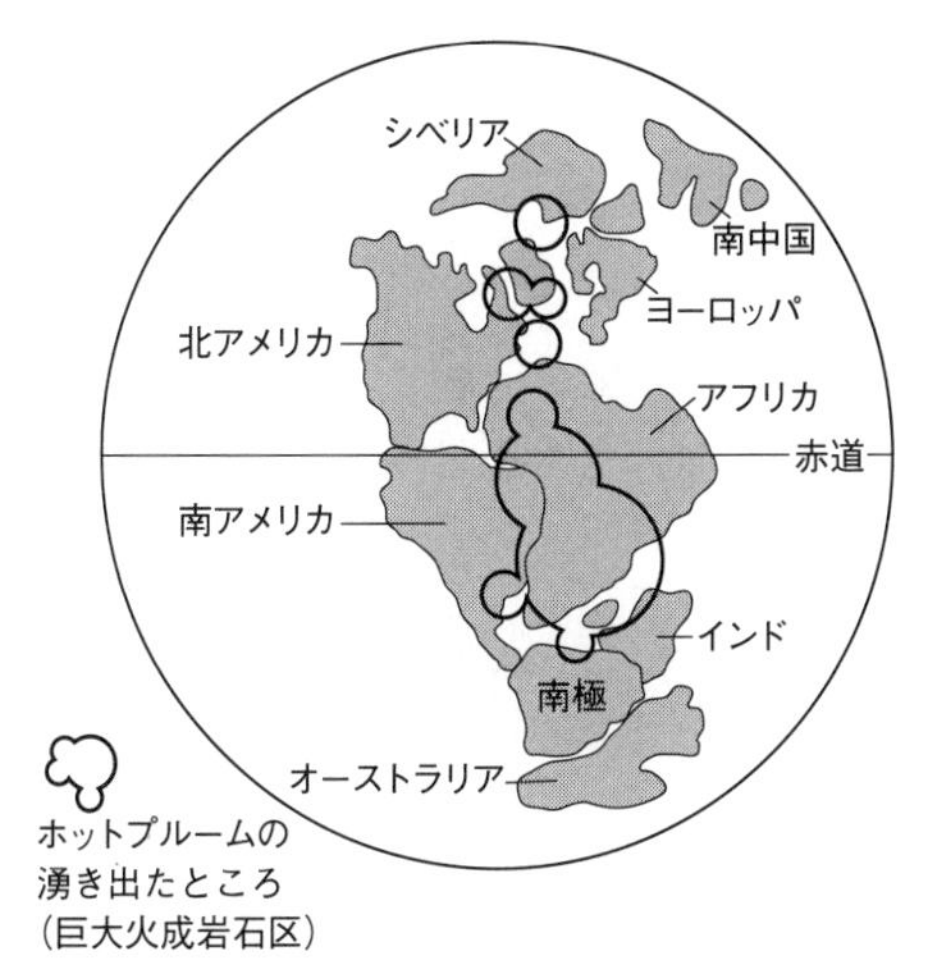

図7　ホットプルームの上昇によってパンゲアは2億5000万年前に分裂を開始した。円内は超巨大噴火を起こした巨大火成岩石区。鎌田浩毅著『地球は火山がつくった』(岩波ジュニア新書)による。

ム・テクトニクスという第二の理論を柱として、現在も進行中である。

超大陸の復元

地球内部のダイナミクスの研究と並行して、過去の大陸移動を復元する研究が地質学者によって精力的に行われた。超大陸はパンゲア以前にも存在していた。何億年もかけて超大陸になり、さらに何億年もかけて複数の大陸に分裂する歴史を繰り返してきた。ちょうど氷山が海を浮遊するように、大陸は付いたり離れたりしていたのである。

現在、知られているもっとも古い超大陸は、約一九億年前にできたヌーナ超大陸である（図8）。これは二億年後に分裂したが、再び集合を開始し、一〇億年ほど前に二番目の超大陸ロディニアができた。

このロディニアも四億年ほど時がたつと分裂してしまった。次に大陸が集合し三番目の超大陸ゴンドワナができあがるのは、五億五〇〇〇万年ほど前である。今度は一億年ほど後には分裂し、四番目の超大陸パンゲアの集合が完了したのは三億年ほど前であった。

現在はこのパンゲア以降の時代である。パンゲアは二億五〇〇〇万年前から分裂しはじめ、二億年前ごろに大きく分かれて大西洋が開いた。その後、パンゲアを包む巨大な海洋「パンサラサ」の端でプレートが沈み込みを開始し、大陸移動を経て現在の五大陸という配置ができた。

地球上で起きた四回にわたる大陸の集合と離散は、いずれも地層に記録されている。こうした

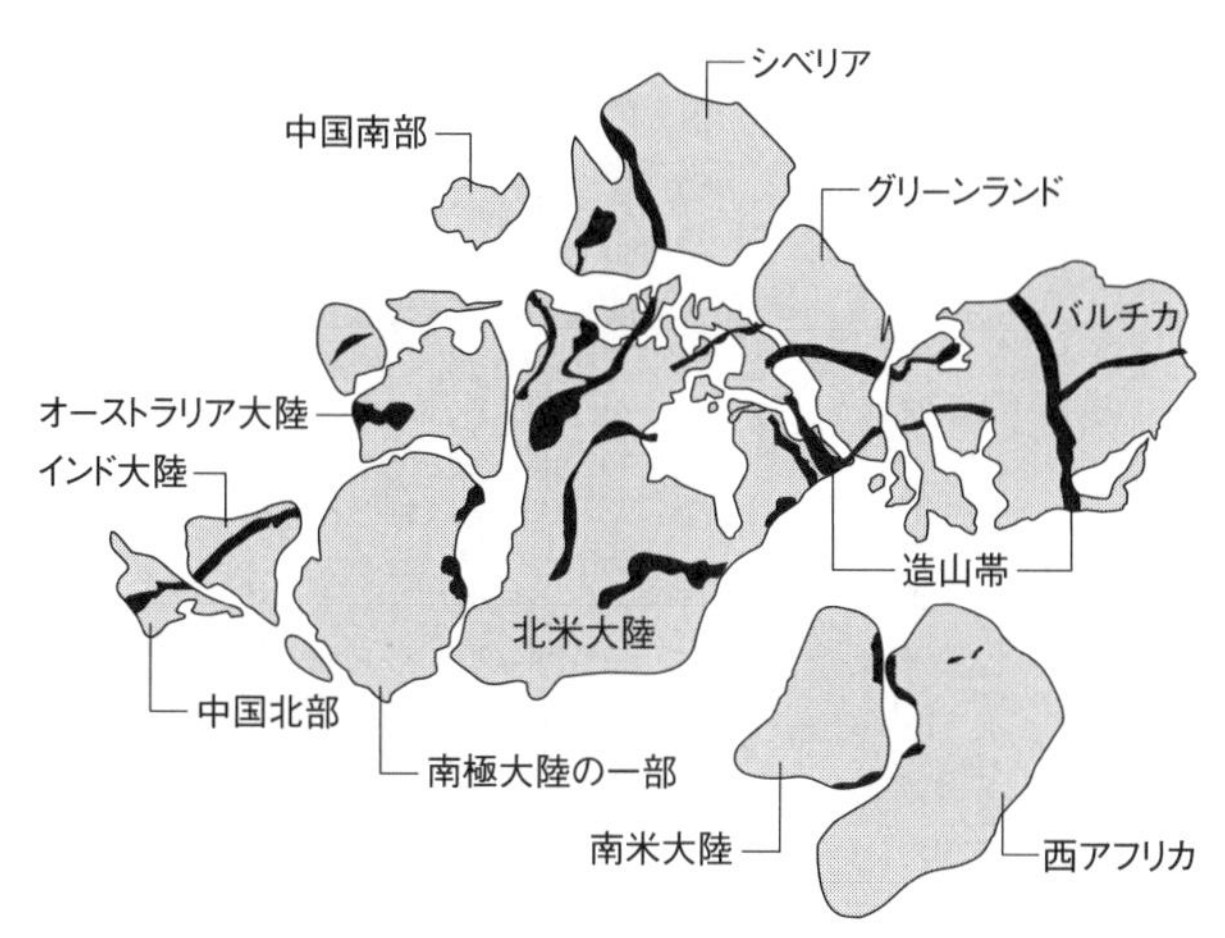

図8　約19億年前に地球上で最初に誕生した超大陸「ヌーナ」。黒色部分は造山帯を表す。鎌田浩毅著『地球の歴史』（中公新書）による。

超大陸の盛衰は、最初に提唱したカナダの地質学者ツゾー・ウィルソンにちなんで「ウィルソン・サイクル」と呼ばれている。

ちなみに、ウェゲナーはパンゲアの誕生時にその外側をとりまいていた超海洋を「パンサラサ」と呼び、本書には以下のように記述している。

地質時代のはじめの頃には、シアルの地殻が全地球を覆っていたということも考えられる。その厚さは現在の約三分の一で、「パンサラサ」（全地球的な海）によっておおわれていた。A・ペンクによれば、その海の平均の深さは二・六四キロメートルであり、海面上に露出していた地球表面はほとんどなかった。（本書二九五ページ）

さて、ウェゲナー以前にも大陸移動の発想が皆無だったわけではない。たとえば、フランス人地理学者のアントニオ・スナイダー＝ペレグリニ（一八〇二～一八八五）は、著書『天地創造とそのあばかれた神秘』（一八五八年）に大西洋の両岸の大陸が合わさっていた図を描いた。『大陸と海洋の起源』より五七年も前に刊行された本である。

こうした地理学のセンスがあれば、大陸の凹凸の合致が単なる偶然でないことに気づくことも不思議ではない。しかし、ウェゲナーは直観で終わることなく、当時得られた科学的証拠を積み重ねてパンゲアを組み立てていった。

海岸地形、造山運動と氷河堆積物の分布、両大陸に残された動植物化石の連続性など地質学上の情報を駆使したのである。実際、現代でも各大陸に断片的にしか残されていない事実を繋げるのは決して容易ではない。ウェゲナーの緻密で精力的な復元に、後世の地質学者たちはみな脱帽した。

プレート運動による将来予測

今ではプレートの動きを目で見ることができる。汎地球測位システム（GPS）を用いて、年間数センチメートルというゆっくりとした水平移動が測定されるようになった。

たとえば、太平洋に浮かぶハワイは、年間八センチメートルほどの速さで日本に近づいている。髪の毛が伸びるよりも遅い速度だが、八〇〇〇万年ほど後にハワイは日本と陸続きになる。

図9　2億5000万年後のパンゲア・ウルティマ超大陸の予想図。鎌田浩毅著『資源がわかればエネルギー問題が見える』(PHP新書)による。

プレート・テクトニクスの予測する将来像である。

もう少し遠い地球の未来まで予測してみよう。先に述べたウィルソン・サイクルによって、数億年ごとに超大陸の形成と分散が繰り返される。現在の五大陸もいずれ集合し、約二億～三億年後には新しい超大陸として合体する(図9)。

この超大陸は「パンゲア・ウルティマ超大陸」もしくは「アメイジア超大陸」といった名前が付けられている。パンゲア・ウルティマは「最後のパンゲア」、またアメイジアとは「アメリカとアジアが繋がった」という意味である。二つの名称では形成のプロセスがやや異なる。

現在、大西洋では大西洋中央海嶺でプレートが生産されることによって、海が拡大しつつある。一方、太平洋では同様に東太平洋海膨でプレートが生産されるが、日本列島の沿岸やアメリカ西海岸でプレートが沈み込むことによって消滅している（図3）。

したがって、未来の地球上で超大陸が生まれるには、大西洋か太平洋のどちらかが閉じなくてはならない。そしてパンゲア超大陸に対するパンサラサのような超海洋が新しく誕生する。

ここで大西洋が閉じた場合にできるのが、パンゲア・ウルティマ超大陸である（図9）。今は拡大している大西洋がいずれ収縮に転じ、ヨーロッパ大陸と北アメリカ大陸の沿岸で沈み込み帯が形成され大西洋が消滅するのだ。

その反対に、太平洋が閉じてアメリカとアジアが繋がるのが、アメイジア超大陸である。現在、太平洋の両岸で起きているプレート沈み込みがさらに継続し、東太平洋海膨すら沈み込んでしまい、最後に太平洋が閉じる。

ちなみに、このケースでは日本列島はユーラシア大陸とオーストラリア大陸に挟まれて合体する。また、最近の研究では、超大陸アメイジアは現在の北極海あたりに誕生するという説が出た。いずれもプレート運動を正確にトレースした将来予測である。

こうしてウェゲナーが扉を開けた大陸移動によって、何億年も先の地球の未来が予測できるようになった。

科学的な思考過程

プレート運動による将来予測は、「過去は未来を解く鍵」という地球科学に固有の考え方に基づいている。確定できない部分はさておき、入手できた事実から話を組み立ててしまう戦略がここにある。たとえて言うならば「棚上げ法」である。この方法を使ったものだけが、パイオニアの成功を勝ち得ることができる。本書の「原著序文」には、こう書かれている。

「真理」を発見するただ一つの道は、すべての地球科学が提供する情報を総合することである。すなわち、知られたすべての事実をもっともよく配列し、したがってもっとも確率の高いモデルを選び出すことである。さらにまた、いかなる科学がそれを提供するにしろ、新しい発見がわれわれの引き出した結論を変えるかもしれないという可能性に対して、たえず準備をととのえなければならない。（本書六ページ）

本書は地球科学の古典というだけでなく、科学的な思考をどのように行えばよいかのケーススタディとして読むこともできる。ウェゲナーの遺産は一〇〇年経過した現在でも生きているのである。

本書が日本で読まれるべき理由

ウェゲナーの大陸移動説は二〇世紀の地学で最大のトピックスであり、筆者が大学生や高校生たちにいつも情熱を込めて話す教材である。さらに、大地の塊である大陸が動く話は、小学生の興味も惹きつける話題なのだ。

かつて日本では一六年ものあいだ、ウェゲナーの大陸移動説が小学校五年の国語教科書に掲載されていた。「大陸は動く」というタイトルであり、地震学者の大竹政和教授による書き下ろし作品だった。

筆者は毎年京都大学の一・二年生向けに「地球科学入門」の講義を行っている。大陸移動説にさしかかったところで、小学校で習ったことがあるという学生が何人も出た。彼らは当時、いずれも強い印象を持ったようで、授業の感想文にそのことを記してきた（参考文献1）。

欧米には誰にも教えられずに大西洋を挟む両岸の地形が一致すると言い出す子どもがいる。日本でも、地球儀をはじめて買ってもらった小学生が思いついた例がある。地球儀をくるくる回しながら大陸を見ていて、大陸がくっつくと直感的に理解していた。洋の東西を問わず、賢い子どもたちは、ウェゲナーが考えたのと同じ大陸移動を思いつくようである。

このように地学のアウトリーチ（啓発・教育活動）としてこれほど影響力のある話題は、大陸移動説のほかにはそう見当たらない。ところが現在、地学の教育は危機的な状況にある。

実は、高校生の大部分は「地学」を学んでいない。以前の高校理科では、物理・化学・生物・地学が全生徒の必修科目だったが、現在の履修率はたった一・二％しかない。地震や噴火や気象災害に関する最低限の知識を地学で教わる機会が、消滅寸前なのである。

二〇年ほど前から大学入試の受験科目として地学が外されるようになり、地学を開講しない高校が次第に増えてきた。その結果、地学のリテラシー（読み書き能力）は中学生のレベルで止まったまま、という日本人が激増した。ちなみに、筆者は京大生に「地学的には君たちは義務教育を終えただけの中卒だから、高校からやり直してほしい」と毎年直言する。

近年、日本列島では地震や噴火が非常に多い。多くの人が不安を抱いている一方、これが二〇一一年に起きた東日本大震災と関係があることを知る人は少ない。

地震と噴火が頻発するのは、東日本大震災を引き起こした巨大地震によって地盤に加えられた歪みを、徐々に解消しようとしているからである（参考文献2）。日本列島は一〇〇〇年ぶりの「大地変動の時代」が始まったため、今後の数十年は地震と噴火は止むことはない、というのが地球科学者の見解である。

これに加えて、近い将来に六〇〇〇万人を巻き込む激甚災害が控えている。首都直下地震、南海トラフ巨大地震、富士山など活火山の噴火が、いずれもスタンバイ状態にある（参考文献3）。

こうした喫緊の事実を高校地学で学ぶ機会がなくなったことは、国民的損失以外の何ものでもない。ウェゲナー以後に発展した地学のリテラシーを復活するため、本書の存在理由がここにある。「大地変動の時代」に突入した日本でこそ読まれるべき古典と言っても過言ではない。

科学の古典の読み方

解説の最後に、本書のような科学の古典をできるだけ容易に読む方法を紹介したい。その第一は「あとがきや解説から読む」である。すなわち、本文に取り組む前に、巻末の解説を読んで概要を把握する。

一般に古典は遠い昔に書かれているため、現代の読者には読みづらい点が多い。一方、あとがきや解説には、内容のエッセンスと著者の生い立ちや思想形成の歴史などがわかりやすく解説されている。よって、最初から本文に挑戦するのではなく、これらを先に読むことを薦めるのである（参考文献4）。

著者の人となりを「呼び水」として理解してみると、科学書の古典は身近になる。本書でもウェゲナーの経歴と時代背景について知っておくことは決して無駄ではない。

少し進んで、学問の流れに関する知識を得ておく。ウェゲナーのような著者は、当時の支配的な学者に抗して斬新な「反対意見」を提示してきた人たちばかりだ。こうしたエピソードも本文を理解するうえで大きな助けとなるだろう。

さて、本書の訳者について述べておきたい。竹内均博士（一九二〇〜二〇〇四）は東京大学理学部の地球物理学の教授を二〇年ほど務め、退官後は科学雑誌の「ニュートン」編集長や二〇〇冊を超える啓発書の著者としてよく知られていた。

彼は地球潮汐をはじめとする地球物理学の世界的研究者で、若くして東大教授になった後は自身が研究することは止め、後進の教育と啓発活動に没頭した(参考文献5)。

竹内教授は地球に関する多くの著作を執筆するだけでなく、勉強法や読書術などについて述べたビジネス書を刊行し、科学者の考え方と生き方をわかりやすく開示した。科学を一般市民に身近なものにした功績には計り知れないものがある。

竹内教授は二〇〇四年に亡くなったが、彼ほど熱心に科学を伝えようと腐心する研究者は、その後も決して多くはない。そうした状況で本書が科学の古典としてブルーバックスから刊行されたことは、日本人の「教養」を底上げする大きな意義を持つのである。

参考文献

(1)鎌田浩毅著『マグマの地球科学』中公新書、三七〜三九ページ。
(2)鎌田浩毅著『京大人気講義　生き抜くための地震学』ちくま新書、三三〜三六ページ。
(3)鎌田浩毅著『富士山噴火と南海トラフ』講談社ブルーバックス、一七四ページ、一九七ページ。
(4)鎌田浩毅著『理科系の読書術』中公新書、五八〜五九ページ。
(5)鎌田浩毅著『火山と地震の国に暮らす』岩波書店、一二三〜一二四ページ。

movement of land masses, both inter-continental and intra-continental, as proposed by Alfred WEGNER, by W.A.J.M. VAN WATERSCHOOT VAN DER GRACHT, Bailey WILLIS, ROLLIN T. CHAMBERLIN, John JOLY, G.A.F. MOLENGRAAFF, J.W. GREGORY, Alfred WEGENER, Charles SCHUCHERT, Chester R. LONGWELL, Frank BURSLEY TAYLOR, William BOWIE, David WHITE, Joseph T. SINGEWALD, Jr., and Edward W. BERRY. Publ. by the American Association of Petroleum Geologists, 240 S. London 1928.

〔229〕ブレネッケ　E. BRENNECKE, Die Aufgaben und Arbeiten des Geodät. Inst. in Potsdam in der Zeit nach dem Weltkriege. Zeitschr. f. Vermess.-Wesen 1927, Heft 23 u. 24.

186. Paris, 5. Mars 1928.

〔214〕シュタウブ　R. STAUB, Das Bewegungsproblem in der modernen Geologie. Antrittsvorlesung, Zürich 1928.

〔215〕シュタウブ　R. STAUB, Der Bewegungsmechanismus der Erde. Berlin 1928.

〔216〕スライス　M. SLUYS, Les périodes glaciaires dans le Bassin Congolais. Compte Rendu du Congrés de Bordeaux 1923. de l'Association Française pour l'Avancement du Sciences, 30. Juillet 1923.

〔217〕ウェゲナー　A. WEGENER, Two Notes concerning My Theory of Continental Drift, 1928; in 〔228〕.

〔218〕ケッペン　W. KÖPPEN, Muß man neben der Kontinentenverschiebung noch eine Polwanderung in der Erdgeschichte annehmen? Peterm. geogr. Mitt. 1925, S. 160−162.

〔219〕ハイスカーネン　W. HEISKANEN, Die Erddimensionen nach den europäischen Gradmessungen. Veröff. Finn. Geodät. Inst., Nr. 6. Helsinki 1926.

〔220〕シューマン　R. SCHUMANN, Über Erdschollen-Bewegung und Polhöhenschwankung. Astr. Nachr. **227**, Nr. 5442. S. 289−304, 1926.

〔221〕ランバート　W.D. LAMBERT, The variation of Latitude. Bull. of the National Research Council **10**, Part 3, Nr. 53, p.43−45. Washington 1925.

〔222〕ナンセン　F. NANSEN, The Earth's Crust, its Surface-Forms, and Isostatic Adjustment. Avhandl. utgitt av Det Norske Videnskabs-Akademii Oslo, I. Mat.-Naturv. Klasse 1927, Nr. 12, 121 S. Oslo 1928.

〔223〕バヤリー　P. BYERLY, The Montana Earthquake of June 28, 1925, G.M.C.T. Bull. of the Seismological Society of America **16**, Nr. 4, Dec. 1926.

〔224〕ボウイー　W. BOWIE, Isostasy. 275 S., New York 1927.

〔225〕ジャシノフ　W.A. JASCHNOV, Crustacea von Nowaja Zemlja. Berichten des Wissenschaftlichen Meeresinstituts, Lief. 12. Moskau 1925. からの別刷（ドイツ語のまとめがついたロシア語）.

〔226〕ディーナー　C. DIENER, Grundzüge der Biostratigraphie. Leipzig u. Wien 1925.

〔227〕フォン・ウビッシュ　L. VON UBISCH, Tiergeographie und Kontinentalverschiebung. Zeitschr. f. Induktive Abstammungs-und Vererbungslehre **47**, 159−179, 1928.

〔228〕　Theory of Continental Drift, a symposium on the origin and

—Zur Paläoklimatologie. Meteorol. Zeitschr. 1921, S. 97—101 異なった図が載せられている. —Über die Kräfte, welche die Kontinentenverschiebungen und Polwanderungen bewirken. Geol. Rundsch. **12,** 314—320, 1922.

〔201〕エプシュタイン　P.S. EPSTEIN, Über die Polflucht der Kontinente. Die Naturwissenschaften **9**, Heft 25, S. 499—502.

〔202〕ランバート　W.D. LAMBERT, Some Mechanical Curiosities connected with the Earth's Field of Force. Amer. Journal of Science, Vol. II, Sept. 1921, p.129—158.

〔203〕ベルナー　R. BERNER, Sur la grandeur de la force qui tendrait à rapprocher un continent de l'équateur. Thèse prés. à la Faculté des sciences de l'université de Genève. Genève 1925.

〔204〕ワーブル　R. WAVRE, Sur la force qui tendrait à rapprocher un continent de l'équateur. Archives des Sciences Physiques et Naturelles. Août 1925.

〔205〕メラー　M. MÖLLER, Kraftarten und Bewegungsformen. Braunschweig 1922.

〔206〕レイリ　U.PH. LELY, Een Proef, die de Krachten demonstreert, welke de Continentendrift kan veroorzaken. "Physica", Nederlandsch Tijdschrift voor Natuurkunde, 7e Jaargang, blz. 278—281, 1927.

〔207〕メイヤー及びシュバイドラー　St. MEYER und E. SCHWEYDLER, Radioaktivität, 2. Aufl., S. 558ff. Leipzig 1927.

〔208〕バナハ　B. WANACH, Eine fortschreitende Lagenänderung der Erdachse. Zeitschr. f. Geophys. **3**, Heft2/3, S. 102—105.

〔209〕　未発表. Nörlund教授の許可を得たJensen中佐からの手紙. Nörlund Jensen

〔210〕バン・ウォーターシュート・バン・デル・グラハト　W.A.J.M. VAN WATERSCHOOT VAN DER GRACHT, Remarks regarding the papers offered by the other contributors to the symposium, 1928; in 〔228〕.

〔211〕スキャパレリ　SCHIAPARELLI, De la rotation de la terre sous l'influence des actions géologiques.（その50周年記念の際にプルコボ観測所へ提出された論文）. 32 S. St. Pétersbourg 1889.

〔212〕トンプソン　Sir W. THOMPSON, Report of Section of Mathematics and Physics, p. 11. Report of British Association 1876.

〔213〕フェリエ　G. FERRIÉ, L'opération des longitudes mondiales (octobre/novembre 1926). Comptes Rendus del' Académie des Sciences

Kalifornien. Zeitschr. d. Deutschen Geol. Ges. **64**, 1912, Monatsbericht Nr. 11, S. 505—512.—La Emersion moderna de la costa occidental de la Baja Californica. Mém. de la Société. "Alzate" **35**, 121—144, Mexiko 1920.

〔188〕タムス　E. TAMS, Die Entstehung des kalifornischen Erdbebens vom 18. April 1906. Peterm. Mitt. **64**, 77—78. 1918.

〔189〕ローソン　A.C. LAWSON, The Mobility of the Coast Ranges of California. Univ. of California Press Publ. Geology **12**, Nr. 7, S. 431—473, 1921.

〔190〕マイスナー　O. MEISSNER, Isostasie und Küstentypus. Peterm. Mitt. **64**, 221, 1918.

〔191〕フォン・ロジンスキー　W. VON LOZINSKI, Vulkanismus und Zusammenschub. Geol. Rundsch. **9**, 65—98, 1918.

〔192〕シュタインマン　G. STEINMANN, Die kambrische Fauna im Rahmen der organischen Gesamtentwickelung. Geol. Rundsch. **1**, 69, 1910.

〔193〕ゴータン　W. GOTHAN, Neues von den ältesten Landpflanzen. Die Naturwissenschaften **9**, 553, 1921.

〔194〕ウォルター　J. WALTHER, Über Entstehung und Besiedelung der Tiefseebecken. Naturwiss. Wochenschr., N.F. **3**. Bd., Heft 46.

〔195〕フジワラ　S. FUJIWHARA, On the Echelon Structure of Japanese Volcanic Ranges and its Significance from the Vertical Point of View. Gerlands Beitr. z. Geophys. **XVI**, Heft 1/2, 1927.

〔196〕グーテンベルグ　B. GUTENBERG, Die Veränderungen der Erdkruste durch Fließbewegungen der Kontinentalscholle. Gerlands Beitr. z. Geophys. **16**, 239—247, 1927; **18**, 225—246, 1927.

〔197〕ウェゲナー　A. WEGENER, Der Boden des Atlantischen Ozeans. Gerlands Beitr. z. Geophys. **17**, Heft 3, 1927, S. 311—321.

〔198〕ヘッカー　O. HECKER, Bestimmung der Schwerkraft auf dem Indischen und Großen Ozean und an den Küsten. Zentralbüreau d. Internat. Erdmess., N. F. Nr. 18. Berlin 1908.

〔199〕エトベス　R.V. EÖTVÖS, Verh. d. 17. Allg. Konf. d. Internat. Erdmessung, I. Teil, 1913, S. 111.

〔200〕ケッペン　W. KÖPPEN, Ursachen und Wirkungen der Kontinentenverschiebungen und Polwanderungen. Peterm. Mitt. 1921, S. 145—149 und 191—194. 特に S. 149.—Über Änderungen der geographischen Breiten und des Klimas in geologischer Zeit. Geografiska Annaler 1920, S. 285—299.

〔173〕ビュルマイスター F. BURMEISTER, Die Verschiebung Grönlands nach den astronomischen Längenbestimmungen. Peterm. Mitt. 1921, S. 225−227.

〔174〕イェンセン P.F. JENSEN, Ekspeditionen til Vestgrönland Sommeren 1922. Meddelelser om Grönland LXIII, S. 205−283. København 1923.

〔175〕ウェゲナー A. WEGENER, Ekspeditionen til Vestgrönland Sommeren 1922 (P.F. Jensen, Medd. om Grönland LXIII, S. 205−283, København 1923). Die Naturwissenschaften 1923, S. 982−983.

〔176〕シュトク E. STÜCK, Breiten-und Längenbestimmungen in Westgrönland im Sommer 1922. Annal. d. Hydrographie usw. 1923, S. 290−292.

〔177〕ガル A. GALLE, Entfernen sich Europa und Nordamerika voneinander? Deutsche Revue, Februar 1916.

〔178〕 Jahresber. d. preuß. Geodät. Inst. in Vierteljahrsschr. d. Astron. Ges. **51**, 139, sowie Astronomical Journal Nr. 673/674.

〔179〕バナハ B. WANACH, Ein Beitrag zur Frage der Kontinentalverschiebung. Zeitschr. f. Geophysik **2**, 161−163, 1926.

〔180〕ポアソン C. POISSON, L'Observatoire de Tananarive. Paris 1924.−P.E. Colin, Comptes Rendus, **5**. Mars 1894, S. 512.−Ferner La Géographie **45**, 354−355, 1926, 位置もまた示されている.

〔181〕ギュンター GÜNTHER, Lehrb. d. Geophys. **1**, 278. Stuttgart 1897.

〔182〕ランバート W.D. LAMBERT, The Latitude of Ukiah and the Motion of the Pole. Journ. of the Washington Ac. of Sc. **12**, Nr.2, 19. Jan. 1922.

〔183〕ニューメイル-ウーリッヒ NEUMAYR-UHLIG, Erdgeschichte **1**, Allgem. Geol., 2. Aufl., S. 367. Leipzig und Wien 1897.

〔184〕コールシュッター E. KOHLSCHÜTTER, Über den Bau der Erdkruste in Deutsch-Ostafrika. Nachr. d. Kgl. Ges. d. Wiss. Göttingen, Math.-Phys. Kl., 1911.

〔185〕グレゴリー J.W. GREGORY, The Nature and origin of Fjords. 542 S. London 1913.

〔186〕フォン・リヒトホーフェン F. VON RICHTHOFEN, Über Gebirgskettungen in Ostasien. Geomorphologische Studien aus Ostasien **4**; Sitz.-Ber. d. Kgl. Preuß. Akad. d. Wiss. Berlin, Phys.-Math. Kl. **40**, 867−891, 1903.

〔187〕ウィテッチ E. WITTICH, Über Meeresschwankungen an der Küste von

11, 1918.

〔160〕チェンバレン　R.T. CHAMBERLIN, Some of the Objections to Wegener's Theory, 1928; in 〔228〕.

〔161〕ライビッシュ　P. REIBISCH, Ein Gestaltungsprinzip der Erde; 27. Jahresbericht d. Ver. Erdkunde zu Dresden 1901, S. 105−124. − Zweiter Teil 重要でないつけたしだけが載せられている．Mitt. Ver. Erdk. Dresden **1**, 39−53, 1905.−III. Die Eiszeiten. Ebenda **6**, 58−75, 1907.

〔162〕シムロス　H. SIMROTH, Die Pendulationstheorie. Leipzig 1907.

〔163〕シュヒャールト　CH. SCHUCHERT, The hypothesis of continental displacement, 1928; in 〔228〕.

〔164〕ヤコビチ　E. JACOBITTI, Mobilità dell'Ase Terrestre, Studio Geologico. Torino 1912.

〔165〕モーレングラーフ　G.A.F. MOLENGRAAFF, The Glacial Origin of the Dwyka Conglomerate. Trans of the Geol. Soc. of South Africa **4**, 103−115, 1898.

〔166〕デュ・トワ　A. DU TOIT, The Carboniferous Glaciation of South Africa. Ebenda **24**, 188−227, 1921.

〔167〕コーケン　E. KOKEN, Indisches Perm und die permische Eiszeit. Festband d. N. Jahrb. f. Min. 1907.

〔168〕セイルズ　R.W. SAYLES, The Squantum Tillite. Bull. of the Museum of Comparative Zoology at Harvard College **56**, Nr. 2 (Geol. Series, Vol. 10). Cambridge 1914.

〔169〕ポトニ　H. POTONIÉ, Die Tropensumpfflachmoornatur der Moore des produktiven Karbons. Jahrb. d. Kgl. Preuß. Geol. Landes-anstalt **30**, Teil I, Heft 3, Berlin 1909. − Die Entstehung der Steinkohle und der Kaustobiolithe überhaupt, **5**. Aufl., S.164. Berlin 1910.

〔170〕ルズキ　M.P. RUDZKI, L'âge de la terre. Scientia **13**, Nr. XXVIII, 2, S. 161−173, 1913.

〔171〕ダク　E. DACQUÉ, Abschnitt "Paläogeograhie" in Enzyklopädie der Erdkunde, herausgeg. v. Kende. Leipzig u. Wien 1926.

〔172〕　Danmark-Ekspeditionen til Grønlands Nordøstkyst 1906-1908 under Ledelsen af L. Mylius-Erichsen **6** (Meddelelser om Grönland **46**), Köbenhavn 1917.

Kontinente. Peterm. Mitt. **63**, 348, 1917.
〔146〕アールト　TH. ARLDT, Die Frage der Permanenz der Kontinente und Ozeane. Geogr. Anzeiger **19**, 2—12, 1918.
〔147〕グリーセバッハ　A. GRISEBACH, Die Vegetation der Erde nach ihrer klimatischen Anordnung: Ein Abriß der vergleichenden Geographie der Pflanzen **2**, 523 u. 632. Leipzig 1872.
〔148〕ドルーデ　O. DRUDE, Handbuch der Pflanzengeographie. S. 487. Stuttgart 1890.
〔149〕フォン・ウビッシュ　L. VON UBISCH, Hermann v. Iherings "Geschichte des Atlantischen Ozeans". Peterm. Mitt. 1927, S. 206—207.
〔150〕アームシャー　E. IRMSCHER, Pflanzenverbreitung und Entwicklung der Kontinente. Studien zur genetischen Pflanzengeographie. Mitt. aus d. Inst. f. allgem. Botanik in Hamburg **5**, 15—235, 1922.
〔151〕ケッペン，ウエゲナー　W. KÖPPEN, und A. WEGENER, Die Klimate der geologischen Vorzeit. 256 S. Berlin 1924.
〔152〕スタット　W. STUDT, Die heutige und frühere Verbreitung der Koniferen und die Geschichte ihrer Arealgestaltung. Diss. Hamburg 1926.
〔153〕コッホ　F. KOCH, Über die rezente und fossile Verbreitung der Koniferen im Lichte neuerer geologischer Theorien. Mitt. d. Deutschen Dendrologischen Gesellschaft, Nr. 34, 1924.
〔154〕マイケルセン　W. MICHAELSEN, Die Verbreitung der Oligochäten im Lichte der Wegenerschen Theorie der Kontinentenverschiebung und andere Fragen zur Stammesgeschichte und Verbreitung dieser Tiergruppe. Verh. d. naturw. Ver. zu Hamburg im Jahre 1921, 37 S. Hamburg 1922.
〔155〕スベデリウス　N. SVEDELIUS, On the discontinuous geographical Distribution of some tropical and subtropical Marine Algae. Arkiv för Botanik, utg. av K. Svenska Vetensk. Ak. **19**, Nr. 3, 1924.
〔156〕ケッペン　W. KÖPPEN, Die Klimate der Erde. Grundriss der Klimakunde. Berlin und Leipzig 1923.
〔157〕パッシンガー　V. PASCHINGER, Die Schneegrenze in verschiedenen Klimaten. Peterm. Mitt. 1912, Erg.-Heft Nr. 173.
〔158〕ケッペン　W. KÖPPEN, Die Lufttemperatur an der Schneegrenze. Peterm. Mitt. 分離した論文，発行年不明.
〔159〕アールト　TH. ARLDT, Die Ursachen der Klimaschwankungen der Vorzeit, besonders der Eiszeiten. Zeitschr. f. Gletscherkunde

Naturv. **65**, 1927.

〔131〕シャルフ　R.F. SCHARFF, Über die Beweisgründe für eine frühere Landbrücke zwischen Nordeuropa und Nordamerika (Proc. of the Royal Irish Ac. **28**, 1, 1—28, 1909; nach dem Referat von Arldt, Naturw. Rundsch. 1910).

〔132〕ピーターセン　W. PETERSEN, Eupithecia fenestrata Mill., als Zeuge einer tertiären Landverbindung von Nord-Amerika mit Europa. Beitr. z. Kunde Estlands **9**, 4—5, 1922.

〔133〕ホフマン　H. HOFFMANN, Moderne Probleme der Tiergeographie. Die Naturwissenschaften **13**, 77—83, 1925.

〔134〕フォン・ウビッシュ　L. VON UBISCH, Stimmen die Ergebnisse der Aalforschung mit Wegeners Theorie der Kontinentalverschiebung überein? Die Naturwissenschaften **12**, 345—348, 1924.

〔135〕アールト　TH. ARLDT, Südatlantische Beziehungen. Peterm. Mitt. **62**, 41—46, 1916.

〔136〕ハンドリルシュ　A. HANDLIRSCH, Beiträge zur exakten Biologie. Sitz.-Ber. d. Wiener Ak. d. Wiss., math.-naturw. Kl. **122**, 1, 1913.

〔137〕クバルト　B. KUBART, Bemerkungen zu Alfred Wegeners Verschiebungstheorie. Arb. d. phytopaläont. Lab. d. Univ. Graz II, 1926.

〔138〕サアニ　B. SAHNI, The Southern Fossil Floras: a Study in the Plant-Geography of the Past. Proc. of the 13. Indian Science Congress 1926.

〔139〕ウオーレス　A.R. WALLACE, Die geographische Verbreitung der Tiere. deutsch von Meyer, 2 Bde. Dresden 1876.

〔140〕ブレスラウ　E. BRESSLAU, Artikel Plathelminthes im Handwörterbuch d. Naturw. **7**, 993.—Auch Zschokke, Zentralbl. Bakt. Paras. I, S. 36, 1904.

〔141〕マーシャル　P. MARSHALL, New Zealand. Handb. d. regional. Geol. VII, 1, 1911.

〔142〕ブレンドステッド　H.V. BRÖNDSTED, Sponges from New Zealand. Papers from Dr. Th. Mortensen's Pacific Expedition 1914/16. Vidensk. Medd. fra Dansk naturh. Foren **77**, 435—483; **81**, 295—331.

〔143〕メーリック　E. MEYRICK, Wegener's Hypothesis and the distribution of Micro-Lepidoptera. Nature, 834—835. London 1925.

〔144〕シムロス　H. SIMROTH, Über das Problem früheren Landzusammenhangs auf der südlichen Erdhälfte. Geogr. Zeitschr. **7**, 665—676, 1901.

〔145〕アンドレ　K. ANDRÉE, Das Problem der Permanenz der Ozeane und

〔116〕エークランド　F. ÖKLAND, Einige Argumente aus der Verbreitung der nordeuropäischen Fauna mit Bezug auf Wegeners Verschiebungstheorie. Nyt Mag. f. Naturv. **65**, 339—363, 1927.

〔117〕フォン・ウビッシュ　L. VON UBISCH, Wegeners Kontinentalverschiebungstheorie und die Tiergeographie. Verh. d. Physikal.-Med. Ges. z. Würzburg 1921.

〔118〕コロシ　G. COLOSI, La teoria della traslazione dei continenti e le dottrine biogeografiche. L'Universo **6**, Nr. 3. Marzo 1925. (Hierin auch weitere biogeographische Literaturangaben).

〔119〕エッカルト　W.R. ECKHARD, Die Beziehungen der afrikanischen Tierwelt zur südasiatischen. Nat. Wochenschr. 1922, Nr. 51.

〔120〕オステルワルト　H. OSTERWALD, Das Problem der Aalwanderungen im Lichte der Wegenerschen Verschiebungstheorie. Umschau 1928, S. 127—128.

〔121〕ウェゲナー　A. WEGENER, Die geophysikalischen Grundlagen der Theorie der Kontinentenverschiebung. Scientia, Februar 1927.

〔122〕フォン・イエリング　H. VON IHERING, Die Geschichte des Atlantischen Ozeans. Jena 1927.

〔123〕ド・ボーフォールト　L.F. DE BEAUFORT, De beteekenis van de theorie van Wegener voor de zoögeografie. Handelingen van het XXe Ned. Natuur- en Geneeskundig Congres, 14./16. April 1925, Groningen.

〔124〕ヘルケッセル　H. HERGESELL, Die Abkühlung der Erde und die gebirgsbildenden Kräfte. Beitr. z. Geophys. **2**, 153, 1895.

〔125〕センパー　M. SEMPER, Das paläothermale Problem, speziell die klimatischen Verhältnisse des Eozäns in Europa und den Polargebieten. Zeitschr. Deutsch. Geol. Ges. **48**, 261 f., 1896.

〔126〕シュレーター　C. SCHRÖTER, Artikel "Geographie der Pflanzen" im Handwörterbuch der Naturwissenschaften.

〔127〕ケッペン　W. KÖPPEN, Das Klima Patagoniens im Tertiär und Quartär. Gerlands Beitr. z. Geophys. **17**, 3, 391—394, 1927.

〔128〕ウェゲナー　A. WEGENER, Bemerkungen zu H. v. Iherings Kritik der Theorien der Kontinentverschiebungen und der Polwanderungen. Zeitschr. f. Geophys. **4**, Heft 1, S. 46—48, 1928.

〔129〕フォン・クレベルスベルグ　R. VON KLEBELSBERG, Die marine Fauna der Ostrauer Schichten. Jahrb. d.k.k. Geol. Reichsanstalt **62**, 461—556, 1912.

〔130〕フース　J. HUUS, Über die Ausbreitungshindernisse der Meerestiefen und die geographische Verbreitung der Ascidien. Nyt Mag. f.

〔102〕ジェフリース　H. JEFFREYS, The Earth: Its Origin, History and Physical Constitution. Cambridge University Press, 1924.

〔103〕クルース　H. CLOOS, Geologische Beobachtungen in Südafrika. IV. Granite des Tafellandes und ihre Raumbildung. Neuen Jahrb. f. Min., Geol. u. Paläont., Beilage-Band XLII, S. 420—456.

〔104〕グーテンベルグ　B. GUTENBERG, Mechanik und Thermodynamik des Erdkörpers, in Müller-Pouillet, Bd. V, 1 (Geophysik). Braunschweig 1928.

〔105〕マトレー　C.A. MATLEY, The geology of the Cayman Islands (British West Indies), and their Relation to the Bartlett Trough. Quart. Journ. Geol. Soc., vol. LXXXII, part 3, 1926, p. 352—387.

〔106〕ヘルマン　F. HERMANN, Paléogéographie et genèse penniques. Eclogæ geologicæ Helvetiæ, Vol. XIX, Nr. 3, 1925, S. 604—618.

〔107〕エバンス　J.W. EVANS, Regions of Tension. Proceed. Geolog. Soc. LXXXI, part 2, p. LXXX-CXXXII. London 1925.

〔108〕ディーナー　C. DIENER, Die Großformen der Erdoberflächen. Mitt. d. k. k. geol. Ges. Wien **58**, 329—349, 1915. — Die marinen Reiche der Triasperiode. Denkschr. d. Kais. Akad. d. Wiss. Wien, math.-naturw. Kl. 1915.

〔109〕ジャオルスキー　E. JAWORSKI, Das Alter des südatlantischen Beckens. Geol. Rundsch. 1921, S. 60—74.

〔110〕ペンク　A. PENCK, Wegeners Hypothese der kontinentalen Verschiebungen. Zeitschr. d. Ges. f. Erdkde. z. Berlin 1921, S. 110—120.

〔111〕ペンク　W. PENCK, Zur Hypothese der Kontinentalverschiebung. Zeitschr. d. Ges. f. Erdkde. z. Berlin 1921, S. 130—143.

〔112〕ブラウワー　H.A. BROUWER, On the Non-existence of Active Volcanoes between Pantar and Dammer (East Indian archipelago), in Connection with the Tectonic Movements in this Region. Kon. Ak. van Wetensch. te Amsterdam Proceed. **21**, Nr. 6 u. 7, 1919.

〔113〕ワシントン　H.S. WASHINGTON, Comagmatic regions and the Wegener hypothesis. Journ. of the Washington Acad. of Sciences, Vol. **13**, Sept. 1923, p. 339—347.

〔114〕ネルケ　F. NÖLKE, Physikalische Bedenken gegen A. Wegeners Hypothese der Entstehung der Kontinente und Ozeane. Peterm. Mitt. 1922, S. 114.

〔115〕ストロマー　E. STROMER, Geogr. Zeitschr. 1920, S. 287ff.

Proceed. **22**, Nr. 7 u. 8, 1916. Auch Geol. Rundsch. **8**, Heft 5—8, 1917 und Nachr. d. Ges. d. Wiss. z. Göttingen 1920.

〔91〕モーレングラーフ G.A.F. MOLENGRAAFF, The coral reef problem and isostasy. Kon. Akad. van Wetensch. 1916, S. 621 Anmerkung.

〔92〕バン・ブーレン L. VAN VUUREN, Het Gouvernement Celebes. Proeve eener Monographie **1**, 1920 (namentlich S. 6—50).

〔93〕ウィング・イーストン WING EASTON, Het ontstaan van den maleischen Archipel, bezien in het licht van Wegener's hypothesen. Tijdschrift van het Kon. Nederlandsch Aardrijkskundig Genootschap **38**, Nr. 4, Juli 1921, S. 484—512. さらに On some extensions of Wegener's Hypothesis and their bearing upon the meaning of the terms Geosynclines and Isostasy. Verh. van het Geolog.-Mijnbouwkundig Genootschap voor Nederland en Kolonien, Geolog. Ser., Deel V, Bl. 113—133, Juli 1921. 大陸移動説に関するいくつかの修正点が提案されている．しかし，私の考えでは，彼の提案は不十分な根拠にもとづくものである．

〔94〕スミット・シビンガ G.L. SMIT SIBINGA, Wegener's Theorie en het ontstaan van den oostelijken O.I. Archipel. Tijdschrift van het Kon. Nederlandsch Aardrijkskundig Genootschap, 2e Ser. dl. XLIV, 1927, Aufl. 5.

〔95〕エッシャー B.G. ESCHER, Over Oorzaak en Verband der inwendige geologische Krachten. Leiden 1922.

〔96〕ワナー J. WANNER, Zur Tektonik der Molukken. Geol. Rundsch. **12**, 160, 1921.

〔97〕モーレングラーフ G.A.F. MOLENGRAAFF, De Geologie der Zeeën van Nederlandsch-Oost-Indië (Overgedruktuit: De Zeeën van Nederlandsch-Oost-Indië. Leiden 1921).

〔98〕ガゲル C. GAGEL, Beiträge zur Geologie von Kaiser-Wilhelmsland. Beitr. z. geol. Erforsch. d. Deutsch. Schutzgebiete, Heft 4, 55 S. Berlin 1912.

〔99〕サパ K. SAPPER, Zur Kenntnis Neu-Pommerns und des Kaiser-Wilhelmslandes. Peterm. Mitt. **56**, 89—193, 1910.

〔100〕キューン F. KÜHN, Der sogenannte "Südantillen-Bogen" und seine Beziehungen. Zeitschr. d. Ges. f. Erdkde. z. Berlin 1920, Nr. 8/10, S. 249—262.

〔101〕テイラー F.B. TAYLOR, Greater Asia and Isostasy. Amer. Journ. of Science XII, July 1926, S. 47—67.

Minas Gereas zum Paranahyba. Zeitschr. d. Ges. f. Erdk. z. Berlin 1926, S. 310—323.

〔78〕デュ・トワ　Alex. L. du Toit, A geological comparison of South America with South Africa. リードによる次のような古生物学的研究もおさめられている．F.R. Cowper Reed, Upper Carboniferous Fossils from Argentina. Carnegie Institution of Washington Publ. Nr. 381. Washington 1927.

〔79〕パサージュ　S. Passarge, Die Kalahari. Berlin 1904.

〔80〕ウィンドハウゼン　A. Windhausen, Ein Blick auf Schichtenfolge und Gebirgsbau im südlichen Patagonien. Geol. Rundsch. **12**, 109—137, 1921.

〔81〕ガゲル　C. Gagel, Die mittelatlantischen Vulkaninseln. Handb. d. regionalen Geologie VII, 10, 4. Heft. Heidelberg 1910.

〔82〕コスマット　F. Kossmat, Die mediterranen Kettengebirge in ihrer Beziehung zum Gleichgewichtszustande der Erdrinde. Abhandl. d. Math.-Phys. Kl. d. Sächsischen Akad. d. Wiss. **38**, Nr. 2. Leipzig 1921.

〔83〕アンドレ　K. Andrée, Verschiedene Beiträge zur Geologie Kanadas. Schriften d. Ges. z. Beförd. d. ges. Naturwiss. zu Marburg **13**, 7, 437 f. Marburg 1914.

〔84〕ティルマン　N. Tilmann, Die Struktur und tektonische Stellung der kanadischen Appalachen. Sitz.-Ber. d. naturwiss. Abt. d. Niederrhein. Ges. f. Natur- u. Heilkunde in Bonn 1916.

〔85〕ラウゲ-コッホ　Lauge-Koch, Stratigraphy of Northwest Greenland. Meddelelser fra Dansk geologisk Forening **5**, Nr. 17, 1920, 78 S.

〔86〕マントバニ　R. Mantovani, l'Antarctide. "Je m'instruis", **19**. Sept. 1909, S. 595—597.

〔87〕ルモワン　P. Lemoine, Madagaskar. Handb. d. regionalen. Geologie. VII, 4, 6. Heft. Heidelberg 1911.

〔88〕フォン・クレベルスベルグ　R. von Klebelsberg, Die Pamir-Expedition des D. u. Österr. Alpen-Vereins vom geologischen Standpunkt. Zeitschr. d. D. u. Österr. A.-V. 1914 (XLV), S. 52—60.

〔89〕ウィルケンス　O. Wilckens, Die Geologie von Neuseeland. Die Naturwissenschaften 1920, Heft 41. Auch Geol. Rundsch. **8**, 143—161, 1917.

〔90〕ブラウワー　H.A. Brouwer, On the Crustal Movements in the region of the curving rows of Islands in the Eastern Part of the East-Indian Archipelago. Kon. Akad. van Wetensch. te Amsterdam

〔64〕マイエルマン　B. MEYERMANN, Die Westdrift der Erdoberfläche. Zeitschr. f. Geophys. **2**, Heft 5, S. 204, 1926.

〔65〕マイエルマン　B. MEYERMANN, Die Zähigkeit des Magmas. Zeitschr. f. Geophys. **3**, Hefts 4, S. 135—136, 1927.

〔66〕シューラー　M. SCHULER, Schwankungen in der Länge des Tages. Zeitschr. f. Geophys. **3**, Heft 2/3, S. 71, 1927.

〔67〕デイリー　R.A. DALY, The Earth's Crust and its Stability, Decrease of the Earth's Rotational Velocity and its Geological Effects. The Amer. Journ. of Science, Vol. V, May 1923, p. 349—377.

〔68〕アンペラー　O. AMPFERER, Über Kontinentverschiebungen. Die Naturwissenschaften **13**, 669, 1925.

〔69〕シュビンナー　R. SCHWINNER, Vulkanismus und Gebirgsbildung. Ein Versuch. Zeitschr. f. Vulkanologie **5**, 175—230, 1919.

〔70〕キルシュ　G. KIRSCH, Geologie und Radioaktivität, Wien und Berlin (Springer) 1928, S. 115. ff.

〔71〕ペンク　A. PENCK, Hebungen und Senkungen. "Himmel und Erde" **25**, 1 und 2 (Separat, ohne Jahreszahl).

〔72〕カイデル　J. KEIDEL, La Geología de las Sierras de la Provincia de Buenos Aires y sus Relaciones con las Montañas de Sud África y los Andes. Annal. del Ministerio de Agricultura de la Nación, Sección Geología, Mineralogía y Minería, Tomo XI, Núm. 3. Buenos Aires 1916.

〔73〕カイデル　H. KEIDEL, Über das Alter, die Verbreitung und die gegenseitigen Beziehungen der verschiedenen tektonischen Strukturen in den argentinischen Gebirgen. Étude faite á la XIIe Session du Congrès géologique international, reproduite du Compte-rendu, S. 671—687 (Separat, ohne Jahreszahl).

〔74〕ブラウワー　H.A. BROUWER, De alkaligesteenten van de Serra do Gericino ten Noordwesten van Rio de Janeiro en de overeenkomst der eruptiefgesteenten van Braziliё en Zuid-Afrika. Kon. Akad. van Wetensch. te Amsterdam, 1921 Deel 29, S. 1005—1020.

〔75〕デュ・トワ　Alex. L. DU TOIT, The Carboniferous Glaciation of South Africa. Transact. of the Geolog. Soc. of South Africa **24**, 188—227, 1921.

〔76〕ルモワン　P. LEMOINE, Afrique occidentale. Handb. d. regionalen Geologie VII, 6A, 14. Heft, S. 57. Heidelberg 1913.

〔77〕マーク　R. MAACK, Eine Forschungsreise über das Hochland von

1922.

〔50〕ウィルデ　H. Wilde, Roy. Soc. Proc. June 19, 1890 und January 22, 1891.

〔51〕リュッカー　A.W. Rücker, The secondary magnetic field of the earth. Terrestrial Magnetism and atmospheric Electricity **4**, 113–129, June 1899.

〔52〕ラクロット　Raclot, C.R. **164**, 150, 1917.

〔53〕ジェフリース　H. Jeffreys, On the Earth's Thermal History and some related Geological Phenomena. Gerlands Beitr. z. Geophys. **18**, 1–29, 1927.

〔54〕デイリー　R.A. Daly, Our Mobile Earth. London 1926.

〔55〕モホロビチッチ　S. Mohorovičić, Über Nahbeben und über die Konstitution des Erd- und Mondinnern. Gerlands Beitr. z. Geophys. **17**, 180–231, 1927.

〔56〕ジョリー　J. Joly, The Surface-History of the Earth, Oxford 1925 und unter gleichem Titel in Gerlands Beitr. z. Geophys. **15**, 189–200, 1926.

〔57〕ホームス　A. Holmes, Contributions to the Theory of Magmatic Cycles. Geol. Mag. **63**, 306–329, 1926. — Ferner: Journ. of Geol. June/July 1926. — Oceanic Deeps and the Thickness of the Continents. Nature, **3**. Dez. 1927.

〔58〕ジョリー，プール　J. Joly and J.H.J. Poole, On the Nature and Origin of the Earth's Surface Structure. Phil. Mag. 1927, S. 1233–1246.

〔59〕グーテンベルグ　B. Gutenberg, Der Aufbau der Erdkruste. Zeitschr. f. Geophys. **3**, Heft 7, S. 371, 1927.

〔60〕プレー　A. Prey, Über Flutreibung und Kontinentalverschiebung. Gerlands Beitr. z. Geophys. **15**, Heft 4, S. 401–411, 1926.

〔61〕シュバイダー　W. Schweydar, Untersuchungen über die Gezeiten der festen Erde und die hypothetische Magmaschicht. Veröff. d. Preuß. Geodät. Inst., N.F. Nr. 54. Berlin 1912.

〔62〕シュバイダー　W. Schweydar, Die Polbewegung in Beziehung zur Zähigkeit und zu einer hypothetischen Magmaschicht der Erde. Veröff. d. Preuß. Geodät. Inst., N.F. Nr. 79. Berlin 1920.

〔63〕グリーン　W.L. Green, On the Cause of the Pyramidal Form of the Outline of the Southern Extremities of the Great Continents and Peninsulas of the Globe. Edinburgh New Philosophical Journ. Vol. **6**, n. s., 1857, および Vestiges of the Molten Globe, 1875.

〔37〕ウェゲナー A. Wegener, Der Boden des Atlantischen Ozeans. Gerlands Beitr. z. Geophys. **17**, Heft 3, 1927, S. 311−321.

〔38〕コスマット F. Kossmat, Die Beziehungen zwischen Schwereanomalien und Bau der Erdrinde. Geol. Rundsch. **12**, 165−189, 1921.

〔39〕ベニング・マイネス F.A. Vening Meinesz, Provisional Results of Determinations of Gravity, made during the Voyage of Her Majesty's Submarine K XIII from Holland via Panama to Java. Kon. Ak. van Wetensch. te Amsterdam Proceed. Vol. XXX, Nr, 7, 1927; Gravity survey by Submarine via Panama to Java. The Geograph. Journ. London LXXI, Nr. 2, Febr. 1928. 地質学的意味については次の論文を見よ．A. Born, Die Schwereverhältnisse auf dem Meere auf Grund der Pendelmessungen von Prof. Vening Meinesz 1926. Zeitschr. f. Geophys. **3**, Heft 8, S. 400, 1927.

〔40〕シュバイダー W. Schweydar, Bemerkungen zu Wegeners Hypothese der Verschiebung der Kontinente. Zeitschr. d. Ges. f. Erdkde. zu Berlin 1921, S. 120−125.

〔41〕ハイスカーネン W. Heiskanen, Untersuchungen über Schwerkraft und Isostasie. Veröff. d. Finn. Geodät. Instituts Nr. 4. Helsinki 1924.

〔42〕ハイスカーネン W. Heiskanen, Die Airysche isostatische Hypothese und Schweremessung. Zeitschr. f. Geophys. **1**, 225. 1924/25.

〔43〕ボルン A. Born, Isostasie und Schweremessung. Berlin 1923.

〔44〕グーテンベルグ B. Gutenberg, Der Aufbau der Erde. Berlin 1925.

〔45〕グーテンベルグ B. Gutenberg, Lehrbuch d. Geophys. Berlin 1927/28, im Erscheinen.

〔46〕タムス E. Tams, Über die Fortpflanzungsgeschwindigkeit der seismischen Oberflächenwellen längs kontinentaler und ozeanischer Wege. Zentralbl. f. Min., Geol. u. Paläont. 1921, S. 44−52, 75−83.

〔47〕アンゲンハイスター G. Angenheister, Beobachtungen an pazifischen Beben. Nachr. d. Kgl. Ges. d. Wiss. zu Göttingen, Math.-Phys. Klasse 1921, 34 S.

〔48〕ビサー S.W. Visser, On the distribution of earthquakes in the Netherlands East Indian archipelago, 1909-2019. Batavia 1921.

〔49〕ウェルマン H. Wellmann, Über die Untersuchung der Perioden der Nachläuferwellen in Fernbebenregistrierungen auf Grund Hamburger und geeigneter Beobachtungen. Diss. Hamburg

Ges. Zürich 1908, 110. Stück.
〔18〕シュタウブ R. STAUB, Der Bau der Alpen. Beitr. z. geolog. Karte der Schweiz, N.F. Heft 52. Bern 1924.
〔19〕ヘニッグ Edw. HENNIG, Fragen zur Mechanik der Erdkrusten-Struktur. Die Naturwissenschaften 1926, S. 452—455.
〔20〕アルガン E. ARGAND, La tectonique de l'Asie. Extrait du Compte-rendu du XIIIe Congrès géologique international 1922. Liège 1924.
〔21〕コスマット F. KOSSMAT, Erörterungen zu A. Wegeners Theorie der Kontinentalverschiebungen. Zeitschr. d. Ges. f. Erdkunde zu Berlin, 1921.
〔22〕ダク E. DACQUÉ, Grundlagen und Methoden der Paläogeographie. Jena 1915.
〔23〕ド・ギア G. DE GEER, Om Skandinaviens geografiska Utvekling efter Istiden. Stockholm 1896.
〔24〕コーバー L. KOBER, Der Bau der Erde. Berlin 1921; Gestaltungsgeschichte der Erde. Berlin 1925.
〔25〕スティレ H. STILLE, Die Schrumpfung der Erde. Berlin 1922.
〔26〕ネルケ F. NÖLCKE, Geotektonische Hypothesen. Berlin 1924.
〔27〕ウイリス B. WILLIS, Principles of paleogeography. Sc. **31**, N.S., Nr. 790, S. 241—260, 1910.
〔28〕ワグナー H. WAGNER, Lehrb. d. Geographie 1. Hannover 1922.
〔29〕コッシナ E. KOSSINNA, Die Tiefen des Weltmeeres. Veröff. d. Inst. f. Meereskunde., N.F.A., Heft 9. Berlin 1921.
〔30〕クリュンメル O. KRÜMMEL, Handbuch der Ozeanographie. Stuttgart 1907.
〔31〕トラバート W. TRABERT, Lehrb. d. kosmischen Physik. Leipzig und Berlin 1911.
〔32〕グロール M. GROLL, Tiefenkarten der Ozeane. Veröff. d. Inst. f. Meereskunde, N.F.A., Heft 2. Berlin 1912.
〔33〕ハイム A. HEIM, Untersuchungen über den Mechanismus der Gebirgsbildung, 2. Teil. Basel 1878.
〔34〕カイザー E. KAYSER, Lehrb. d. allgem. Geologie, 5. Aufl. Stuttgart 1918.
〔35〕ゼルゲル W. SOERGEL, Die atlantische „Spalte". Kritische Bemerkungen zu A. Wegeners Theorie von der Kontinentalverschiebung. Monatsber. d. D. Geol. Ges. **68**, 200—239, 1916.
〔36〕ダグラス G.V. and A.V. DOUGLAS, Note on the Interpretation of the Wegener Frequency Curve. Geolog. Magazine **60**, Nr. 705, 1923.

文　献

〔1〕ウェゲナー　A. WEGENER, Die Entstehung der Kontinente. Peterm. Mitt. 1912, S. 185—195, 253—256, 305—309.

〔2〕ウェゲナー　A. WEGENER, Die Entstehung der Kontinente. Geol. Rundsch. 3, Heft 4, S. 276—292, 1912.

〔3〕ウェゲナー　A. WEGENER, Die Entstehung der Kontinente und Ozeane. Samml. Vieweg, Nr. 23, 94 S., Braunschweig 1915; 2. Aufl., Die Wissenschaft, Nr. 66, 135 S., Braunschweig 1920; 3. Aufl. 1922.

〔4〕レッフェルホルツ・フォン・コルベルグ　Carl Freiherr LÖFFELHOLZ VON COLBERG, Die Drehung der Erdkruste in geologischen Zeiträumen. 62 S. München 1886. (2., sehr vermehrte Aufl., 247 S., München 1895.)

〔5〕クライヒガウワー　D. KREICHGAUER, Die Äquatorfrage in der Geologie, 394 S., Steyl 1902; 2. Aufl. 1926.

〔6〕ウェットシュタイン　H. WETTSTEIN, Die Strömungen des Festen, Flüssigen und Gasförmigen und ihre Bedeutung für Geologie, Astronomie, Klimatologie und Meteorologie. 406 S. Zürich 1880.

〔7〕シュヴァルツ　E.H.L. SCHWARZ, Geol. Journ. 1912, S. 294—299.

〔8〕ピッカリング　PICKERING, The Journ. of Geol. **15**, Nr. 1, 1907; auch Gaea **43**, 385, 1907.

〔9〕フランクリン・コックスワーシー　FRANKLIN COXWORTHY, Electrical Condition; or How and Where our Earth was created. London, J.S. Phillips, 1890 (?).

〔10〕テイラー　F.B. TAYLOR, Bearing of the tertiary mountain belt on the origin of the earth's plan. B. Geol. S. Am. **21**(1), 179—226, June 1910.

〔11〕アールト　TH. ARLDT, Handb. d. Paläogeographie. Leipzig 1917.

〔12〕ジュース　E. SUESS, Das Antlitz der Erde **1**, 1885.

〔13〕アンペラー　O. AMPFERER, Über das Bewegungsbild von Faltengebirgen. Jahrb. d.k.k. Geol. Reichsanstalt **56**, 539—622, Wien 1906.

〔14〕レイヤー　E. REYER, Geologische Prinzipienfragen. Leipzig 1907.

〔15〕ルズキ　M.P. RUDZKI, Physik der Erde. Leipzig 1911.

〔16〕アンドレ　K. ANDRÉE, Über die Bedingungen der Gebirgsbildung. Berlin 1914.

〔17〕ハイム　A. HEIM, Der Bau der Schweizeralpen. Neujahrsblatt d. Naturf.

ワ行

マ行

ヤ行

ラ行

サ行

カ行

人名索引

※「解説」中のページ数は斜体で記した

ア行

ワ行

マ行

ヤ行

ラ行

ハ行

ナ行

タ行

サ行

カ行

事項索引

※「解説」中のページ数は斜体で記した

アルファベット

ア行

N.D.C.450　382p　18cm

ブルーバックス　B-2134

大陸と海洋の起源

2020年4月20日　第1刷発行

著者　アルフレッド・ウェゲナー
訳者　竹内　均
解説　鎌田浩毅
発行者　渡瀬昌彦
発行所　株式会社講談社
〒112-8001 東京都文京区音羽2-12-21
電話　出版　03-5395-3524
販売　03-5395-4415
業務　03-5395-3615
印刷所　（本文印刷）豊国印刷株式会社
（カバー表紙印刷）信毎書籍印刷株式会社
本文データ制作　講談社デジタル製作
製本所　株式会社国宝社

定価はカバーに表示してあります。

ISBN978-4-06-519404-1

発刊のことば

科学をあなたのポケットに

二十世紀最大の特色は、それが科学時代であるということです。科学は日に日に進歩を続け、止まるところを知りません。ひと昔前の夢物語もどんどん現実化しており、今やわれわれの生活のすべてが、科学によってゆり動かされているといっても過言ではないでしょう。

そのような背景を考えれば、学者や学生はもちろん、産業人も、セールスマンも、ジャーナリストも、家庭の主婦も、みんなが科学を知らなければ、時代の流れに逆らうことになるでしょう。

ブルーバックス発刊の意義と必然性はそこにあります。このシリーズは、読む人に科学的に物を考える習慣と、科学的に物を見る目を養っていただくことを最大の目標にしています。そのためには、単に原理や法則の解説に終始するのではなくて、政治や経済など、社会科学や人文科学にも関連させて、広い視野から問題を追究していきます。科学はむずかしいという先入観を改める表現と構成、それも類書にないブルーバックスの特色であると信じます。

一九六三年九月

野間省一